高钢级输气管道系统可靠性关键因素识别与探析

冯庆善　戴联双　沙胜义◎著

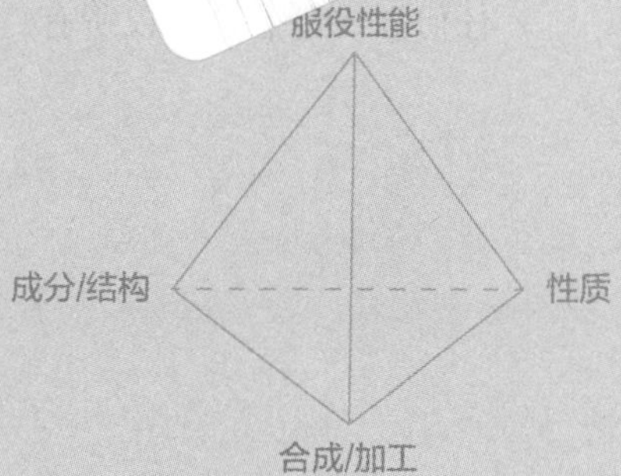

中国石化出版社
·北京·

图书在版编目(CIP)数据

高钢级输气管道系统可靠性关键因素识别与探析/冯庆善，戴联双，沙胜义著.—北京：中国石化出版社，2023.12
ISBN 978-7-5114-7198-7

Ⅰ.①高…　Ⅱ.①冯…②戴…③沙…　Ⅲ.①输气管道-系统可靠性　Ⅳ.①TE973

中国国家版本馆CIP数据核字(2023)第240707号

中国石化出版社出版发行
地址:北京市东城区安定门外大街58号
邮编:100011　电话:(010)57512500
发行部电话:(010)57512575
http://www.sinopec-press.com
E-mail:press@sinopec.com
北京科信印刷有限公司印刷
全国各地新华书店经销
*
787毫米×1092毫米16开本14印张282千字
2024年1月第1版　2024年1月第1次印刷
定价:78.00元

前　言

自 1985 年德国 Mannesmann 钢管公司研制成功 X80 管线钢并铺设了 3.2km 长的试验管道，之后加拿大、英国等国家陆续在长输管道上应用 X80 管线钢。2004 年美国 Cheyenne Plains（夏延）输气管线是国外应用 X80 管线钢的标志性管道工程之一，该管道是当时世界上最长的 X80 管道，标志着 X80 管线钢在高压输气管道上的应用取得重大进展。但在北美地区的高压输气管道中至今未大面积使用 X80 钢，其主要原因有三个方面：一是 X80 钢在技术上未完全解决止裂的问题；二是环焊缝手工焊还存在未解决的问题；三是若不用 0.8 设计系数，则 X70 与 X80 在经济上没有太大的优势，如果用 0.8 设计系数，则每个项目都需要获得管道与危险品安全管理局（PHMSA）的特别许可，非常麻烦。

国内 X80 级管线钢的研发始于 2000 年，2004 年 X80 管线钢被首次应用于西气东输一线冀宁联络线，从 2008 年建设的西气东输二线管道工程开始大量应用 X80 管线钢。目前，我国已成为世界上 X80 钢管道里程最长的国家。2017—2019 年，中缅天然气管道、泰青威天然气管道接连发生"7·2""6·10""3·20"三起高等级钢管道环焊缝开裂燃爆事故，暴露出管道建设和快速发展过程中存在新材料和新技术应用的基础研究不足、现场施工作业管理不到位、环焊缝缺陷成因和失效机理认识不清等多方面的问题，造成高等级钢管道环焊缝失效表现出由小概率事件向大概率事件演化的趋势，且高压运行状态下一旦发生高等级钢管道环焊缝开裂失效，极大可能引起燃烧爆炸，失效后果极其严重，成为高等级钢管道安全运行最大的风险。同时也引起政府、行业和社会对高等级钢管道运行风险的高度关注，迫使管道建设和运营企业重新认识高等级管线钢和环焊缝质量的应用问题。

总体来说，当前高等级钢管道焊接结构失效面临的关键问题可归结为：对高等级钢管道焊接结构完整性和系统可靠性方面的认知还存在一定的局限性，有待进一步开展相关研究工作。基于当前的认知，利用环焊缝排查和试验测试数据的统计分析结果，系统收集和整理缺陷或异常所对应的外部环境特征，识别影响高等级钢管道可靠性因素，提高在役高等级钢管道长期安全和平稳运行的保障能力是非常必要的。同时，从系统工程分析的角度出发，需要提高管道系统结构完整性，保障管道安全运行，在以后的管道建设规划和决策中，应首先从系统和全生命周期的角度考虑问题，排查人力资源是否可达、配套资源是否充足、应用技术是否成熟等多方面的因素，评估可研、设计、制造、施工、投产和运行的系统衔接性。

本书主要基于可靠性评估的基本理念和现有技术，结合近年来对环焊缝质量风险排查、失效分析结果、专项研究结论和国内外相关文献资料调研成果等，对当前国内影响高等级钢管道可靠性因素进行了系统识别，为深入评估高等级钢管道系统可靠性提供了重要参考。

本书可供从事高等级钢材冶炼、制板、制管、运行管理和技术研发相关的人员使用。第 1 章主要由冯庆善、戴联双编写，第 2 章主要由陈宏远、金俞鑫、于瑶编写，第 3 章主要由贾书君、戴联双、沙胜义、张利波编写，第 4 章主要由王成、戴联双、高义编写，第 5 章主要由冯庆善、汪凤、胡亚博编写，第 6 章主要由张振永、罗鹏、姜希彤编写，第 7 章主要由陈建磊、李妍、张晓春编写。全书由冯庆善、戴联双、沙胜义统稿。

因个人认知方面存在的局限性，书中难免存在不当之处，恳请广大读者批评指正。

目　　录

第1章　绪　论

导　读

高钢级管道的建设和发展极大地促进了中国油气资源的快速、高效配置，但同时也带来环焊缝质量风险等新的突出问题。系统分析高钢级管道可靠性影响因素，并采取有效措施加以控制，已成为保障油气管道安全平稳运行的重要课题。本书主要基于高钢级输气管道环焊缝断裂失效分析结果，聚焦环焊缝质量风险基础技术研究、现场施工作业管理、缺陷成因分析、失效机理认知等多方面问题，从冶金、制板、制管、设计、施工、检验及投产运行全生命周期出发，探讨高钢级管道系统全生命周期可靠性影响因素。本章从高钢级管道发展和应用的历程出发，概要介绍了关于管线钢管质量、管件质量、管道环焊缝、管道工程建设施工等方面在实际工程应用中存在的主要问题，后续章节通过基础信息分享和数据统计分析对这些问题进行一一验证，并提出一些针对性的风险管控措施。本章对后续章节内容解读起到提纲挈领的作用，后续章节将详细论述与高钢级管道系统完整性管理相关的内容，识别其涉及的可靠性因素。

1.1　高等级钢管道应用

早在19世纪90年代，墨西哥Imexsa公司将新一代X70高温轧制工艺(HTP)管线钢成功应用于卡特莱尔海底天然气管道项目。2003年，美国科罗拉多州天然气公司将X80 HTP管线钢用于美国第一条X80输气管道——夏延输气管道，是国外应用X80管线钢的标志性管道工程之一，该管道是当时世界上最长的X80管道，标志着X80管线钢在高压输气管道上的应用取得重大进展。之后，加拿大、英国等国家陆续在长输管道上应用X80管线钢。

国内X80管线钢的研发始于2000年，2004年X80管线钢被首次应用于西气东输一线冀宁联络线(7.71km的试验段)，从2008年建设西气东输二线管道工程开始大量应用X80管线钢。2019年底，我国油气长输管道总里程已超过14万km，国内大口径高压力(DN900/10MPa及以上)管道采用的钢管材质等级90%以上为X70或X80。目前，我国已成为世界上X80钢管道里程最长的国家。

新一代高性能管线钢实现的主要途径是降低合金元素和简化生产工艺，其中降低合金成分是钢铁企业主要采用的措施，合金成分的降低，将引起焊接接头性能的变化，在其工程应用时有发生。例如，在西气东输二线后期及西气东输三线工程的实施过程中，X80 制管过程中经常出现焊接接头冲击韧性不合格的现象。据相关文件记录，西气东输二线开工时，也就是 X80 管线钢应用初期，钢管焊接接头的冲击吸收功大部分在 100J 以上，95% 的焊缝金属和热影响区的冲击吸收功在 100 ~ 150J，而采用新一代 X80 管线钢后，焊缝接头的冲击吸收功 80% 在 60 ~ 120J，单值和平均值不合格的概率显著提升。这种情况在本书后面根据所收集材料性能数据的统计分析结果中也得到验证。如何通过焊接工艺的优化和焊材合理匹配来保障新一代高性能管线钢接头冲击韧性稳定性是确保其在工程中安全和稳定应用的前提。

欧美发达国家管道环焊缝主要采用气体保护实心焊丝自动焊方法进行焊接，而我国早期现场环焊缝自动焊程度低，管道环焊缝主要采用自保护药芯焊丝半自动焊方法进行焊接。随着输送管道强度、直径和壁厚不断提高，焊接施工劳动强度增强，现场环焊缝的焊接材料、焊接工艺可选择的范围越来越窄，焊接施工难度越来越大，难以保证焊缝具有与母材相同或接近的性能，现场环焊技术已成为制约高强度、厚壁管线钢应用的主要瓶颈。

自 2017 年中缅天然气管道“7 · 2”环焊缝失效事故发生以来，管道企业组织开展了环焊缝质量风险排查工作，发现的质量问题主要包括：竣工资料的数据质量无法真实还原建设期设计、施工全过程信息，关键信息缺失影响风险评价结果的有效性；部分管道不具备内检测条件、尚未建立真实的焊口基线；高级钢环焊缝失效的深层次机理、失效诱因的识别检测、失效风险的评价治理等方面，还有很多技术瓶颈需要突破。根据高钢级管道可靠性主要影响因素的识别结果，以当前面临的高钢级管道环焊缝失效问题为例，结合环焊缝质量风险排查治理数据统计情况，分析了焊接接头性能匹配、焊接缺陷、管材成分、焊接工艺、焊接材料等方面存在的问题，包括以下几个方面：

(1)钢管生产过程对化学成分的要求较宽泛，钢管和焊材强度技术指标要求区间也较大，导致同级别钢管和焊材即使均满足标准要求，但不同厂家产品质量指标仍存在较大差异。现场施工中，可能存在处于强度分布上限的钢管与处于强度分布下限的焊材相匹配的情况，导致实际焊缝为低强匹配，而钢管化学成分差异对环焊缝热影响区韧性的稳定性也会造成一定影响。

(2)环焊缝质量风险排查发现大量焊接超标缺陷，其中 30% 含裂纹口与内返修及内补焊相关，说明环焊缝返修及补焊过程存在不合规，无损检测过程管理存在不足，需要加强管理和控制，返修及补焊工艺有待优化提升。

(3)存在一些在建设期无损检测中未发现而服役期开挖复检时发现的裂纹，但未发现其有显著扩展特征，说明管道吊装下沟与试压施工等过程中焊缝存在承受较大轴向应力的可能性，需要合理控制管道吊装下沟与试压施工过程的应力水平。

(4)弯管口裂纹多位于弯管侧焊趾处，其与弯管母管的焊接性及几何结构差异大导致的焊接操作性差、无损检测难度大及应力集中有关。

(5)裂纹焊口焊缝金属整体韧性均较差，焊缝中心的韧性与工艺参数、焊材韧性有关，说明管道工程现场需加强焊接工艺参数及工艺过程控制，严格焊材准入与规范化管理，也反衬出现场可焊工艺窗口较窄。

1.2 管线钢质量

管道质量控制涉及工程设计、管材冶金质量、焊接材料及工艺、施工装备及技术、管道腐蚀与防护、无损检测等多行业、多学科领域。其中管线钢制造、焊接材料及工艺是整体管道质量控制的关键，尤其是随着管道钢级的提高和钢管壁厚增大，管材性能稳定性和环焊缝质量控制难度进一步增加。管线钢/管质量稳定性控制成为管道技术发展的主要瓶颈和核心技术难题之一。

在订货标准允许条件下，各钢铁企业根据自身装备特点，开发出了具有不同合金设计特点的管线钢产品，导致同一工程不同供应商产品的化学成分差异较大。另外，各供应商技术能力的差异也使管材的力学性能出现较大波动。这些成分和性能的离散必然会对管道焊接施工带来更大的压力和挑战。但是，不同钢级(X65、X70 和 X80)管线钢/管/管件产品的化学成分和性能波动情况是否存在较大差异、不同钢级管材的焊接性和对不同焊接方式的适应性之间是否存在明显不同，以及它们之间的定量关系等系列问题都还有待深入的论证。

目前，国外应用 X80 管道相对较少，而且部分 X80 管道应用的时间较早(如美国夏延输气管道 2005 年投产)，技术条件主要通过试制等提出相关要求。近年来，壳牌公司根据工程中实际遇到的问题，结合设计、施工和运营状态，并参考 ISO 3183 和 API 5L 提出管线钢的技术条件，即"DEP SPECIFICATION LINE PIPE FOR CRITICAL SERVICE(AMENDMENTS/SUPPLEMENTS TO ISO 3183：2012 AND API SPEC5L 45th EDITION)—2017"，2019 年又对其进行修订。该文件从管道运营安全和施工方便的角度出发，对今后国内管道建设中管材标准化有重要的借鉴意义。通过调研表明，国内外管线钢质量方面主要在化学成分、检验方式和结构尺寸等方面存在差异。

例如，壳牌公司基于 API 5L 提出了化学成分控制要求，其要求如下：所有钢级经确定后，钢管生产单位不允许对钢管化学成分进行变化。当化学成分发生变化，需要与业主协商，必要时开展相应的焊接性试验分析工作。在这里对业主的专业知识储备提出了更高的要求，不仅需要业主从标准要求上管控，还需要其具备对化学成分进行验证的专业技术能力，有专业的团队，这一点是国内管道企业相对不足的方面。为保证钢管的可焊性，技术要求中明确提出了 C_{eq}偏差为 ±0.03%，或者 P_{cm}偏差为 ±0.02%。为保证大壁厚钢管性能满足项目要求，其规定，当壁厚大于 35mm 时，化学成分需要与业主协商。目前国内对钢管化学成分要求较严格的为中俄东线，给出了其化学成分推荐范围。

1.3 管件质量

国内外 X65、X70 和 X80 钢的弯管大多采用感应加热的制造工艺，管件(三通)大多采用热挤压拔制的制造工艺。这两种制造工艺都需要对弯管、管件进行再次或多次加热，而 X65、X70 和 X80 钢均属于微合金化高强度钢，对热机械轧制和热处理等制造工艺的变化非常敏感，随着钢级升高，合金成分也相应升高，材料的碳当量和冷裂敏感性越高，生产工艺控制窗口就越窄，强韧性矛盾越突出，性能指标波动也越大。

焊缝是高钢级弯管、管件(三通)性能最薄弱的位置，成为性能控制的关键，焊缝多利用焊态组织保证强度和韧性，在热处理后，焊缝会在不同的热处理状态下，产生不同的组织变化，韧性恶化可能性增大，且随着壁厚的增大，焊缝及热影响区低温韧性波动性越大。受焊缝低温韧性的限制，“第三代大输量天然气管道工程关键技术研究”试制的 X80 *OD*1422 ×33.8mm 弯管，只能满足 -20℃的设计要求。52mm 厚 X80 *DN*1400 ×1200mm 三通只能满足 -30℃的设计要求。针对中俄东线项目开展的“大口径天然气管道建设关键技术研究”，研发的站场低温环境(-45℃)用 *D*1422 X80 弯管、管件虽能满足 -45℃的设计要求，但是由于弯管焊缝内外表面韧性的波动，弯管纵焊缝焊接工艺由多丝单道焊改为单丝多道焊，大大降低了焊接效率。

材料成分体系和热加工工艺对 X65 及以上钢级的弯管、管件产品性能有着重要的影响，由于原材料成分体系和热加工工艺与产品性能之间的关系大多是通过供货商的产品试制来确定制造程序及制造工艺规范(MPS)，因此，在国内外现行弯管、管件产品规范中对于原材料的成分体系规定的范围较宽，对制造工艺的要求也比较笼统。基于此，弯管、管件产品的性能和质量稳定性更多地依赖于各供货商自己的 MPS 文件，以及驻厂监造的过程监督。

从收集到的大量 X65、X70、X80 弯管、管件的性能检测报告的指标对比来看，各供货商的产品性能差异较大，同一供货商的同类产品不同项目、不同批次的性能差异也较大。此外，由于弯管、管件产品的生产制造特点，其质量检验无法逐个进行，只能从同批中抽检或采用同炉试板的方式进行，产品质量稳定性成为质量控制的关键。从近几年弯管、管件现场应用出现的问题，以及国外事故分析案例来看，大多是由于产品性能不满足原订货要求引起的现场质量问题。

1.4 管道环焊缝质量

钢管技术条件(API 5L、ISO 3183、GB/T 9711)和焊材技术条件(AWS、ISO、GB)均存在强度技术指标要求较为宽泛的情况，导致同级别钢管和焊材在满足相关标准要求的情况下，不同厂家生产的产品实物水平有较大差异，现场施工中可能存在处于强度分布上限的钢管与处于强度分布下限的焊材相匹配而引起的实际焊缝为低强匹配的问题。国内各钢厂通常是在综合考虑管厂制造工艺特点及自身设备能力的前提下，在标准范围内进行钢管的成分设计，由于钢管技术条件对冶金成分的技术要求较为宽泛，导致钢管产品实物的冶金成分差异较大。钢管冶金成分的差异给环焊缝热区韧性的稳定性等造成一定的影响。

1.5 管道工程设计关键技术

X65、X70 和 X80 钢虽然均属微合金控扎钢，但因合金成分、碳当量和冷裂敏感系数不同，其管材的性能指标和环焊缝焊接性有所差异，如随着钢级升高，碳当量和冷裂敏感性越高，钢的强度和生产工艺控制窗口越窄，屈强比越大，环焊缝焊接难度相对越高，韧性的指标波动也越大。目前 GB 50251《输气管道工程设计规范》对于管道的结构设计和强度校核采用的是基于应力的设计方法，采用一个设计系数来包含所有的不确定性因素，包括材料性能波动及施工质量的差异等，不能针对不同的钢级做出差异性的设计，也无法体现材料、施工和运维水平的技术进步等。

另外，GB 50251 的设计规定主要来源于北美 ASME 标准，如强度设计系数与 ASME B31.8 完全一致，但中国的社会环境和自然环境相比北美差异较大，如人口密度和地质灾害要明显高于北美，按照现行的设计、材料、施工和运维标准，管道失效概率和风险状况及国内标准在安全防护设施、风险控制设施和应急保障设施等方面的规定是否满足要求也需要持续开展深入的探讨和研究。

目前的输气管道壁厚设计和方案比选中，主要采用基于应力的设计方法和传统的建设费用或费用现值的比选方法，钢级比选时，考虑因素较为单一，来考虑不同钢级管道对外部荷载抵抗能力的差异和不同钢级的安全可靠性，以及全寿命周期内的经济性。

1.6　管道施工关键技术

近年来，高钢级管道在运行过程中暴露出一些新的技术问题，甚至出现一些安全隐患和事故。施工建设阶段是管道全生命周期的重要阶段，管道钢级不同，适用的施工工艺、作业方法、腐蚀防护水平及质量控制等会存在差异，这将给长输管道带来不同的初始安全风险水平，并最终影响运营期的管道安全管理。

国内管道的组对、焊接、无损检测、防腐补口、管沟开挖、穿越施工等工序大部分仍沿用传统的施工方法，机械化程度不高。随着管道口径的增大及钢级的提高，以及新技术、新工艺的使用，传统施工技术装备的局限性逐渐体现，需要积极引入更加先进高效的管道机械化施工技术和装备，以适应高钢级管道的施工，推动施工技术与装备制造的发展，提升管道建设质量与总体水平。

现有 3PE 涂层的涂覆需要较高的温度，对于碳含量很低的高钢级管线钢，喷涂环氧粉末时的加热工艺对钢管的力学性能会产生不同程度的影响，使钢材屈服强度和屈强比升高，降低焊缝的匹配性，使基于应变设计目的效果降低或失效。为避免涂层涂覆温度对高钢级管材性能的影响，需要进一步开展高强钢的涂层涂覆工艺以及在涂层涂覆温度下的适应性研究，确定 3PE 防腐层的关键指标及涂装工艺。

长输管道主要的无损检测方式为 RT + PAUT、RT + AUT、RT + UT 等，不同的检测方式对不同缺陷敏感性不同，对焊缝坡口形式的适用性也不同，现行标准无法满足现有检测方式的应用，检测过程中操作行为、人员经验等均会影响缺陷的检出率、结果判断。同时，不等壁厚焊接也会给现场无损检测（RT、PAUT、AUT）结果的判定带来困难，加剧了不等壁厚焊缝的质量控制难度。

除上述内容以外，在支撑高钢级管道系统发展和质量控制方面，也开展了很多性能表征、韧化机制及控制技术等研究，如吴金辉等提出采用减薄试样 DWTT 时，应避开材料的韧脆转变温度进行试验；采用单面减薄和双面减薄试样 DWTT 时，应在标准中明确试样的加工方法；另外，应对不同钢级减薄试样降低相同温度的试验结果进行相应的系数修正。刘清友等通过热模拟实验，讨论了提高 DWTT 性能的控制技术，采用粗轧再结晶区低温段大变形，增加粗轧阶段总累积变形量，以及将精轧温度降低到临近 A_{r3} 的温度范围内，并施加足够的累积变形量，可获得一定数量的超细晶多边形铁素体，将板材心部的平均有效晶粒尺寸细化到 2.5μm，使 -60℃下 DWTT 断口剪切面积达到 100%，为大口径高钢级管线钢的研发生产提供理论依据和技术参考。

高钢级管道建设是技术发展的必然趋势，其工业化应用的基础研究随着能源需求的增长持续增强，但在高钢级管道系统可靠性水平保障方面仍有较大提升空间。通过对高钢级管道关键组件及全生命周期关注问题进行分析，建立了高钢级管道可靠性因素识别框架及关联关系框图，可用于指导高钢级管道失效分析和质量提升。系统梳理了影响钢管、管件、环焊缝技术指标可靠性的影响因素，聚焦高钢级管道环焊缝失效的突出问题，对影响环焊缝质量与可靠性的管材化学成分、性能匹配、热影响区软化等因素进行总结分析，明确了后续研究方向，为今后新材料与新工艺研究，以及新建管道工程的设计、施工与材料质量控制等提供参考依据，对识别在役高钢级管道的运行风险也具有重要指导意义。

参考文献

[1]姜昌亮．高钢级管道可靠性影响因素探讨与思考[J]．油气储运，2022，41(7)：755-764.

[2]黄维和．油气管道风险管理技术的研究及应用[J]．油气储运，2001，20(10)：1-10.

[3]黄维和．中国石油油气战略通道建设与管理创新实践[J]．中国工程科学，2012，14(12)：19-24.

[4]黄维和，郑洪龙，王婷．我国油气管道建设运行管理技术及发展展望[J]．油气储运，2014，33(12)：1259-1262.

[5]王婷，杨辉，冯庆善，等．油气管道环焊缝缺陷内检测技术现状与展望[J]．油气储运，2015，34(7)：694-698.

[6]李秋扬，赵明华，张斌，等．2020 年全球油气管道建设现状及发展趋势[J]．油气储运，2021，40(12)：1330-1337.

[7]PHMSA. Pipeline failure analysis[EB/OL]. 2020-01-08[2020-02-12].

[8]CHEN. H，Feng H，CHEN. Q，et al. Failure analysis of a stress-based pipeline under plastic strain[C]//AIM-PIMG，2019-1028，Houston，TX，USA，2019.

[9]任俊杰，马卫锋，惠文颖，等．高钢级管道环焊缝断裂行为研究现状及探讨[J]．石油工程建设，2019，45(1)：1-5.

[10]李鹤林．天然气输送钢管研究与应用中的几个热点问题[J]．中国机械工程，2001，12(3)：349-352.

[11]李鹤林．油气管道基于应变的设计及抗大变形管线钢的开发与应用[J]．石油科技论坛，2008，27(2)：5-11.

[12]冯耀荣，张冠军，李鹤林．石油管工程技术进展及展望[J]．石油管材与仪器，2017，3(1)：1-8.

[13]FENG Y R，HUO C Y，ZHUANG C J，et al. Fracture control of the 2nd west to east gas pipeline in China

[J]. Procedia Structural Integrity, 2019, 22: 219-228.
[14]王东坡，龚宝明，吴世品，等．焊接接头与结构疲劳延寿技术研究进展综述[J]．华东交通大学学报，2016，33(6)：1-14.
[15]程方杰，张哲，邓彩艳，等．水下焊条半干式仰焊新工艺[J]．焊接学报，2016，37(1)：107-110.
[16]吕小青，王旭，徐连勇，等．基于径向基函数神经网络和NSGA-Ⅱ的气保焊工艺多目标优化[J]．天津大学学报(自然科学与工程技术版)，2020，53(10)：1013-1018.
[17]隋永莉，王鹏宇．中俄东线天然气管道黑河—长岭段环焊缝焊接工艺[J]．油气储运，2020，39(9)：961-970.
[18]FENG Q S, SHA S Y, DAI L S. Bayesian survival analysis model for girth weld failure prediction[J]. Applied Science, 2019, 3: 1-10.
[19]戴联双，考青鹏，杨辉，等．高强度钢管道环焊缝隐患治理措施研究[J]．石油管材与仪器，2020，6(2)：32-37.
[20]王婷，玄文博，周利剑，等．中国石油油气管道失效数据管理问题及对策[J]．油气储运，2014，33(6)：577-581.
[21]王婷，王巨洪，王学力，等．油气长输管道地质灾害监测标准分析[J]．石油天然气学报，2020，42(2)：151-156.
[22]冯庆善．“树生”事故致因理论模型[J]．油气储运，2014，33(2)：115-120，128.
[23]吴锴，张宏，杨悦，等．考虑强度匹配的高钢级管道环焊缝断裂评估方法[J]．油气储运，2021，40(9)：1008-1016.
[24]隋永莉．油气管道环焊缝焊接技术现状及发展趋势[J]．电焊机，2020，50(9)：53-59.
[25]王婷，陈健，沙胜义，等．X80管线钢焊接层数对环焊缝韧性影响试验[J]．油气储运，2022，41(4)：404-410.
[26]吴冰．X80管线钢焊接性能研究[D]．成都：西南交通大学，2008：5-31.
[27]徐学利，严培林，毕宗岳．X80管线钢化学成分对焊缝韧性影响分析焊接头冲击性能的影响[J]．热加工工艺，2017，46(3)：174-177.
[28]陈延清，牟淑坤，刘宏，等．母材成分对X80管道环焊接头冲击性能的影响[J]．电焊机，2017，47(7)：10-16.
[29]沙胜义，付春燕，燕冰川，等．基于无损检测的输油管道环焊缝缺陷安全评估[J]．管道技术与设备，2017(1)：26-30.
[30]贾书君，王远方，谭峰亮，等．抗大变形管线钢焊接粗晶区的组织和韧性[J]．材料研究学报，2016，30(7)：517-523.
[31]张有渝．陕京输气管道弯管尺寸极限偏差探讨[J]．油气储运，1998，17(6)：34-37.
[32]马小芳．天然气站场管道振动失效后果分析[J]．石油管材与仪器，2016，2(4)：59-63.
[33]邓波，刘迎来，王高峰，等．油气管道工程用弯管和管件的生产现状及研究热点[J]．石油管材与仪器，2019，6(6)：7-10.
[34]李丽锋，秦小建，王沙厅，等．某管道环焊缝开裂失效分析[J]．热加工工艺，2019，48(3)：259-262.
[35]姚登樽，隋永莉，孙哲，等．X70管线钢管环焊缝宽板拉伸试验[J]．焊管，2014(6)：26-30.
[36]唐家睿，陈宏远，高惠临，等．X70管线钢管环焊接头在低约束条件下的断裂韧性[J]．机械工程材料，2016，40(3)：27-30，34.

[37]燕冰川. 高强钢管道环焊缝风险排查技术浅析[J]. 石油管材与仪器, 2020, 6(2): 46-52.
[38]李为卫, 高琦, 刘炜辰, 等. 基于应变设计的高强钢管道环缝焊接技术[J]. 焊管, 2020, 43(5): 59-62.
[39]雷铮强, 王富祥, 陈健, 等. 长输油气管道裂纹失效案例调研[J]. 石油化工应用, 2017, 36(10): 9-13.
[40]齐丽华, 刘小峰, 刘迎来, 等. X80 螺旋埋弧焊管对接环焊接头失效裂纹分析[J]. 焊管, 2012, 35(6): 16-21.
[41]张宏, 吴锴, 刘啸奔, 等. *D*1422mm X80 管道环焊接头应变能力数值模拟方法[J]. 油气储运, 2020, 39(2): 162-168.
[42]帅健, 孔令圳. 高钢级管道环焊缝应变能力评价[J]. 油气储运, 2017, 36(12): 1368-1373.
[43]陈宏远, 张建勋, 池强, 等. 热影响区软化的 X70 管线环焊缝应变容量分析[J]. 焊接学报, 2018, 39(3): 47-51.
[44]孙咸. X80 管线钢焊接材料的选择及其应用[J]. 电焊机, 2019, 49(1): 1-9.

第 2 章　油气输送管道用钢的发展与生产制造

导 读

在全球范围内，未来新建管道将主要集中在天然气管道和海底管道。对于新建管道，设计输量、气体组分和物性参数、压力和温度、线路长度、制管水平、施工条件是进行选型的主要技术依据。从国内外管道发展的历史来看，提高输送压力、增大管径是管道工程重要的发展趋势，而钢级选择的主要原则是考虑管道的经济性和可行性。特殊服役环境(包括应变、低温、腐蚀、深海等)，是未来高强度管道技术发展面对的主要问题。基于国内主要管道项目钢管的生产检验、驻厂监造、质量抽检等记录和数据，对高钢级管线钢管的质量性能可靠性进行分析，提出了基于过程能力指数模型的管材产品质量的评价方法，探讨了高钢级管道钢管的应用及质量提升未来的发展方向。

2.1　油气管道发展情况

自 20 世纪 90 年代至今，由于一些超大型油气田和世界级油气田的相继发现，世界管道工业进入一个新的发展时期。同时，在科学技术发展的推动下，新理念(极限状态设计、基于应变设计等)、新工艺(高压输送、富气输送等)、新材料(超高强度钢，复合材料)不断出现，以高压、大口径、复杂环境为特征的管道工业与微合金化、超纯净冶炼和现代控轧控冷技术为特征的钢铁制造行业互相促进、共同发展，管道行业进入高速发展的时期。

为提高管线钢强度，显微组织控制是基本的技术手段，而微合金化是目前主流的显微组织控制方式。对微合金化管线钢来说，铁素体 - 珠光体(Ferrite - Pearlite，F - P)是第一代微合金管线钢的主要组织形态，覆盖强度范围是 X70 及以下强度。针状铁素体(Acicular Ferrite，AF)是第二代微合金管线钢，强度级别包括 X60 ~ X100。贝氏体 - 马氏体(Bainite - Martensite，B - M)则是第三代微合金管线钢的显微组织形态，其强度级别为 X100 和 X120。

20 世纪 50 ~ 60 年代使用的管线钢通常为 X52，70 ~ 80 年代使用的管线钢通常为 X60 ~ X65，90 年代使用的管线钢通常是 X70 ~ X80，进入 21 世纪之后，X100 和 X120 成为管线钢研究和开发的热点。由于高强度和超高强度钢的应用，管道更高压力的输送成为可能，未来开发中的管道使用压力预计可达30MPa。

管线钢的高强度可通过多种强化机制和强化方法来获取，其中最为有效的方法是通过合金设计的微合金化(如Nb、V、Ti)和多元合金化(如Mn、Mo、B)，控制轧制和控制冷却(Thermo－mechanical Controlled Process，TMCP)中较低的终轧温度、终冷温度、高冷却速度等。主要的技术路线包括：①提高碳和合金元素的含量，达到提高强度的目的，优点是对TMCP要求不高，缺点是合金化成本较高，钢材的焊接性和韧性相对偏低；②通过降低终轧温度、终冷温度，提高冷却速度来提高钢的强度，优点是避免了合金成分对焊接性和韧性的负面影响，缺点是对TMCP的装备和工艺水平要求较高，焊接热影响区软化的敏感性较高。

2.1.1 全球发展趋势及分析

截至2018年底，全球在役油气管道约3800条，总里程约1961300km，其中天然气管道约1273600km，占管道总里程的64.9%；原油管道、成品油管道、液化石油气管道分别约363300km、248600km、75800km。全球管道主要集中于北美、俄罗斯及中亚、欧洲、亚太地区(见表2－1、图2－1)，分别占全球管道总里程的43%、15%、14%和14%。

表2－1 全球各地区在役油气管道总里程 km

所在地区	原油管道	成品油管道	天然气管道
亚太	43500	28700	170500
俄罗斯及中亚	75000	19000	200000
欧洲	26000	23000	231000
北美	152900	179120	513000
拉丁美洲	22000	13600	44000
中东及非洲	57000	44000	10400

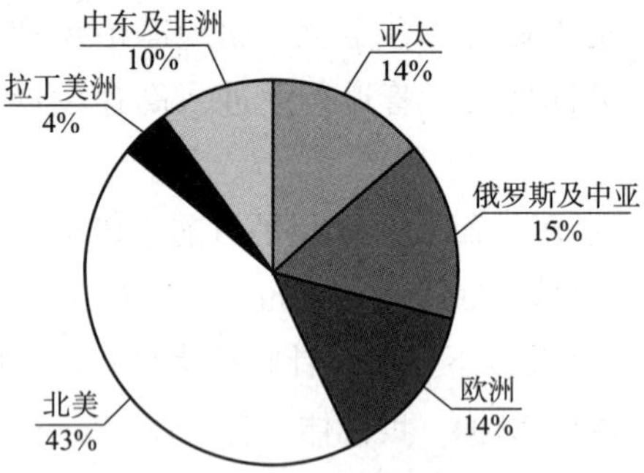

图2－1 全球各地区油气管道里程分布比例图

在原油管道建设方面，据分析，预计到2025年，全球原油管道累计总长度将达到40万km。在全球范围内，有67条计划和已宣布的原油管道预计将于2023年开始运营，总长约为2.83万km。全球新建原油管道总长将达到1.43万km，北美地区或将在随后几年中成为全球原油管道增长的“主力”，预计该地区新建管道长度将占全球计划及确定的新增原油管道总量的1/2以上。

1. 北美

预计到2023年底，北美将投运29条新建的原油管道，其中16条是目前规划中的项目，总长7148.9km；13条处于前期公告阶段，总长7195km。在这之中，“自由石油”管道项目(The Liberty Oil Project)是即将宣布建设的最长管道，全长2172.2km。北美地区原油管道增建迅猛，主要原因是过去10年间美国原油产量快速攀升。2010—2020年，美国的原油产量翻了一番多，但是将这些原油从美国得克萨斯州油田运出的基础设施一直缺乏。2019年，Cactus Ⅱ原油管道投入运营，该管道将重要页岩产区二叠纪盆地和得克萨斯州与市场连接，每天可输送原油67万桶。根据美国能源信息署(EIA)的统计数据，2020年美国原油产量达1330万桶/日，同比增长约9%；2021年达1370万桶/日，同比增长约3%。其中，得克萨斯州和二叠纪页岩区域贡献了大部分的产量增长。美国二叠纪盆地原油产量的增长不断推升管道运输能力的需求，促使该地区原油管道基础设施的大规模扩建。

2. 亚洲

除了北美地区，亚洲已宣布和计划修建的新输油管道的总长度位居全球第二位，其次是中东、非洲、南美洲和欧洲。到2023年，亚洲和中东地区将分别新建4398km和4055km的原油管道。其中，亚洲到2023年将有6条原油管道投入使用。

3. 中东

中东将成为全球新增原油管道的第三大贡献者。Global Data预计，到2023年，该地区将有11条新建的原油管道投入运营，9条是目前规划中的管道，总长度为3554.8km，2条是此前宣布的原油管道项目，总长度为500km。其中，巴士拉—亚喀巴原油管道将成为该地区最长的管道，全长1700km。

全球范围内主要管道建设：

(1)中俄天然气管道，即东线天然气管道，是目前中俄之间最重要的天然气管道项目。该项目需要在两国分别建设一条天然气输气系统，两条输气系统通过两国边界连接。俄罗斯境内段西伯利亚力量天然气输送系统长3200km；2015年6月30日，中国境内段在中俄边境黑龙江黑河市正式开工建设。该管道有助于推进俄罗斯东西伯利亚气田的开发，对中国供气将长达30年，输气量为$380\times10^8m^3/a$。

(2)中亚天然气管道，是目前全球最大的在役天然气管道项目，共分为4段，将中亚的天然气资源输往中国。其中A线、B线及C线分别于2009年、2010年及2014年建成投产，D线于2014年9月开工建设，目前处于路由勘察阶段。中亚天然气管道全部建成后，总输量将达到$850\times10^8m^3/a$。

(3)挪威Polarled管道作为世界上首条穿越北极圈的天然气管道，由挪威国家石油公司设计建设。该管道全长482km，管径914mm，输气量$7\times10^8m^3/d$，安装深度达1265m。该管道于2015年9月竣工，进一步提升了挪威对欧洲的供气能力。

(4)加拿大东方能源管道，由TC(Trans Canada)计划修建。该管道长达4460km，贯穿整个加拿大，起自阿尔伯塔省哈迪斯蒂(Hardisty)市，终至东海岸圣约翰(Saint John)市，该管道于2016年开工。东方能源管道的建成将扩大加拿大的石油运输网络，用于将加拿大西部原油运往东部炼厂。这个长达1947km的Keystone XL输油管道项目每天将从阿尔伯塔省哈迪斯蒂(Hardisty)向美国内布拉斯加州斯蒂尔(Steele)运输约83万桶石油。它将与加拿大TC能源公司现有的设施连接，最终到达墨西哥湾沿岸的炼油厂。约270km的输油管道将在阿尔伯塔省境内。该管道旨在解决美国取消 Keystone XL 管道后阿尔伯塔省原油的供销平衡问题，同时减少加拿大对美国进口成品油的依赖(见图 2－2)。

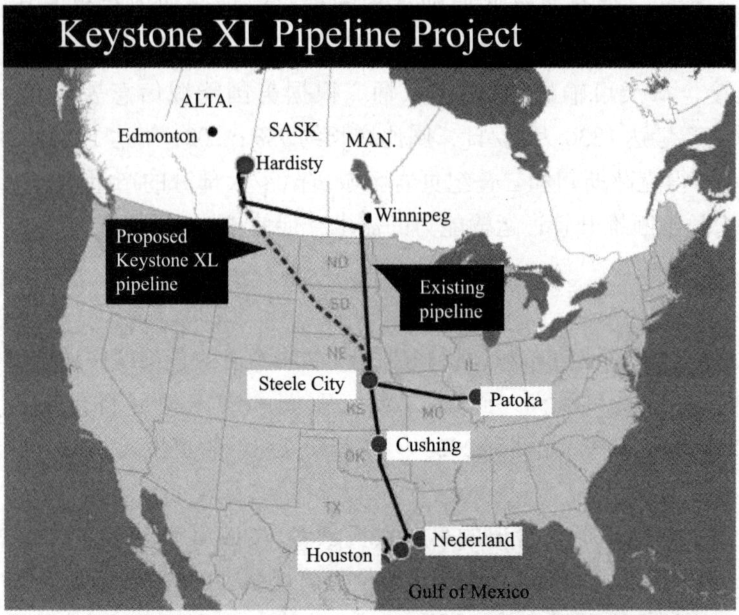

图 2－2　Keystone XL 管道(该管道因路由审批未通过已取消建设)

(5)已被搁置 10 年的阿尔及利亚与意大利的 Galsi 天然气管道，阿意两国终于在 2015 年 2 月就管道修建计划达成协议。该管道从阿尔及利亚通过地中海海底抵达意大利，管道长约 856km，其中 565km 穿越海域，年输气能力为 $80 \times 10^8 m^3$。该管道的建设旨在提高意大利国内天然气供应安全，抵御俄罗斯天然气供应的不稳定性。

(6)南方天然气走廊项目总投资超过 400 亿美元，是欧盟与土耳其、阿塞拜疆等国力推的重要能源合作项目，设计通过管道向土耳其和欧洲输送天然气，该管道将在里海区域阿塞拜疆部分沙赫丹尼斯凝析气田作业生产。沙赫丹尼斯 2 号项目、南高加索管道扩建项目、正在土耳其境内建设的跨安纳托利亚管道(TANAP)项目、跨亚得里亚海天然气管道(TAP)将成为南方天然气走廊的组成部分。2018 年正式启动，通过该项目里海盆地的天然气将运送至欧洲。

(7)跨亚得里亚海天然气管道(TAP)，管道长 878km，其中有 550km 通过希腊境内，215km 经过阿尔巴尼亚境内，105km 穿越亚得里亚海底部，8km 经意大利南部，管径 1219mm。TAP 是南方天然气走廊的一部分，于 2018 年底与 TANAP 在土耳其和希腊边境的马里乍河实现对接。

(8)BRUA 天然气管道，长 550km，管径 813mm，该管道连接欧洲东部、中部至里海和黑海的天然气田，贯穿保加利亚、罗马尼亚、匈牙利、奥地利。BRUA 管道将以黑海天然气为源头将欧洲现有部分管道设施和新管道进行连接，预计 10～15 年后将达到运送里海天然气的能力。

(9)Baltic 天然气管道，管道长 900km，从波兰北部穿过波罗的海部分瑞典领海和丹麦领土与北海管道连接。该管道预计在2022—2025年完成，是南北天然气走廊的重要部分，将波兰天然气供应系统与挪威北海油气田相连接，这对波兰及周边地区能源安全至关重要。

(10)爱奥尼亚—亚得里亚海天然气管道(IAP)，该管道长516km，管径800mm，是一条双向管道，具备反向输送能力，起点阿尔巴尼亚非夏尔区，穿过黑山、波斯尼亚和黑塞哥维那，终点位于克罗地亚南部港市斯普利特。该管道于2020年开工建设，建设周期2～3年。

(11)土耳其溪天然气管道(TurkStream)，该天然气管道项目共有2条，总输量315×$10^8m^3/a$。第1条管道将向土耳其输送天然气，第2条管道将通过土耳其领土向南欧和东南欧输送天然气。管道铺设历时15个月，并于2018年11月提前完工。土耳其Kiyikoy定居点附近的接收站于2019年完工。向TurkStream供气的起点是Russkaya压气站(CS)，该压气站是俄罗斯统一供气系统的一部分，位于Anapa附近。CS的容量为224MW，可维持沿管道2条管道输送天然气所需的压力，通过930km多到达土耳其海岸，使天然气进入接收终端。

(12)北溪天然气管道，是由俄罗斯和部分欧盟国家(以德法为主)共同投资的跨国天然气管道，全长1200km多，横跨波罗的海海底，直接连接德国与俄罗斯两国本土，通过俄罗斯、芬兰、瑞典、丹麦和德国5个国家的专属经济区和领海(见图2－3)。其中北溪1号管道项目包含2条平行的海底管道，以及2条海底管道系统的陆上部分。第1条管道2011年11月正式投入使用。第2条管道2012年10月正式投入使用。

图2－3　北溪天然气管道

2.1.2　国内发展现状及布局

我国自1959年建成新疆克拉玛依—独山子输油管道以来，油气管道建设已经历了60多年的发展历程。20世纪90年代以前为初创期，90年代以后为发展期。90年代以后，随着塔里木、长庆油气田的开发和国民经济的快速发展，特别是天然气工业的快速发展，建设了涩宁兰(青海格尔木涩北—西宁—兰州)、陕京一线(陕西靖边—北京衙门口)、陕京二线(陕西靖边—北京采育)、西气东输一线(新疆塔里木—上海)、川气东送(四川达州—上海)等天然气管道，甬沪宁(宁波—上海—南京)原油管道、西部原油(鄯善—兰州)管道、茂昆(茂名—昆明)成品油管道、兰成渝(兰州—成都—重庆)成品油管道等大型管道工程，逐渐形成了跨区域的油气管网供应格局。

在“十一五”期间，中哈原油管道、西部原油管道、中亚天然气管道、西气东输二线东段、漠大(漠河—林源)管道建成及中缅管道开工建设，标志着中国陆上油气战略通道的建设拉开了序幕。

自2004年西气东输一线管道建成运行以来，中国油气管道经历了15年大规模建设，目前已呈现网络化运行特征，管道建设水平不断转型升级迈向高质量阶段。截至2012年底，我国已建油气管道总里程9.4万km，其中原油管道1.9万km，成品油管道2.0万km，天然气管道5.5万km。形成了“北油南运”“西油东进”“西气东输”“海气登陆”的油气输送格局，初步构建了横跨东西、纵贯南北、连通海外、覆盖全国的油气管道运输体系，初步实现了油气运输渠道的多元化，成为继公路、铁路、水路之后的第四大运输体系。至此，我国东北、西北、西南、海上四大油气通道的基本框架已构成。

截至2019年底，中国境内建成油气长输管道总里程累计达到13.9万km，其中原油管道约2.9万km，成品油管道约2.9万km，天然气管道约8.1万km。在天然气管道建设方面，我国目前管道年输气能力超过$3500\times10^8m^3$，实现了“西气东输、北气南下、海气登陆、就近外供”的供气格局。随着中俄东线天然气管道(北段)通气，中国四大进口天然气通道(东北、西北、西南和海上)全部贯通，一个“横跨东西、纵贯南北、覆盖全国、连通海外、资源多元、调度灵活、安全可靠”的天然气管网输送体系初具规模。同时，中国区域性天然气管网发展迅速并逐步完善。

(1)国家骨干管网

目前，国家骨干天然气管网系统有3个，分别是西气东输、陕京线和川气东送，并由5条联络线连接，实现各个方向的天然气安全输送。此外，还有约30条其他支干管网实现天然气的统一调配。西气东输管网系统现有3条管道，分别为西一线、西二线和西三线，是中国距离最长、口径最大的输气管网系统。陕京线西起陕西省，东至北京市，主要承担为首都供气的重大责任。截至2019年，年输气量超过$500\times10^8m^3$。川气东送天然气管网系统起自四川省达州市普光首站，止于上海末站，是上海地区仅次于西气东输的又一大重要气源。它的建成使得西南油气田丰富天然气资源得以外输，支撑了东部地区庞大的天然气消费市场。

此外，5条主要联络线也意义重大，它们串联基干管道，实现了资源的快速转移。具体来看，靖边—榆林线连通陕京一线和陕京二线；冀宁线连通西气东输和陕京线；淮武线连通西气东输和忠武线；兰银线连通西气东输和涩宁兰线；中贵线在中卫与西一线、二线对接，在四川与川渝管网对接，在贵阳市与中缅管道对接。

(2)区域管网

依托国家骨干天然气管网，出于经济发展和供应安全互保的需要，京津冀、长三角、珠三角形成了互联互通的区域天然气管网，川渝地区也有完善的区域管网：①京津冀区域天然气管网主要由陕京线、大港—永清、中俄东线等6条管道组成，年供气能力约$1100\times10^8m^3$，可接收中亚、俄罗斯等进口天然气，也可接收新疆地区、长庆油田等国产天然气，并配套建设有LNG接收站、华北储气库群等储气调峰设施。②长三角区域天然气管网主要由西一线、西二线上海支干线、冀宁线等9条管道组成，年供气能力约$600\times10^8m^3$，并配套建设有金坛、刘庄储气库和江苏如东、启东、上海、浙江LNG接收站等储气调峰设施。③珠三角区域天然气管网主要由西二线南宁支干线、广—深支干线、香港支线等7条管道组成，并配套建设有广东大鹏、珠海、粤东、九丰等 LNG 接收站。

(3)省级管网

省级天然气管网一般由各地区的省级天然气管网公司建设及运营。截至 2018 年底，中国已有 25 个省及直辖市成立省级管网公司，运营模式上有统购统销、代输或二者兼有。北京和上海由于政策导向强、市场资源多、发展要求高等因素，形成了强大的区域天然气管网。在市场经济活跃、消费能力充足的江苏和广东，也形成了较为完善的省级天然气管网，基本实现了全省一张网，天然气覆盖率处于全国领先的地位。浙江、山西、山东、河北、河南、湖北和重庆等省市的国家基干管网较多，也建成了较大规模的省级天然气管网，基本实现了省内天然气互联互通。另外，宁夏、海南、福建、辽宁和四川等省份达到重点城市基本普及天然气的水平，并且正在进一步努力实现“全省一张网”的目标。而在西北、东北等人口密度底、经济发展慢、主干管网少的部分省份，天然气管道的建设速度缓慢，城镇天然气普及率有限。

2.2 高强度钢管的生产制造

2.2.1 世界生产制造能力及工艺

世界上主要的钢铁产能分布在中国、日本、俄罗斯、欧洲、美国、加拿大、印度等国家和地区。目前，世界上油气输送埋弧焊管年制造能力约为 4332 万 t。其中，螺旋缝埋弧焊管年制造能力约为 1952 万 t，主要生产国家和地区包括中国、印度、美洲和欧洲等。直缝埋弧焊管年制造能力约为 2381 万 t，主要生产国家和地区包括中国、独联体国家、印度、欧洲、日本等。

世界油气输送埋弧焊管年制造能力按照国家和地区分布情况汇总见表 2－2。

表 2－2 世界油气输送埋弧焊管年制造能力(按照管型分类) 百万 t

国家和地区	螺旋缝埋弧焊管年制造能力	直缝埋弧焊管年制造能力	合计
中国	12	8	20.0
印度	1.81	2.54	4.35
其他亚洲国家	0.46	—	0.46
中东和非洲	0.90	1.58	2.48
独联体国家	0.60	5.68	6.28
欧洲	1.47	2.47	3.94
日本	0.58	2.11	2.69
美洲	1.71	1.43	3.14
合计	19.52	23.8	43.32

近年来，管线钢与油气输送钢管产业发展迅速，尤其是全球新兴市场的钢铁产能井喷式增长，钢管企业异军突起。在生产技术水平、产品质量控制，以及高附加值的特殊性能钢管新产品开发方面，欧洲钢管集团公司、新日铁住金公司、日本 JFE 公司、俄罗斯联合冶金公司和印度 Welspun 公司等处于全球领先地位。

(1)欧洲钢管集团公司

欧洲钢管集团由钢铁行业里两个历史悠久的先锋企业——迪林格股份公司(AG der Dillinger Hüttenwerke)和曼内斯曼股份公司(Mannesmannr hren - Werke AG)于 1991 年合资成立。迪林格股份公司是德国第一个股份制公司，成立于 1685 年，在中厚板生产领域有丰富的生产经验，是行业内的领军企业，1804 年就已开始通过轧制生产钢板，1961 年建成世界上第一条钢板坯连铸生产线。曼内斯曼股份公司的前身则在 1845 年就已生产出欧洲大陆的第一根焊管，并于 1907 年为当时世界上最长的 800km 输油管线工程供应钢管，1970 年又成为钢铁行业第一个使用连铸坯来生产大口径焊管的企业。然而，萨尔茨吉特集团(Salzgitter AG)于 2000 年收购了曼内斯曼股份公司，并成立萨尔茨吉特·曼内斯曼公司(Salzgitter Mannesmann GmbH)，负责集团公司的钢管业务。现在，欧洲钢管集团是迪林格股份公司和萨尔茨吉特·曼内斯曼公司的合资企业，各控股 50%。欧洲钢管集团虽然成立较晚，但因其两大股东公司在大口径焊管领域有着久远的发展历史和雄厚的技术积累，现在已是全球管线管市场的领跑者，多次成为世界高难度重大管线工程的主要供应商，其生产技术代表着国际一流管线管生产的发展水平。

欧洲钢管集团总部位于德国的鲁尔区米尔海姆(Mülheim an der Ruhr)，在国内外拥有多个生产单元，年总产能为 180 万 t，如表 2 - 3 所示。在销售方面，除总部统筹全球市场外，位于美国休斯敦的欧洲钢管集团伯格公司(Berg Europipe)专门负责北美销售市场。另外，萨尔茨吉特·曼内斯曼公司是欧洲钢管集团在技术研发方面最重要的合作伙伴。

表 2 - 3　欧洲钢管集团制管生产线生产能力

地点	德国米尔海姆	法国敦刻尔克	美国巴拿马城	美国莫比尔
生产线工艺	SAWL(UOE) SAWL(三辊弯曲，3RB)	SAWL(UOE)	SAWL(三辊弯曲，3RB)	SAWH(螺旋焊管)
外径/mm	610 ~ 1524	508 ~ 1422	610 ~ 1524	610 ~ 1422
壁厚/mm	9.5 ~ 45.0	9.5 ~ 28.6	7.9 ~ 38.1	8.0 ~ 20.1
最大管长/m	18.3	12	12	24
最大钢级	X100	X80	X80	X80
抗腐蚀涂层	有	有	有	有
3L 涂层	有	有	无	无
年产量/万 t	180	40	20	

自 1991 年成立以来，欧洲钢管集团管线管的总销售量已超过 1500 万 t，X65、X70 钢级管线管一直为其主要产品，但近年低钢级的 X60 销量在减少，而高钢级的 X80 销量明显增加，销量最大的产品也从 X65 变为 X70，可见，随着技术的进步，管线工程逐渐倾向于高钢级管线管发展。

1)UOE 制管工艺

欧洲钢管集团采用 UOE 成型、直缝埋弧焊的工艺制造大口径厚壁管线管。UOE 厂具有强大的成型能力，米尔海姆管厂装备了 11000t 的预弯机，可对壁厚 50mm 的钢板进行弯边，并拥有 60000t 的 O 成型机。埋弧焊后采用超声及 X 射线检测焊缝，图像自动评价软件可有效提高图像的处理能力，所有的射线照相检测都采用数字化技术，同时拥有自动激光测量系统对钢管的几何尺寸进行测量，提高了钢管尺寸测量精度和效率。相关制管过程参数均由生产控制和信息系统(PRODIS)提供，PRODIS 系统还可优化检查工艺、记录结果、存储偏差数据，并提供与焊管相关的所有检测结果和制作客户文档。

2)制管原材料供应

欧洲钢管集团制管所用的管线钢原材料主要来自其两大股东公司，即迪林格公司和萨尔茨吉特·曼内斯曼宽厚板公司，后者曾是曼内斯曼的子公司，现在主要致力于钢板制造，拥有 130 年的行业经验。迪林格公司拥有世界上最大的轧机机架，高达 110MN 的轧制力，能够确保 400mm 厚的连铸坯在 TMCP 轧制中获得足够的变形量，具有较宽的轧制参数范围，并能够精确控制板材轧制温度。萨尔茨吉特·曼内斯曼宽厚板公司的 5.1m 四辊可逆式轧机具有 60MN 的轧制力。

欧洲钢管集团要求每一批板材送往管厂前都要经过严格的超声探伤检查，需 100% 覆盖所有的板材表面，要求所有供应商须装备先进的信息化管理软件，能够追踪、传递、存档、评估相关的质量数据，保证产品从炼钢到制管的所有信息具有全面的可追溯性。

3)高等级 UOE 管线管产品

X80 钢级是目前大规模工程应用的管线管中的最高钢级。早在 1984 年，欧洲钢管集团的前身曼内斯曼公司就已成功研制了 X80 管线钢，是最早开发并生产 X80 管线管的企业。

欧洲钢管集团在基于应变设计的 X80 管线管研究基础上，成功进行了基于应变设计 X100 管线管开发，并具备供货能力。2009 年为加拿大 TransCanada 公司的北部中央通道(North Central Corridor)输气管线项目成功生产 2.5km 基于应变设计的 1067mm × 14.3mm 规格 X100 管线管。

欧洲钢管集团是近年来世界多个重大海底管线工程的主要供货商。2004 年启动的挪威 Langeled 工程是当时世界上最长的海底管线工程，全长 1200km，欧洲钢管集团作为主要供应商，在 2004—2006 年为其提供 1016/1066mm × 34.5mm 规格的 SAWL485IFD 管线管共 835km。北溪海底管线工程(Nord Stream)全长 2 × 1224km，欧洲钢管集团作为最主要供应商于 2010—2012 年为其一、二期项目分别供管 990km、850km，规格为 1220mm × (26.8 ~ 41)mm 的 SAWL485IFD 管线管，总重超过 150 万 t，这是欧洲钢管集团最大的一笔订单。2012 年 2 月，欧洲钢管集团获得澳大利亚的第一份订单，为 Ichthys 液化天然气项目的 889km 海底管线供货 60%，约为 41 万 t，所供钢管为 1067mm × (29.6 ~ 40.1) mm 规格的 SAWL450MS(弱酸环境)管线管。

欧洲钢管集团的前身曼内斯曼公司是全世界第一个开发出 X80 钢级管线管的公司；X100 管线管研发历经 2 次全尺寸气体爆破试验，现已具备基于应变设计 X100 管线管的供货能力；X65 及以下钢级抗 H_2S 管线管 2000—2010 年供货量超过 210 万 t，X70 抗 H_2S 管具备供货能力，X80 抗 H_2S 管也已研发成功；厚壁海底管线管成熟应用于多项高难度国际重大海底管线工程。

(2)新日铁住金公司

2012 年，日本两大钢铁企业新日本制铁公司和住友金属工业公司正式宣布合并组建新公司——新日铁住金。合并后的新公司整合旗下钢管业务，年钢铁产量为 4537 万 t。新日铁住金公司每年内销钢管约 100 万 t，外销约 35 万 t。新日铁住金公司的钢管产品包括 UOE 钢管、无缝钢管、ERW 钢管等高级管线钢管。

新日铁住金公司的大口径埋弧焊管(外径为 457.2 ~ 1524mm)的主要生产基地包括鹿岛制铁所和君津制铁。两个工厂的大口径钢管累计生产量达到 2600 万 t 以上，采用 UOE 生产工艺。

新日铁住金公司的 ERW 管线钢管由名古屋制铁所(16in 轧机)和光钢管部(24in 轧机)采用高频感应加热方法制造。新日铁住金开发出 ERW 钢管的先进成型方法——FFX，用摄像机对钢管焊接过程进行监控，配置钢管最佳焊接条件的控制、监视装置。新日铁住金的 ERW 管线钢管具有悠久的生产历史，已在海外的海底管线、低温管线、含 H_2S 天然气输送管线中使用。

新日铁住金公司有 3 个工厂生产无缝钢管：和歌山制铁所的产品规格是外径15.9 ~ 425.4mm，尼崎制造所的产品规格是外径 60.3 ~ 244.5mm，东京制造所的产品规格是外径 33.4 ~ 168.3mm。

由于日本国内钢管需求增长缓慢，新日铁住金公司积极在全球钢管市场进行布局。目前，新日铁住金公司在中国有 3 家分厂，在泰国、印度和墨西哥各有 2 家分厂，在印度尼西亚、越南和美国各有 1 家分厂，海外钢管年产销超过 35 万 t。

新日铁住金公司除具备钢管制备能力以外，每个工厂都还具有炼钢、轧制的完整技术体系，保证钢管板材的性能和及时供应。冶金轧钢技术主要包括高纯度炼钢技术、新型连铸机减轻铸坯中心偏析技术、厚板 TMCP 技术、控制轧制 + 加速冷却技术(鹿岛制铁所的 DAC - n、君津制铁所的 CLC - μ)等。先进的冶金技术为高性能先进钢管产品的开发提供了必要条件。

在管线钢管新产品方面，目前，新日铁住金公司生产的 API X70 及以下的抗 H_2 腐蚀管线钢管已经批量供货。阿拉斯加、加拿大、俄罗斯等地的冬季温度达到 - 60 ~ - 40℉，新日铁住金公司制造出了适用于这些地区的超低温管线钢管。此外，新日铁住金公司生产出供水深 1500 ~ 2200m 的墨西哥湾、地中海、黑海等海底管线用的、具有优良抗压溃性和低温韧性的大尺寸高精度厚壁钢管。在季节性冻土带、断层带和地震带等地区使用管线钢管方面，新日铁住金公司开发出高变形能 X70、X80 钢管，可承受地层变动引起的钢管变形。近年来，由于天然气高压输送、降低管线用钢成本及降低管线铺设成本的要求，高强度管线钢管的使用急剧增加。新日铁住金公司的 X80 级钢管已在中国、德国、捷克、英国、俄罗斯、加拿大、美国、日本等地使用。新日铁住金公司的 X100 钢管已两次向加拿大供货，同时进行实物爆破试验和试验段应用。

(3)日本 JFE 公司

2002 年，由日本第二大钢铁公司——日本钢管(NKK)和日本第三大钢铁公司——川崎制铁合并成立 JFE HOLDINGS 并以 JFE 的新面貌重新出现。这两家钢铁公司合并后的钢铁年产量为2517万吨。在钢铁产量和销售额等方面已接近日本最大的钢铁公司新日铁住金公司。该集团以钢铁为主业，钢管为其主要钢铁产品之一，可生产能源产业用油井管、管线管、锅炉管及非能源产业用配管材料，如建筑用钢管、汽车用钢管等。

JFE集团钢管生产公司有8家，生产的钢管产品包括：无缝管、直缝埋弧焊管、螺旋缝埋弧焊管和电阻焊管。

JFE钢铁公司埋弧焊管生产线包括：东日本钢厂(千叶厂)有2条UOE管生产线，西日本钢厂(福山厂)有1条UOE管生产线和1条螺旋焊管生产线，JFE大直径钢管公司有2条螺旋焊管生产线。该公司生产UOE管的大部分原料由福山厂提供。福山厂中厚板车间的设备包括超级OLAC(在线加速冷却)热机械热处理设备，并采用HOP(热处理在线工艺)，这是世界唯一对中厚板进行在线热处理的设备。这些设备使JFE钢铁公司可为UOE管生产提供高性能的中厚板。

JFE钢铁公司有14条ERW管生产线，每一条ERW管生产线都有独特之处，因而使其可采用最佳的工艺生产出满足用户要求的钢管。其中：知多厂可生产世界上外径最大的ERW管，可商业化生产超壁厚ERW管和套管，并作为传统UOE管的替代品。知多厂4in HISTORY钢管轧机是JFE钢铁公司独特的钢管生产设备，它可以利用在电阻焊接后进行温轧生产高强、高延展性钢管。采用这种生产工艺，钢管强度和延展性通过温轧而有所改善。

JFE钢铁公司在知多厂有2条无缝管生产线，采用曼内斯曼的穿孔机/芯棒式无缝管轧机生产小直径无缝管，采用曼内斯曼的穿孔机/自动轧管机生产中等直径无缝钢管，JFE是世界上第一家采用曼内斯曼穿孔机生产无缝管且产品质量稳定的厂家。小直径钢管外径最大为177.8mm，而中等直径无缝管外径规格为177.8~426.0mm(见表2-4)。生产无缝管所用原料——碳钢、低合金钢是在西日本钢厂冶炼和轧制；高合金钢，如含13%Cr的高合金钢是在东日本钢厂冶炼和连铸成板坯。

JFE公司制备钢管产品的原料主要来自公司内部，其冶炼轧制技术同样在国际上处于领先地位。日本福山厂厚板车间于1980年首次将快速冷却技术应用于厚钢板的生产，1998年开发了采用新的水流控制技术实现最大理论冷却速度的Super-OLAC(Super On-line Accelerated Cooling)装置。为提高高强度管线钢管的附加值和功能，日本JFE公司在西日本制铁所(福山地区)安装了在线热处理设备(HOP)。HOP是一种电磁式感应加热设备，它安装在快速冷却装置Super-OLAC后面的热矫直机附近。通过将HOP和Super-OLAC组合，可进行特有的显微组织控制，生产以双相钢为代表的大变形钢管。

表2-4 JFE集团主要钢管生产设备及其产品规格

钢管种类	生产公司/厂	设备名称	产品规格/mm		备注
			外径	壁厚	
无缝钢管	知多厂	小直径无缝钢管	25.4~177.8	2.3~40.0	拉拔轧管法
		中直径无缝钢管	177.8~426.0	5.1~65.0	穿孔轧管法
UOE焊管	东日本千叶厂	2条UOE焊管线	508.4~1625.6	6.4~44.5	世界最大外径
	西日本福田厂	1条UOE焊管线	406.4~1422.4	6.0~50.8	内外表面涂覆

续表

钢管种类	生产公司/厂	设备名称	产品规格/mm		备注
			外径	壁厚	
螺旋焊管	西日本福田厂	1 条螺旋线	600～2540	6.0～30.0	
	JFE 大直径钢管公司	1#螺旋机组	400～1100	4.5～16	
		2#螺旋机组	700～2600	4.5～30	
电阻焊管	知多厂	3in(76 机组)	28.6～76.4	0.6～10.0	
		6in(152 机组)	60.5～168.3	0.6～10.0	
		4in(102 HISTORY 机组)	21.3～114.3	1.8～12.7	
		26in(660 机组)	318.5～660.4	4.0～23.8	世界最大外径
			250～550	6.0～25.0	
	东日本京滨厂	24in(610 机组)	177.8～609.6	3.2～19.1	外表面涂覆
			200～550	4.5～22.0	
	JFE 钢管公司	1#机组	19.1～50.8	1.0～4.5	
		2#机组	19.1～60.5	1.0～4.5	
		3#机组	50.8～114.4	1.2～6.0	挠性成型
			50～75		
		4#机组	114.3～267.4	2.3～12.0	线性成型
			100～200		
	川崎钢管公司(伊势原厂)	1#机组	17.3～21.7	1.2～3.5	内毛刺清除
		2#机组	17.3～27.2	1.2～3.5	内毛刺清除
		3#机组	21.7～34.0	1.2～7.0	内毛刺清除、焊缝退火
	川崎钢管公司(磐田厂)	1#机组	12.7～31.8	1.2～4.5	张力减径方式、内毛刺清除、焊缝退火
		2#机组	10.0～17.3	1.2～3.0	张力减径方式、可生产连续U形弯曲管
对缝焊管	东日本京宾厂	对缝焊管	21.7～114.3	2.8～4.5	防腐蚀涂覆设备

作为结合应用 HOP 工艺生产的具有代表性的管线钢管产品，有高强度耐酸性气体的管线钢管、高可变形性管线钢管、超高强度钢管等。由于采用 HOP 工艺，材料内部组织均匀，能获得性能稳定且形状好的钢管。另外，由于钢材的热态稳定性好，因此能大幅度提高耐 SR(消除应力热处理)性能或耐应变时效性能。

(4)俄罗斯联合冶金公司(OMK)

OMK 公司是俄罗斯主要的焊管生产厂家，该公司具有雄厚的技术实力，是俄罗斯大口径焊管生产的领先者。OMK 公司在俄罗斯境内的主要制管厂包括维克萨钢管厂和阿尔梅捷耶夫钢管厂。维克萨钢管厂是俄罗斯生产大中口径直缝埋弧焊管最主要的生产厂家之一，钢管年产能超过200万t。阿尔梅捷耶夫钢管厂位于俄罗斯联邦鞑靼斯坦共和国境内，是一家生产直缝焊管和特殊钢管的企业，产能在20万t以上。OMK公司2013年将钢管产量同比减少6%，至150万t。由于俄罗斯天然气垄断企业Gazprom天然气公司新项目的投建，包括Southern Corridor、Power of Siberia及South Stream，2014年OMK钢管产量预期提高。

OMK公司共有员工4万人，其中维克萨钢管厂有1.6万人，是OMK集团的核心工厂。维克萨钢管厂有3条ERW、1条UOE和1条JCOE焊管生产线，3条3PE防腐生产线，没有内涂层生产线。公司质量体系方面已获得API 5L和ISO 9001证书。

UOE生产线的"U"成型机轧制力为5×10^4t；钢管规格为1066.8mm×32mm，最高钢级为X80，钢管长度为10.5～11.6m，平均11.2m；生产速度为50根/h，年生产能力为35×10^4t。钢管扩径为管端机械＋水压扩径。无损检测(NDT)包括X光工业电视(RT－TV)、超声波(UT)、磁粉(MT)和渗透(PT)探伤，没有管端X光拍片。管厂不做钢板的UT探伤(钢板在钢厂进行逐张超声波探伤，探伤面积为100%)。

JCOE设备主要从德国SMSMEER公司引进，钢管规格为1422.4mm×47mm，最高钢级为X80，钢管长度为12.2m，生产线年生产能力为35×10^4t，JCOE成型机轧制力为1×10^4t。

2011年，OMK公司在维克萨钢管厂新建3条现代化ERW焊管生产线替代原有2条ERW焊管生产线，生产用于天然气和水输送的小口径焊管和异型管。新建3条生产线生产的焊管规格分别为：*D*2.7～60mm、*D*21～89mm和*D*40～133mm，壁厚0.8～6mm，合计年产能30万t。

2005年，OMK公司与达涅利签订设备供应合同，达涅利将为OMK公司在Nizhny Novgorod地区的维克萨钢管厂新建1座CRC(连铸连轧)钢厂。新建的CRC钢厂每年将生产120万t热轧带卷。这是俄罗斯建设的第二座薄板坯连铸连轧厂，也是世界第一座采用薄板坯连铸工艺路线，专门生产北极高寒地区用API石油管线钢的生产厂。除生产薄带钢以外，达涅利为CRC钢厂提供的设备还可生产高附加值钢种，显著扩大目前短流程钢厂的产品范围。比如，可生产在最低达－60℃的低温和严酷环境中使用的API 5L X65和X70管线钢。此外，OMK公司于2007年投资建设了5m轧机生产线，以便生产高性能的特宽厚板材。建成5m轧机可解决俄罗斯石油及天然气输送钢管所需X70～X120级宽厚钢板代替进口的问题。

OMK公司重视海外市场的开拓。2011年末，OMK公司收购了美国得克萨斯州成品钢管厂——TTS钢管厂(年产能15万t)，并在当地新建年产能为15万～20万t的OCTG钢管厂，2013年初投产，生产原料部分来自该集团在俄罗斯国内的维克萨连铸轧钢厂。到2014年，OMK在美国市场OCTG钢管销售量将升至20万t。

OMK公司在世界大口径焊管生产领域处于领先地位。俄罗斯近年来输送石油天然气的大口径焊管的需用量增长迅速，OMK公司当前最重要的任务是保证俄罗斯石油和天然气新开发计划的实施，为北极、海洋及地震高危区等复杂环境条件下的管道建设提供高质量管材。例如，维克萨连铸轧钢厂已用高强度等级耐寒钢批量制备直径1420mm直缝埋弧焊管，管壁厚度达48mm，能承受25MPa的工作压力。2007年维克萨连铸轧钢厂试制成功工作压力可达22MPa的大口径海底管道用焊管，焊管直径1220mm，管壁厚度41mm，钢级X70。OMK公司还将为雅马尔半岛—博万年柯—乌赫达干线管道生产直径1420mm、壁厚24.0～33.4mm、钢级X80的大直径焊管海底管道用焊管，各项技术指标完全符合DNV－OS－F101标准及/Nord Steam项目工程的技术规范。

(5)印度Welspun公司

印度Welspun公司拥有钢板和钢卷公司、钢管公司、纺织品公司、能源公司等。该公司自1999年建成第一条JCOE生产线开始，先后建设了螺旋钢管生产线、HFW钢管生产线等共计9条，成为印度钢管产能最大的公司，主要生产符合API 5L PSL－2规范要求的钢管产品，钢级最高达X80。该公司的钢管厂位于古吉拉特邦的Dahej和Anjar。另外，在美国的Little Rock建成了一条30万t预精焊生产线和配套的防腐生产线。

Welspun公司螺旋缝埋弧焊管生产线均采用预精焊技术，并且一通率和材耗均能达到或超过一步法的指标，已达到成功熟练的程度。Welspun公司的钢管厂均配备有NACE实验室，可在厂内根据NACE TM 0284、NACE MR－0175等系列标准完成酸性服役钢管的抗腐蚀试验(HIC、SSCC)，为特殊服役环境的钢管产品的性能检验和开发提供便利和保障。

Welspun公司的直缝埋弧焊管采用JCOE工艺，螺旋缝埋弧焊管采用预精焊工艺，在生产工艺方面主要有以下特点：直缝和螺旋缝焊管的管端坡口分层利用在线磁粉探伤检验；在线自动超声波探伤，如采用KK的32通道超声波探伤；有的生产线采用水冲方式清洗焊管内部焊剂和焊渣；直缝埋弧焊管的预焊前大部分增加预热工序。

公司产业链已向钢铁领域延伸，建立了钢板、板卷生产厂，年产能超过150多万t。Welspun作为大型集团公司，有自己的钢厂，原料供应(除X80高钢级)和产品开发都有一定的保证(见表2－5、表2－6)。

表2－5　Welspun公司焊管生产线介绍

序号	位置	类型	直径和厚度	年产能/t
1	Dahej，India	直缝	16″～60″(6.35～65.0mm)	350000
2	Anjar，India	螺旋－1	18″～100″(6.35～15.87mm)	100000
		螺旋－2	18″～80″(6.35～28.57mm)	350000
		螺旋－3	18″～100″(6.35～15.87mm)	150000
3	Anjar，India	直缝	16″～60″(6.35～39.87mm)	350000
4	Anjar，India	螺旋	18″～100″(6.35～15.87mm)	150000
5	Anjar，India	HF－ERW－1	6″～16″(4.5～12mm)	125000
6	Anjar，India	HF－ERW－2	1.25″～6″(2～7mm)	75000
7	Little Rock，USA	螺旋	24″～40″(6.35～28.57mm)	350000
合计				2000000

表 2－6　Welspun 公司焊管钢管和弯管生产能力

序号	位置	类型	直径(宽度)和厚度	年产能
1	Anjar，India	钢板	宽度：1500～4500mm 厚度：12～40mm	1500000t
		板卷	宽度：1500～2800mm 厚度：10～25mm	
2	Anjar，India	弯管	6″～60″(最大 50mm)	2 条线

Welspun 公司利用地域优势，在印度西海岸蒙德拉港附近建设了多条面向出口的钢管和涂层生产线，可做到既有利于接收进口原材料，又有利于发运钢管，从而打开中东和北非的市场；同时在中东和北美建有多家钢管厂，可减少贸易壁垒，扩大钢管出口。Welspun 公司大口径输送管已大批量进入国际市场，并在很多著名管线项目中得到应用，例如，为美国墨西哥湾独立输气干线提供了 24in OD×0.95～1.35in JCOE 钢管，成功进入美国市场；为美国金德—摩根公司著名的落基管道、中陆管道提供钢管。

2.2.2　国内生产制造能力及工艺

1. 主要制造企业能力

1)宝鸡钢管公司：所属埋弧焊管制管企业包括宝鸡输送管公司、辽阳钢管厂、资阳钢管厂、克拉玛依有限公司 4 个全资直属企业，以及上海宝世威石油钢管制造有限公司(以下简称上海宝世威公司)、中油宝世顺(秦皇岛)钢管有限公司(以下简称秦皇岛宝世顺公司)2 个控股的中外合资企业。目前，埋弧焊管产品涵盖螺旋缝埋弧焊管和直缝埋弧焊管，年综合产能 116 万 t(其中，螺旋缝埋弧焊管 101 万 t、直缝埋弧焊管 15 万 t)。如果各条生产线生产最大规格钢管，则埋弧焊管年总产能为 204 万 t。

2)华油钢管公司：现有 10 条螺旋缝埋弧焊钢管生产线(6 条焊管机组、4 条精整机组)，可生产 D219～2200mm，最高钢级 X80 的螺旋缝埋弧焊管，年综合产能 50 万 t。

3)巨龙钢管公司：现有 2 条大口径直缝埋弧焊管生产线，可生产 D406.4～1422.4mm，最高钢级 X100 的大口径直缝埋弧焊钢管，年综合产能 20 万 t。巨龙钢管管件分公司有 3 条弯管生产线和 2 条管件生产线，并拥有国内先进的弯管专用防腐设备和防腐工艺，年弯管产能 8000 根，管件 2000 件。可有效弥补直缝埋弧焊管产品链缺口。

4)胜利钢管公司：包括山东胜利钢管有限公司、湖南胜利湘钢钢管有限公司。现有 8 条螺旋焊管生产线，可生产规格为 D219～2620mm、最大壁厚为 25.4mm、最高材质 X120 级系列双面埋弧螺旋焊管，年生产能力达 106 万 t；一条大口径直缝埋弧焊管生产线，可生产 D406.4～1422.4mm，最高钢级 X120 的大口径直缝埋弧焊钢管，年综合产能 20 万 t。

5)沙市钢管厂：拥有 3 条钢管生产线，分别是 2＋1(2 套主机＋1 套精整)螺旋缝埋弧焊接钢管生产线、中小规格小机组螺旋缝埋弧焊接钢管生产线和直缝埋弧焊接钢管生产线。螺旋缝埋弧焊接钢管年产能 20 万 t，直缝埋弧焊接钢管年产能 20 万 t。

6)宝钢分公司钢管厂：宝钢分公司UOE直缝埋弧焊管生产线建于2008年，年产量可达50万t。

在国内油气输送管市场方面，由于供货政策原因，宝鸡钢管厂、华油钢管及巨龙钢管是中国石油重大油气输送管道工程的主要供货商。其他企业，如胜利钢管、宝钢等企业参与了部分的中国石油管道工程。而在中国石化的重大管道工程中(如川气东送、鄂安沧等管道工程)，胜利钢管、沙市钢管则作为国内的主要供货商，为中国石化的油气管线工程提供了高钢级油气输送管材产品。

2. 钢管生产工艺

(1)螺旋缝埋弧焊管(SAWH)

国内外螺旋缝埋弧焊管生产工艺主要有传统的“一步法”工艺和预精焊工艺。“一步法”工艺是钢管成型过程与焊接过程在线同时连续进行，具有工艺简单、适应规格范围广、投资较小的特点，在中小口径焊管生产中得到了广泛应用。预精焊工艺是成型与焊接分步进行，有效解决成型和焊接相互干扰问题，充分利用成型和焊接各自的特点，实现了高速成型和最佳焊速焊接的有机结合，提高了焊接质量。同时，预精焊生产工艺可根据成型的速度设置数条作业线，大幅度提高生产线效率，与传统的“一步法”工艺比较具有明显优势，代表了当今国际螺旋缝埋弧焊制造技术的发展方向。

目前，我国所属制管企业的螺旋缝埋弧焊管“一步法”工艺已达到国际先进水平，并在西气东输等国家重点管线上得到充分证明。预精焊工艺也已在我国制管企业应用。2011年山东胜利钢管公司引进了国际最先进的全套德国预精焊螺旋缝埋弧焊管生产线，这种生产线目前国内只引进了2条，另一条生产线由金洲管道2015年引进。

经过对比验证，预精焊工艺生产的产品与传统“一步法”工艺生产的产品在以下几方面具有明显的质量优势：

1)产品一次合格率明显提高。

2)焊接缺欠种类分布不同，预精焊产品有害缺陷明显减少。

3)产品物理性能数据分布更加集中，质量稳定性更好。

4)产品焊缝高度明显降低，焊缝与母材过渡更缓和。

5)产品内焊缝外观形状明显好于“一步法”产品，内焊缝基本消除了“马鞍形”。

6)产品管端不圆度和直度参数明显优于“一步法”产品。

7)产品“噘嘴”现象不明显，从根本上解决了钢管管端“直边”问题。

(2)直缝埋弧焊管(SAWL)

国内外大口径直缝埋弧焊钢管的制造主要采用UOE、JCOE和RBE三种生产工艺。目前，我国在直缝埋弧焊管JCOE生产技术方面处于国际先进水平，宝钢在直缝埋弧焊管UOE生产技术方面处于国际先进水平。

2.3 高强度钢管标准体系

输送管行业标准的特点：多数采用或转化ISO(国际标准化组织)、API(美国石油学会)的标准制定，主要是检验/试验标准、质量控制标准，以及特殊、辅助的产品标准。自主制定的产品标准和方法标准是在总结失效分析、科研成果、工程经验的基础上，结合工程建设的需要制定的。部分标准是在相关国家标准的基础上，指标加严、细化，提高质量控制要求，更具工程应用性。

目前，石油管材专业输送管领域使用的标准主要有ISO/TC67/SC2归口的国际标准及相关技术委员会，如ISO/TC17归口的国际标准、API5系列标准。美国石油学会(API)建于1919年，是美国第一家国家级商业协会，也是国际上最早、最成功的制定标准的商业协会之一。API的一项重要任务就是负责石油和天然气工业用设备的标准化工作，以确保该行业所用设备的安全性、可靠性及互换性。1926年，API发布的第一版API SPEC5L标准只包括3个钢级的管材(A25、A、B)，2004年(第43版)发展为11个钢级的管材(A25、A、B、X42、X46、X52、X56、X60、X65、X70、X80)。2007年该标准的第44版与ISO 3183整合，增加了X90、X100及X120共3个钢级的管材。长久以来，API标准被世界石油工业普遍接受和采用，其更新快、参与制定范围广，是世界石油天然气输送钢管生产、检验及使用的重要基础标准。

国际标准化组织第67技术委员会(ISO/TC67)石油与天然气工业用材料、设备和海上结构标准化技术委员会于1947年成立，但由于API的存在，最初基本没有开展工作。直到1980年，ISO首次发布了管线钢管标准ISO 3183—1980。1996年、1999年经修订又发布了3个管线钢管的系列标准：ISO 3183.1—1996、ISO 3183.2—1996、ISO 3183.3—1999。随着世界经济一体化趋势和世界贸易组织的建立，API积极参加ISO标准的制定工作，ISO和API实行联合工作计划，双方协商制定，按照双轨程序审议，标准等同采用。借助反采政策，约45项ISO/TC67的标准被API再采用。2005年API向ISO/TC 67建议，将ISO 3183的3部分系列标准整合，形成一个与API SPEC5L类似的标准。2007年API与ISO就管线钢管标准协调一致，同年3月，ISO首先发布了ISO 3183—2007标准，同年10月API反采ISO 3183—2007，发布了API SPEC5L—2007。管线钢管标准ISO 3183—2007/API SPEC5L—2007自发布以来，在内容和结构方面发生了很大变化，在国际上引起广泛关注。新版ISO 3183/API SPEC5L修订工作自2010年启动，ISO、API联合工作组共收集和处理了400多条意见，对老版标准进行修改完善，于2012年底正式出版。

ISO 3183—2007与API SPEC5L—2007的一体化，促进管线钢管标准的国际化发展，但是，由于美国提出知识产权和贸易问题，因此，2012年API终止与ISO的合作，声明不再共同发布协调一致的标准。但是，ISO 3183—2012/API SPEC5L—2012管线钢管标准是ISO与API标准联合工作组共同合作的成果，内容除API会标和欧洲陆上管线钢管订货有关附录的差异外，其他内容完全一致。2015年，ISO和API分别启动管线钢管标准的修订工作，目前API已经发布2018年版(第46版)API SPEC5L标准，ISO于2019年发布ISO 3183新版标准。

我国石油管材标准体系主要由国家标准(GB)、石油天然气行业标准(SY)、中国石油集团等企业标准(Q/SY)共同组成。1988年，中国发布第一个管线钢管国家标准GB

9711—1988《石油天然气输送管道用螺旋缝埋弧焊钢管》。1997—2005 年，制定了 GB/T 9711. 1—1997、GB/T 9711. 2—1997、GB/T 9711. 3—2005 系列标准。2009 年，参考 ISO 3183—2007 对这 3 个系列标准进行修订，2011 年发布 GB/T 9711—2011《石油天然气工业管线输送系统用钢管》，2012 年实施。2017 年发布了基于 ISO 3183—2012 编制的 GB/T 9711—2017《石油天然气工业管线输送系统用钢管》。

近几年，依托石油管专标委，围绕重大管道工程建设技术需求进行科技攻关，丰富和提升了高性能管线钢管应用关键技术。加强高压输气管线的安全可靠性研究、油气管道风险评估和管理技术研究，基本形成了基于风险的管道检测和评价技术体系。针对重大管道工程，结合研发成果，制定了油气输送管道用管材通用系列标准，包括钢管(板、卷)、弯管、管件等系列标准，对规范管道建设、管材订货技术要求，提高效率，保证管材质量和经济性发挥重要作用。针对国内大规模的油气管网的建设，在对 X70、X80 等高钢级管材关键技术指标进行科学研究的基础上，形成了系列管道重大工程用标准。该系列标准为保证西气东输管线，西气东输二线、三线，中亚天然气管线的顺利建成和运行安全可靠提供了强有力的技术支持。相关的研究成果对未来的管道项目也有重要的参考价值。本系列管道重大工程用标准广泛用于各个重大管道工程板材和管材的生产、采购、质量控制等多个环节，成为保障产品质量的基本手段。

中国油气管线钢管标准的技术要求和指标总体比较严格，内容相对完善，多年的管道安全运行也证明相关技术标准的科学性和适用性，但在应用过程中也发现，与国外著名石油公司的企业标准相比，中国的管道工程用钢管技术标准个别指标和要求相对较低，部分规定不够完善。因此，仍需要持续研究国外标准中的技术指标制订背景和技术基础，不断完善中国油气管道的钢管标准。

参考文献

[1]高惠临. 管线钢：组织、性能、焊接行为[M]. 西安：陕西科学技术出版社，1995.

[2]冯耀荣，高惠临，霍春勇，等. 管线钢显微组织的分析与鉴别[M]. 西安：陕西科学技术出版社，2008.

[3]Alan Glover. X80 design，construction and operation. Proceedings of Symposium on X80 Grade Steel and Line-pipes，Sep. 2004，Beijing，143 – 198.

[4]王旭. 油气输送管线钢管制造与装备技术的现状及展望[J]. 钢管，2012，41(1)：7 – 13.

[5]何德孚，曹志樑，周志江，等. 从欧美日标准看我国不锈钢钢管制造业的现状及发展前景(上)[J]. 钢管，2008，37(5)：69 – 73.

[6]何德孚，曹志探，周志江，等. 从欧美日标准看我国不锈钢钢管制造业的现状及发展前景(下)[J]. 钢管，2009，38(1)：63 – 69.

[7]朱伏先，张自成，李艳梅. 高成型性高强度钢管制造技术的研究新动向[J]. 钢管，2010，39(1)：35 – 37.

[8]尹国耀，屈涛. 油气管道螺旋钢管制造中的包申格效应[J]. 油气储运，1998(6)：43.

[9]李为卫，左晨．国外大直径焊接钢管制造技术[J]．现代焊接，2007(10)：23－26.
[10]王晓东．双丝埋弧自动焊在螺旋输送钢管制造中的应用[J]．现代焊接，2005(4)：47－49.
[11]朱志坚．高强钢压力钢管制造安装过程中的质量控制[J]．四川水力发电，2010，29(增刊2)：243－244，251.
[12]李延丰，高京建，王安宁．俄罗斯管线钢管制造技术[J]．焊管，2006，29(2)：73－75.
[13]张兴元，王建利．单面焊双面成型技术在压力钢管制造中的运用[J]．云南水力发电，2017，33(1)：127－128.

第3章　高级别管线钢质量可靠性

导　读

本章通过对不同时期、不同管道项目、不同厂家钢管的化学成分、力学性能、几何尺寸精度、钢板/钢卷到钢管强韧性的变化等数据进行梳理和分析，阐述了管线钢技术演化的历史差异及质量控制要点，对比现阶段X65、X70、X80钢管质量稳定性差异。围绕高钢级管线钢/管的冶金学特征、焊接工艺和其他相关关键技术，聚焦主要管线钢/管制造企业的装备能力和控制水平，相关管道工程用X65、X70、X80钢管化学成分和力学性能离散性，X65、X70、X80管道焊接接头稳定性和可靠性等方面的对比分析，探讨了近年来在高级别管线钢成分和组织设计、工艺优化、断裂韧性控制、组织性能均匀化控制、焊接性等方面的研究成果。

3.1　高级别管线钢管的冶金学特征和关键技术

3.1.1　高级别管线钢的断裂机制

根据材料断裂力学原理，随着显微组织有效晶粒尺寸减小，材料断裂强度增大，其韧性提高。这是因为裂纹传播通过有效晶粒尺寸的边界时将发生较大角度的转折，消耗较多的能量，而有效晶粒尺寸内部的界面通常为小角度界面，裂纹通过小角度界面时消耗能量较少。不同微观组织的有效晶粒尺寸即断裂控制单元不同。为探究高级别管线钢典型复相组织的解理单元，对X80管线钢DWTT脆性断口截面进行了EBSD表征，图3－1所示为－30℃下的DWTT断口IPF图，通过统计相邻晶粒{100}解理面间的夹角，发现裂纹在传播过程中发生较大转折的主要位置是相邻晶粒间{100}解理面夹角≥35°的界面处，由此可以得到解理单元。对与轧向呈不同角度(0°～90°)试样的解理单元尺寸和钢板控轧后变形奥氏体的高度进行统计，

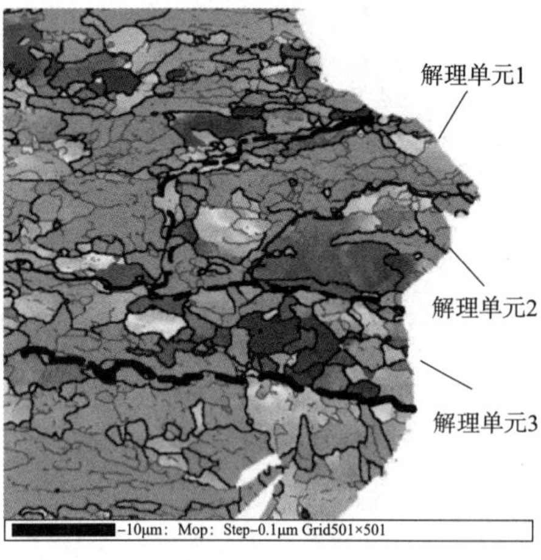

图3－1　－30℃下的DWTT断口IPF图

列于表3-1，可以看到解理单元尺寸与钢板轧制后变形奥氏体的高度相近。

表3-1　与轧向呈不同角度试样的解理单元尺寸统计

解理单元尺寸/与轧向间的角度	0°	30°	45°	60°	90°
变形奥氏体高度/μm	15.8	16.1	15.8	15.9	16.0
DWTT断口解理单元尺寸/μm	15.2	15.4	16.1	16.2	16.1

3.1.2　高级别管线钢断裂韧性的影响因素

1. 奥氏体晶粒尺寸的影响

通过统计相变前奥氏体的晶粒尺寸即奥氏体厚度，建立起粗轧变形量同压扁奥氏体厚度的关系，如图3-2所示。随着粗轧变形量的增加，相变前奥氏体厚度逐渐减小，粗轧变形量为0即未经过粗轧变形的相变前奥氏体厚度可达到40μm以上，而粗轧变形量增加到35%以上时，压扁奥氏体厚度降低到10μm以下。对钢板进行DWTT性能测试，得到相变前压扁奥氏体厚度与-15℃条件下DWTT断口剪切面积的对应关系，如图3-3所示。

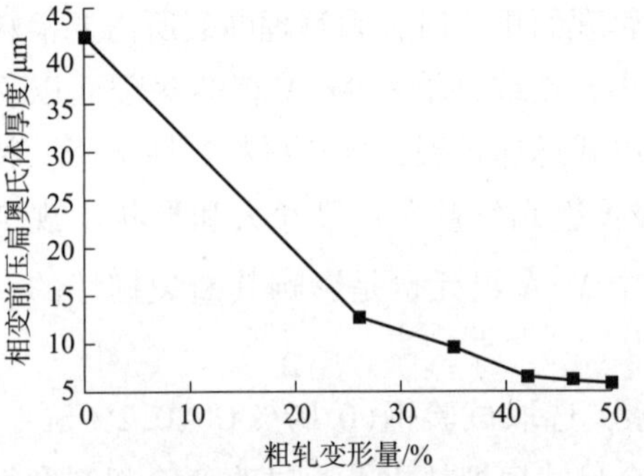

图3-2　粗轧变形量与相变前压扁奥氏体厚度的关系

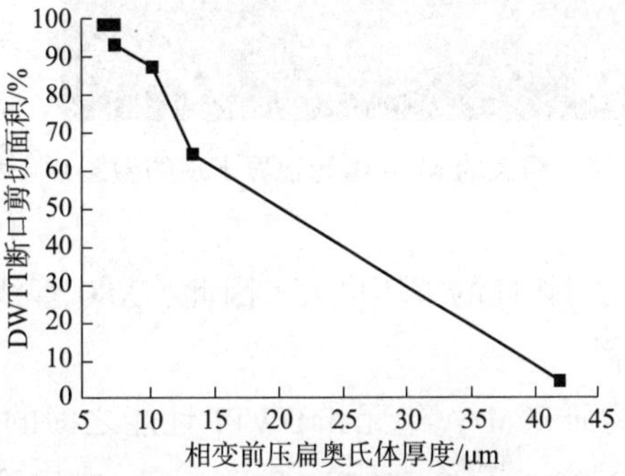

图3-3　相变前压扁奥氏体厚度与DWTT断口剪切面积的关系

由图3-3可以看出，随着相变前压扁奥氏体厚度减小，DWTT性能提升。当奥氏体厚度减小到10μm左右时，DWTT剪切面积达到85%以上。奥氏体晶粒厚度Hd_γ与精轧前奥氏体晶粒尺寸D和精轧总压下量$R\%$有关，满足公式$Hd_\gamma=(1-R\%D)$，假设式中$R=70$，由此推断出精轧前等轴再结晶奥氏体晶粒尺寸，见表3-2。可以得出，为保证该规格钢板-15℃ DWTT断口剪切面积85%以上，相变前奥氏体厚度应该控制在10μm以下，反推到粗轧阶段，粗轧后奥氏体再结晶晶粒尺寸应控制在30μm以下。

表3-2　实验钢奥氏体再结晶晶粒尺寸与相变前奥氏体晶粒尺寸对照（精轧总压下量70%）

试样编号	粗轧变形量/%	再结晶晶粒尺寸/μm	相变前奥氏体晶粒尺寸/μm
0	0	126	43
1	26	39	13.2

续表

试样编号	粗轧变形量/%	再结晶晶粒尺寸/μm	相变前奥氏体晶粒尺寸/μm
2	35	30	10
3	42	21	7.2
4	46	20	6.8
5	50	18.8	6.4

2. M/A 组元的影响

对于以贝氏体为主要特征的 X80 管线钢显微组织，马氏体/奥氏体(M/A)组元是该类型组织中不可避免的伴生相，属于脆性相，脆性的 M/A 第二相破坏了基体的连续性，而且在 M/A 组元周围的基体中产生点阵畸变，由于 M/A 组元比基体的强度和刚度都高，因此点阵畸变主要集中在基体中，也即在 M/A 周围形成一个高能区，使基体和 M/A 组元之间易形成微裂纹，并且微裂纹易于沿两相界面扩展(见图 3-4)。如果裂纹扩展平面正好与脆性 M/A 相的某一解理面重合时，因解理断裂所需要消耗的能量较小，裂纹将沿着 M/A 相的解理面以脆性断裂的方式迅速扩展，导致材料韧性下降。特别是在 M/A 组元数量多、尺寸大和形状不规则的情形下，对韧性的破坏更大。因此，X80 管线钢中 M/A 组元也是影响其断裂韧性的一个主要因素。

图 3-4　粗大的 M/A 组元边界出现的微裂纹

为研究 M/A 组元和 DWTT 性能之间的关系，选取试验钢(0.07% C-0.2% Si-1.6% Mn-0.2% Cu-0.2% Ni-0.06% Nb)在实验室全尺寸模拟轧机上通过改变冷却制度得到两种显微组织的试验钢板，即 1#钢板和 2#钢板。金相组织和扫描电镜照片如图 3-5 所示。1#钢板由于终冷温度偏高，所以显微组织类型以粒状贝氏体组织为主；2#钢板终冷温度较低，显微组织基本上以贝氏体组织为主，还出现了少量的板条贝氏体组织，并且显微组织偏细小。

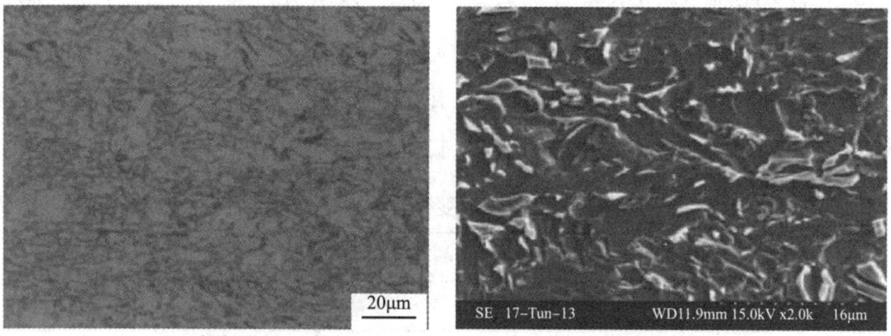

(a)1#钢板金相　　(b)1#钢板SEM

图 3-5　两种冷却工艺下钢板的金相组织及扫描电镜照片

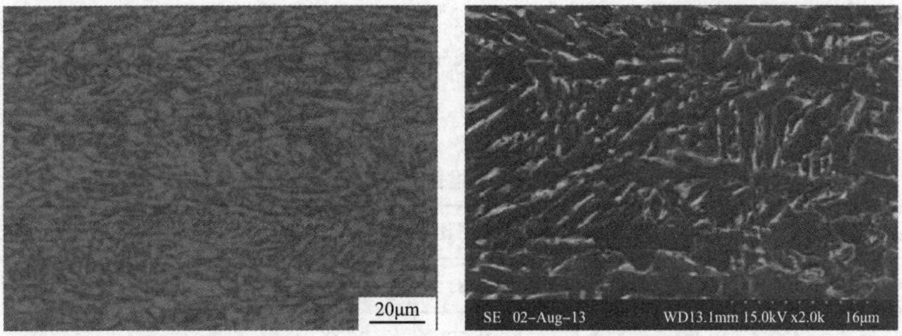

(c)2#钢板金相　　(d)2#钢板SEM

图3－5　两种冷却工艺下钢板的金相组织及扫描电镜照片(续)

两种工艺条件下钢板厚度截面显微组织对比如图3－6所示。图3－6(a)统计了两种工艺条件下钢板整个厚度截面上的压扁奥氏体厚度，由于两种试验钢板成分和轧制工艺完全相同，只是轧后冷却制度不同，所以两种钢板在冷却发生相变前的奥氏体晶粒尺寸也即奥氏体压扁厚度基本相差不大，平均都在11.5μm左右。图3－6(b)和图3－6(c)所示为显微组织中M/A组元体积分数和颗粒尺寸的统计情况。可以明显看出，1#钢板组织中除了上下表面，M/A组元数量明显多于2#钢板的M/A组元数量，1#钢板心部的M/A组元平均体积分数在14%左右，而2#钢板的M/A组元整个厚度截面分布均匀，都在9%以下；另外1#钢板的M/A组元颗粒尺寸较粗大，并且形状不规则，大都呈长条状分布，心部的平均颗粒尺寸达到3μm左右，而2#钢板的M/A组元尺寸较小，最大仅有1.5μm左右，并且形状规则，呈球状或类球状细小而弥散分布于基体中。

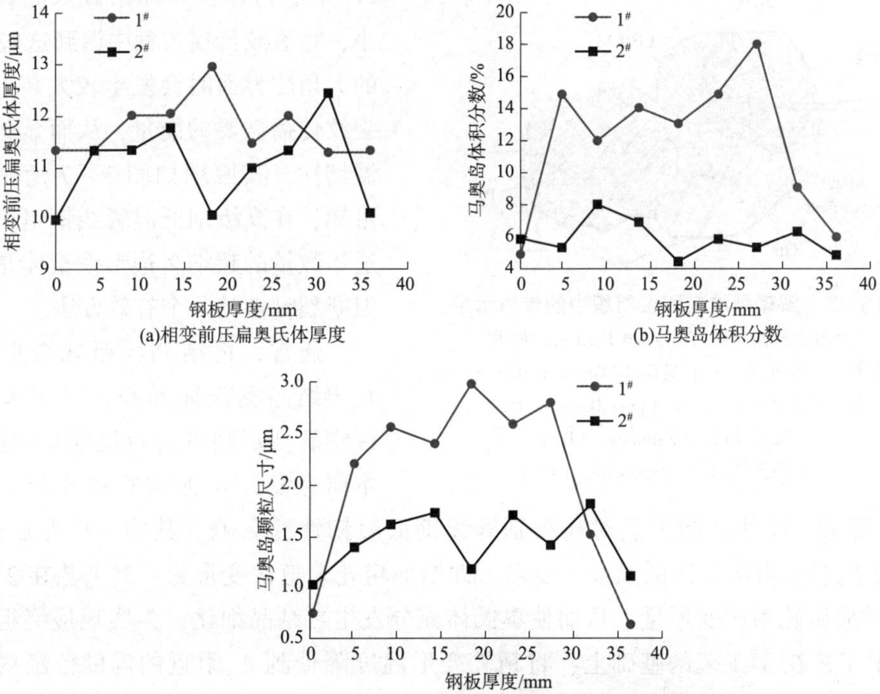

(a)相变前压扁奥氏体厚度　　(b)马奥岛体积分数

(c)马奥岛颗粒尺寸

图3－6　两种工艺条件下钢板厚度截面显微组织对比

两种试验钢板力学性能对比见表3－3。2#钢板的强度和韧性明显优于1#钢板。其原因在于2#钢板的终冷温度较1#钢板低，得到低温相变产物，另外组织中的位错密度较高，导致2#钢板强度较高。

表3－3　两种试验钢板力学性能对比

编号	方向	屈服强度/MPa	抗拉强度/MPa	屈强比	延伸率/%	－20℃ 冲击吸收功/J	－15℃ DWTT/%
1#	横向	505	620	0.81	30	180	10
	纵向	490	618	0.79	28.2		
2#	横向	547	678	0.81	29	360	88
	纵向	545	630	0.87	25.5		

由图3－6和表3－3分析得出，两种显微组织中的有效晶粒(相变前奥氏体晶粒)尺寸差别不大，但是其DWTT性能和冲击韧性相差很大。根据前文分析，在这种复杂的厚规格X80显微组织中，不仅相变前的奥氏体晶界是大角度晶界，而且脆性M/A组元的边界也为大角度晶界，即M/A组元也是影响其韧性的重要因素。由于终冷温度选择合理，2#钢板的M/A组元无论是数量还是形态分布都控制合理，因此，2#钢板的冲击韧性和断裂韧性均明显高于1#钢板。

3. 有效晶粒尺寸的影响

相关研究指出，当组织中包含有效晶粒尺寸细小的多边形铁素体(polygonal ferrite，PF)时，可以使整体的有效晶粒尺寸减小，在裂纹传播过程中遇到这些细晶PF的大角度界面时会发生较大转折，增加裂纹传播需要的能量，从而显著提高低温韧性，其原理如图3－7所示。由此可知，在高级别低温管线钢组织中引入适当数量的超细多边形铁素体是提高低温断裂韧性的一个有效方法。

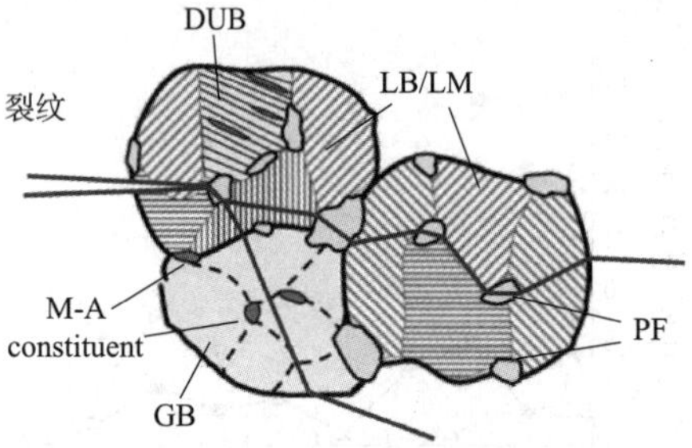

图3－7　解理裂纹在双相组织中的传播示意
[由多边形铁素体(Polygonal Ferrite，PF)和各种低温相变组织组成：粒状贝氏体(Granular Bainite，GB)；退化上贝氏体(Degenerate Upper Bainite，DUB)；下贝氏体(Lower Bainite，LB)；板条马氏体(Lath Martensite，LM)]

通常，再结晶区粗轧变形能够细化再结晶奥氏体晶粒，对于未再结晶区精轧变形则可有效地细化室温组织，本研究设计4种实验室轧制工艺，如表3－4所示，评估轧制工艺对高级别管线钢低温韧性的影响。其中，1#为常规工艺，2#工艺采用粗轧再结晶区低温段大变形，即增加粗轧末道次变形量；3#工艺在2#工艺的基础上增加粗轧累积变形量，从而使奥氏体充分发生再结晶细化；为实现最终组织的超细化，4#工艺在3#工艺的基础上，将精轧变形温度降低到A_{r3}附近的温度范围内，即低温精轧。

表 3-4 实验板轧制工艺

	加热	粗轧	精轧	冷却
1#	1180℃，保温 2h	1050℃→1010℃，120→100→80→60→40；	830℃→810℃，40→33→28→24→20	770℃→480℃水冷，480℃→室温空冷
2#	1180℃，保温 2h	1040℃→1040℃，120→100→80；930℃→930℃（再结晶区低温段），80→60→50→40	830℃→816℃，40→32→25→20	770℃→460℃水冷，460℃→室温空冷
3#	1180℃，保温 2h	1000℃→980℃，200→180→160→140→120→100→80；930℃→923℃（再结晶区低温段），80→65→55→45→40	825℃→800℃，40→32→26→22→20	780℃→400~460℃水冷，400~460℃→室温空冷
4#	1180℃，保温 2h	1000℃→980℃，200→180→160→140→120→100→80；925℃→925℃（再结晶区低温段），80→65→55→45→40	755℃→745℃，40→32→26→22→20	740℃→410~420℃水冷，410~420℃→室温空冷

表 3-5 所示为 4 种轧制工艺下实验钢板的力学性能，4 种工艺得到的钢板强度均接近 X80 级水平，其中，4#工艺的组织中包含大量的多边形铁素体组织，因此其屈服强度和屈强比略低。对比 1#和 2#工艺可以看出，采用粗轧再结晶区低温段大变形能够使低温韧性明显提高。再比较 3#工艺和 2#工艺可知，粗轧阶段使奥氏体充分发生再结晶细化可以显著提高针状铁素体管线钢的低温韧性。

表 3-5 4 种轧制工艺下实验钢板的力学性能

工艺	屈服强度/MPa	抗拉强度/MPa	延伸率/%	屈强比	冲击吸收功（-20℃）/J
1#	555	678	21	0.82	197
2#	546	643	20	0.85	251
3#	550	663	30	0.83	477
4#	540	675	29	0.79	481

为进一步比较 3#和 4#轧制工艺，进行了系列温度冲击和 DWTT 实验，结果列于表 3-6 和表 3-7。从表 3-6 可以看出，随着实验温度降低，两者均保持很高的冲击吸收功，具有极好的低温冲击韧性。从室温到 -60℃，4#试样的冲击韧性均略高于 3#试样，当温度降低到 -80℃时，两者冲击吸收功相近，达到 400J 以上，即总体上 4#工艺实验钢板的冲击韧性高于 3#工艺，说明降低精轧变形温度到 A_{r3} 附近的温度范围内可使低温韧性进一步提高。表 3-7 比较 3#和 4#工艺实验钢板系列温度下 DWTT 断口剪切面积，4#工艺试样 -20 ~ -60℃的断口剪切面积均达到 100%，表现出优异的低温断裂韧性。相比之下，3#工艺试样 -20℃和 -40℃的断口剪切面积也几乎达到 100%，由此说明，粗轧充分细化奥氏体并

结合低温段低温区大变形，可以使高级别管线钢的低温断裂韧性得到显著提高。当实验温度降低到 -60℃时，3#试样的 DWTT 断口剪切面积降低到只有 10%，而 4#试样的 DWTT 断口剪切面积仍然能够达到 100%，说明降低精轧变形温度到 A_{r3}附近的温度范围内能够获得更加优异的低温断裂韧性。

表 3-6 3#和 4#工艺实验钢板的冲击韧性

工艺	室温/J	0℃/J	-20℃/J	-40℃/J	-60℃/J	-80℃/J
3#	457	464	477	470	423	416
4#	467	481	481	486	484	412

表 3-7 3#和 4#工艺实验钢板的 DWTT 剪切面积

工艺	-20℃	-40℃	-60℃
3#	100%	97%	10%
4#	100%	100%	100%

图 3-8 所示为 3#和 4#工艺试样的组织晶粒度在厚度方向的分布，经过粗轧和精轧两阶段的轧制变形，原奥氏体晶粒发生充分的扁平化，其中边部和 1/4 位置晶粒的扁平化程度大于心部，但差异较小，说明在轧制过程中变形很好地渗透到铸坯心部。虽然 4#工艺的精轧变形温度更低，但两种工艺的总体变形量相同，因此两者的原奥氏体晶粒的扁平化程度相差不大。

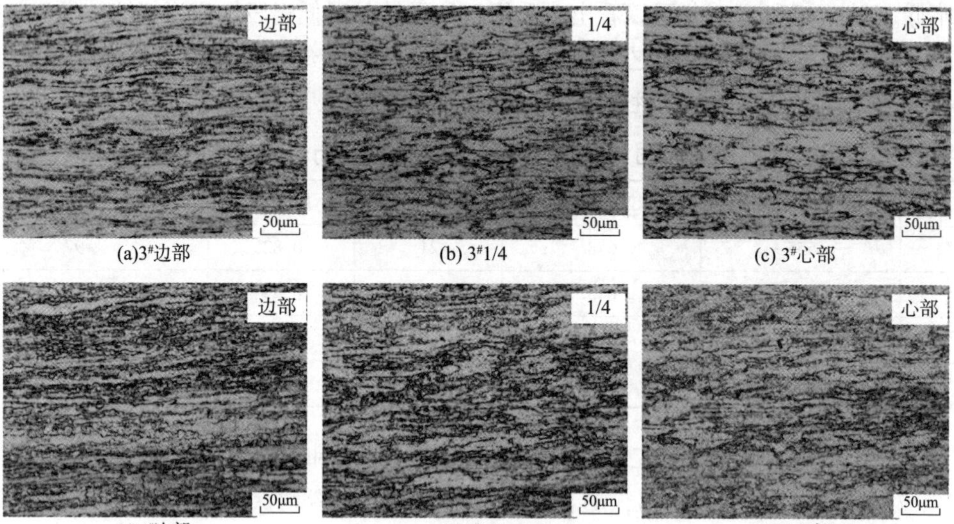

(a)3#边部 (b) 3#1/4 (c) 3#心部

(d)4#边部 (e)4#1/4 (f)4#心部

图 3-8 3#和 4#工艺试样的组织晶粒度在厚度方向的分布

采用 Image Pro Plus 6.0 软件测量图 3-8 中两种工艺实验钢板厚度方向不同位置的平均奥氏体压扁高度，见图 3-9。两个试样的总体趋势相同，都是试样边部平均奥氏体压扁高度最小，从 1/4 位置到心部奥氏体压扁高度逐渐增加。结果显示，当平均奥氏体压扁高度小于 9μm 时试样即可获得 95% 以上的 DWTT 断口剪切面积。而 3#和 4#工艺的平均奥氏体压扁高度为 7~9μm，这是两者在 -20℃和 -40℃的 DWTT 断口剪切面积均达到 100%的一个重要原因。

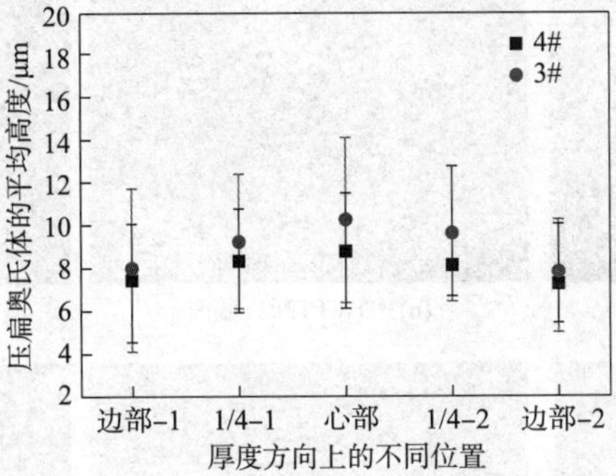

图3-9　3#和4#工艺实验钢板厚度方向不同位置的奥氏体压扁高度

采用 EBSD 测量并统计 2#~4#工艺试样的有效晶粒尺寸(由相邻晶粒取向差大于 15°的大角度晶界所包围的晶粒尺寸)和比例对比见表 3-8。比较 2#和 3#试样可知，在粗轧阶段充分细化奥氏体可增加最终组织中超细晶(≤1μm)和亚晶(≤500nm)的比例，使得组织的平均有效晶粒尺寸减小到 3μm 左右，从而使低温韧性显著提高。比较 3#和 4#试样可知，当降低精轧变形温度到 A_{r3}附近的温度范围时，最终组织的平均有效晶粒尺寸可进一步细化到 3μm 以下，达到 2.51μm，使得 4#工艺试样在 -60℃时的 DWTT 断口剪切面积仍然能够达到 100%，由此说明，室温组织有效晶粒尺寸的超细化能够使材料获得十分优异的低温断裂韧性，即大角度晶界的组织细化是控制低温 DWTT 的关键因素。值得注意的是，比较 3 种工艺下组织中≤500nm 亚晶比例的变化可知，粒状贝氏体组织中的纳米亚晶并没有对提高低温韧性起到明显的作用。

表3-8　2#、3#和4#工艺试样有效晶粒尺寸(EGS)和比例统计

工艺	≤1μm/%	1~3μm/%	≤500nm 亚晶/%	EGS/μm	横向/μm	纵向/μm
2#	18	43	19.6	3.63	4.52	5.23
3#	32	44	26.4	3.12	2.39	4.25
4#	34	37	22.9	2.51	2.22	3.68

图 3-10(a)和图 3-10(d)分别为 3#和 4#试样厚度截面的 SEM 照片。由图可知，3#试样为粒状贝氏体(GB)和针状铁素体(AF)的混合组织，4#试样为多边形铁素体(PF)和粒状贝氏体的混合组织。图 3-10(b)、(c)、(e)和(f)所示为两者 DWTT 断口截面和局部放大的 SEM 照片。对比图 3-10(b)和图 3-10(e)可知，在 4#试样断口截面上裂纹发生频繁的大转折，而 3#断口截面则十分平直。局部放大观察[图 3-10(c)和图 3-10(f)]可以看到 4#试样截面大转折处均是发生在细小的 PF 处，这些 PF 的界面均为大角度晶界。相比之下，3#试样截面上裂纹则是遇到大尺寸 GB 后直接穿过，因为 GB 的界面均为小角度晶界，对裂纹没有起到明显阻碍作用。由此可知，4#工艺试样 -60℃ DWTT 结果明显优于 3#工艺的主要原因是 4#试样中的细小多边形铁素体对裂纹起到明显的阻碍作用。

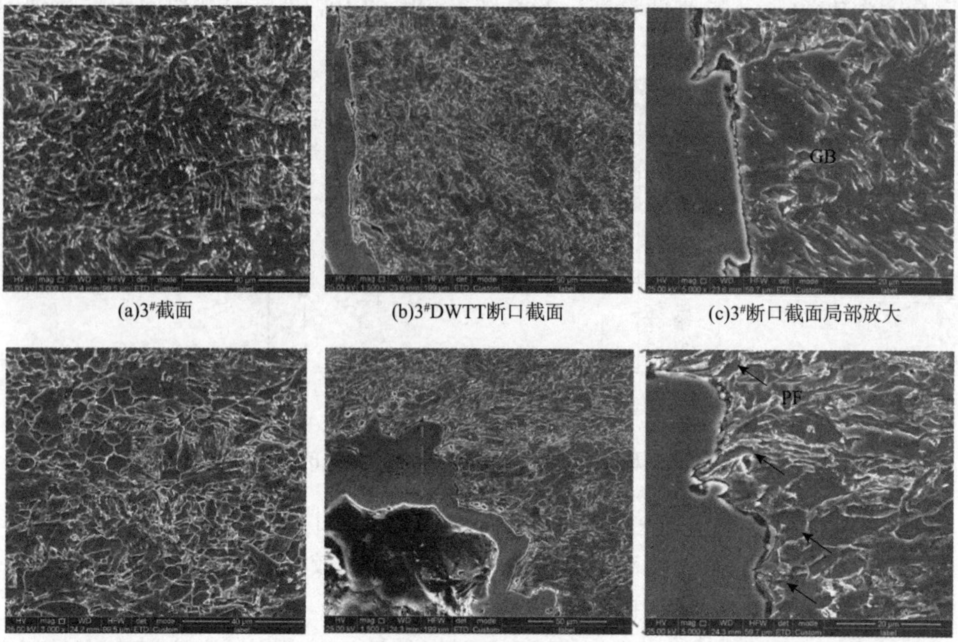

(a)3#截面　(b)3#DWTT断口截面　(c)3#断口截面局部放大

(d)4#截面　(e)4#DWTT断口截面　(f)4#断口截面局部放大

图3－10　3#和4#工艺试样－60℃ DWTT断口截面的SEM照片

从上述整体的试验测试结果来看，在高级别管线钢的生产中，粗轧工艺的优化控制和室温组织平均有效晶粒尺寸的超细化是管线钢获得优异低温断裂韧性的关键。

3.1.3　提高DWTT断裂韧性的控制措施

1. 化学成分对再结晶奥氏体的细化

化学成分是影响奥氏体再结晶的主要因素，尤其是Nb能够提高奥氏体再结晶温度，明显推迟奥氏体再结晶。为研究Nb在超厚规格管线钢生产过程新的变形制度条件下对奥氏体再结晶及晶粒长大的影响规律，选取3种不同Nb含量的实验钢进行相关热模拟实验。实验钢的详细化学成分如表3－9所示。主要研究变形温度和变形后保温时间对奥氏体再结晶晶粒尺寸的影响，具体的热模拟工艺如图3－11所示。

表3－9　实验钢的化学成分

C	Si	Mn	Nb	Ti	Als	Cu	Ni	Cr	Mo	P	S
0.065	0.29	1.523	0.032	0.009	—	0.182	0.2	0.184	—	0.006	≤0.003
0.06	0.27	1.54	0.051	0.009	—	0.191	0.2	0.195	—	0.006	≤0.003
0.07	0.2	1.47	0.08	0.012	0.03	—	—	0.24	0.14	0.011	0.001

图3－12所示为3种不同Nb含量实验钢在940℃变形25%后，保温不同时间的奥氏体晶粒尺寸的统计情况。由于此时有的实验钢中奥氏体没有或者未完全发生再结晶，只统计奥氏体横向的晶粒尺寸不能完全表征奥氏体形貌，所以也统计奥氏体的纵向高度（记为

Y)，奥氏体的横向长度记为X。由统计结果可以看出，在940℃变形时，0.08% Nb的实验钢变形后一直保温到120s，奥氏体的X方向和Y方向的差值均很大，即奥氏体晶粒一直处于压扁状态，也说明奥氏体一直没有发生再结晶。而0.03% Nb的实验钢在同样温度下变形后很容易发生再结晶，保温5s，再结晶就已基本完成，而0.05% Nb的实验钢再结晶速度介于二者之间，基本上需要30～60s。由此可见，Nb对奥氏体再结晶的推迟作用非常显著，因此在生产高Nb管线钢时，既要保证粗轧最后道次能够完全发生再结晶，又要保证再结晶后的奥氏体晶粒尺寸不至于长大，因此粗轧末道次变形温度的选择非常重要。

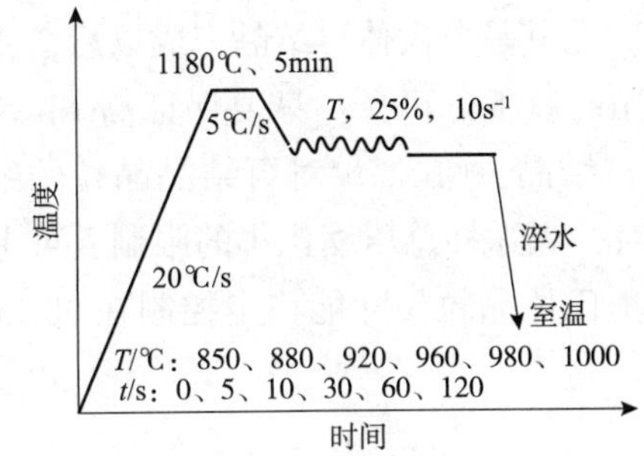

图3－11 热模拟工艺示意

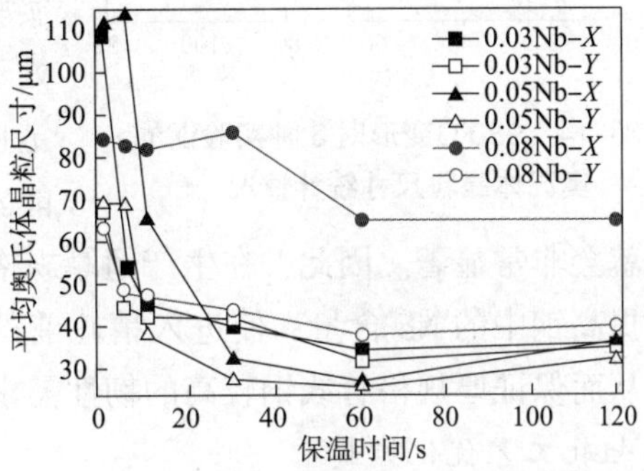

图3－12 940℃变形时3种实验钢的奥氏体晶粒统计情况

图3－13和图3－14所示为3种实验钢在980℃变形后保温不同时间的奥氏体形貌和晶粒尺寸统计情况。可以看出：980℃变形时，0.08% Nb实验钢在变形后的奥氏体再结晶

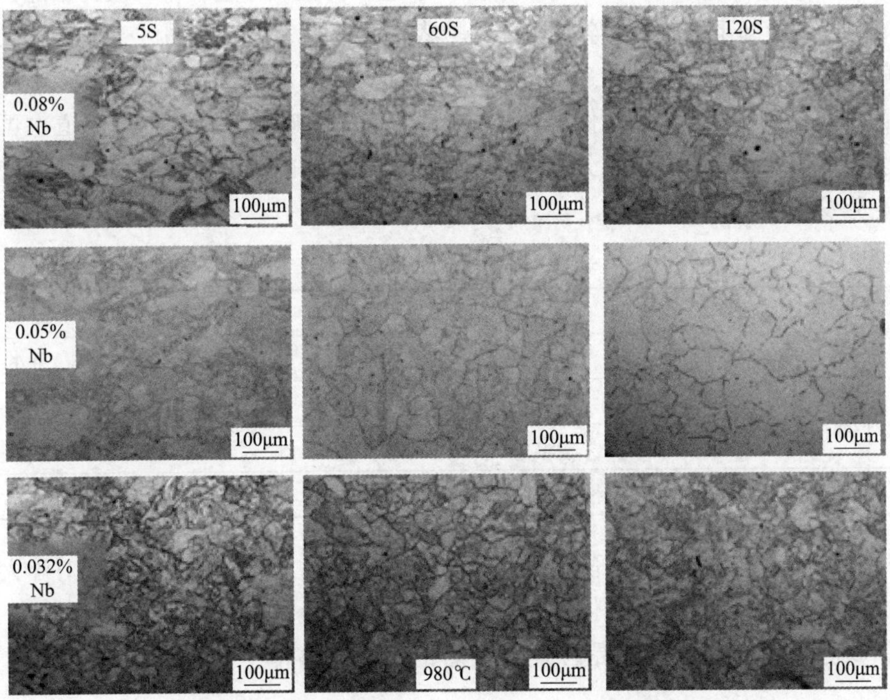

图3－13 980℃变形时3种实验钢保温不同时间的奥氏体形貌

速度相比于940℃有较大提高，在保温60s时就能基本上完全发生再结晶，0.03%Nb的实验钢在变形结束5s就能完全发生再结晶，0.05%Nb实验钢也是在变形后保温10s时完成再结晶。再结晶完成后，3种实验钢的奥氏体晶粒均发生缓慢长大。同时还可以看出，3种实验钢在保温过程中，再结晶奥氏体晶粒尺寸存在较大差异，0.03%Nb实验钢再结晶完成后晶粒尺寸基本保持在45μm左右，0.05%Nb实验钢的奥氏体晶粒尺寸也在35μm附近，而0.08%Nb实验钢的奥氏体晶粒尺寸在整个保温过程中，均处于最小值，尤其是奥氏体再结晶完成以后，稳定控制在30μm以下。可见，只要保证高Nb钢能发生完全再结晶，Nb含量对再结晶晶粒的细化作用就会非常显著。因此，在生产超厚规格管线钢时，为弥补总压缩比小的限制，可考虑适当提高钢中的Nb含量，使进入精轧前的再结晶奥氏体晶粒尺寸能稳定控制在30μm以下，从而保证厚规格管线钢较高的韧性需求。

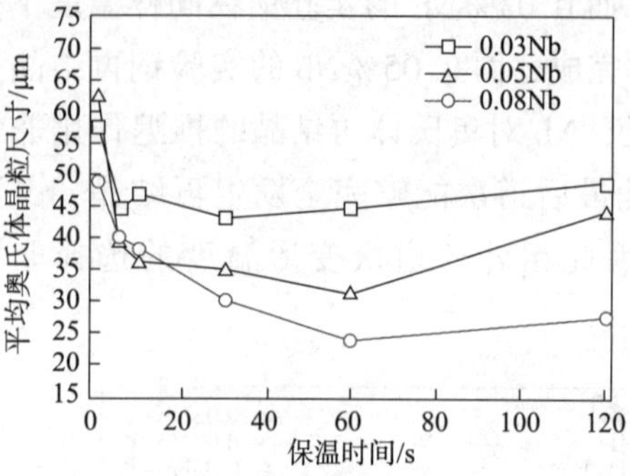

图3－14　980℃变形时3种实验钢的奥氏体晶粒尺寸统计情况

2. 粗轧工艺优化控制

在高级别管线钢的生产过程中，粗轧使奥氏体发生完全充分的再结晶，使得精轧前的奥氏体晶粒足够细小，这是获得超细化室温组织的关键。因此，为研究粗轧优化控制工艺，在Gleeble热模拟实验机上进行热变形实验，模拟研究粗轧过程的优化工艺。设计了4种粗轧变形工艺，如表3－10所示，其中以A工艺作为基础工艺，单道次再结晶区变形后以5℃/s的速度冷却至730℃，淬水到室温。然后设计了3种再结晶区变形优化工艺，分别为：B工艺，双道次变形后以5℃/s的速度冷却；C工艺，双道次变形后以3℃/s的速度冷却；D工艺，双道次变形后保温60s，再以5℃/s的速度冷却。采用双道次再结晶区变形工艺，并配合控制冷却，充分利用奥氏体的动态再结晶和静态再结晶，从而使奥氏体反复、充分发生再结晶。

表3－10　模拟粗轧变形工艺

工艺	再加热工艺	粗轧变形工艺	粗轧冷却工艺
A	1180℃，保温300s	980℃，30%，$1s^{-1}$	5℃/s，730℃，淬水
B	1180℃，保温300s	980℃，25%+25%，$1s^{-1}$	5℃/s，730℃，淬水
C	1180℃，保温300s	980℃，25%+25%，$1s^{-1}$	3℃/s，730℃，淬水
D	1180℃，保温300s	980℃，25%+25%，$1s^{-1}$	保温60s，5℃/s，730℃，淬水

为比较4种工艺下粗轧再结晶奥氏体晶粒的细化程度，采用Lepera试剂对淬火后的室温组织进行浸蚀后得到原始奥氏体组织，如图3－15所示。比较图3－15(a)～(d)可以明显看出，双道次变形使奥氏体晶粒发生显著的细化，整体上奥氏体晶粒的分布也更加均匀。

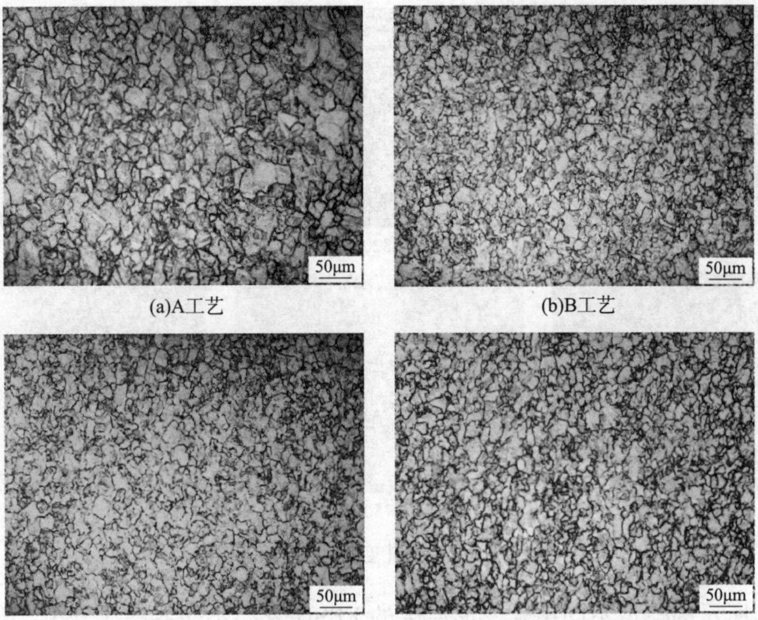

(a)A工艺 (b)B工艺

(c)C工艺 (d)D工艺

图3－15 不同变形工艺的原奥氏体晶粒金相照片

对各工艺得到的奥氏体晶粒尺寸进行定量测量统计，结果如图3－16所示，工艺D具有最细的平均奥氏体晶粒尺寸。由于变形结束后没有立即冷却，在随后60s的保温过程中，变形奥氏体发生充分的静态再结晶，奥氏体得到进一步细化。当粗轧过程中奥氏体得到反复和充分的再结晶时，可将奥氏体的平均晶粒尺寸细化到20μm以下，为最终组织的超细化提供良好的基础。

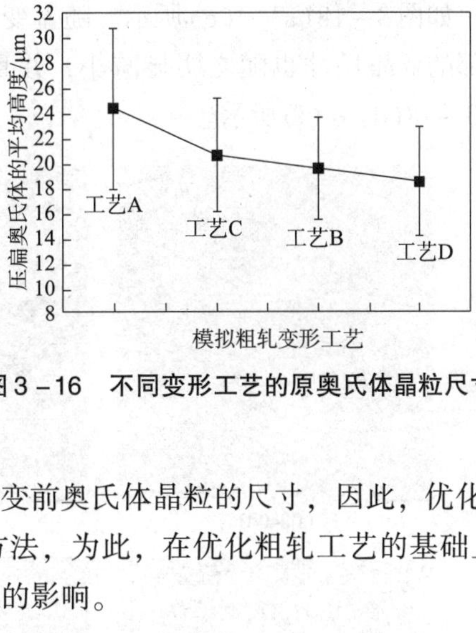

图3－16 不同变形工艺的原奥氏体晶粒尺寸

3. 精轧工艺对组织超细化的影响

精轧工艺决定相变前奥氏体的压扁高度，即相变前奥氏体晶粒的尺寸，因此，优化精轧工艺是控制高级别管线钢低温断裂韧性的有效方法，为此，在优化粗轧工艺的基础上，继续采用热模拟实验，研究精轧工艺对组织超细化的影响。

(1)精轧变形温度对组织超细化的影响

选用上一节中D工艺作为本节实验的粗轧变形工艺，模拟精轧变形温度为730～840℃，变形量为50%，变形速率为$1s^{-1}$。

图3－17所示为模拟不同精轧变形温度的金相组织，在730～840℃范围内，组织均匀细小，但随着温度继续降低到750℃和730℃，组织界面在金相显微镜下较为模糊，已经难以清楚分辨。

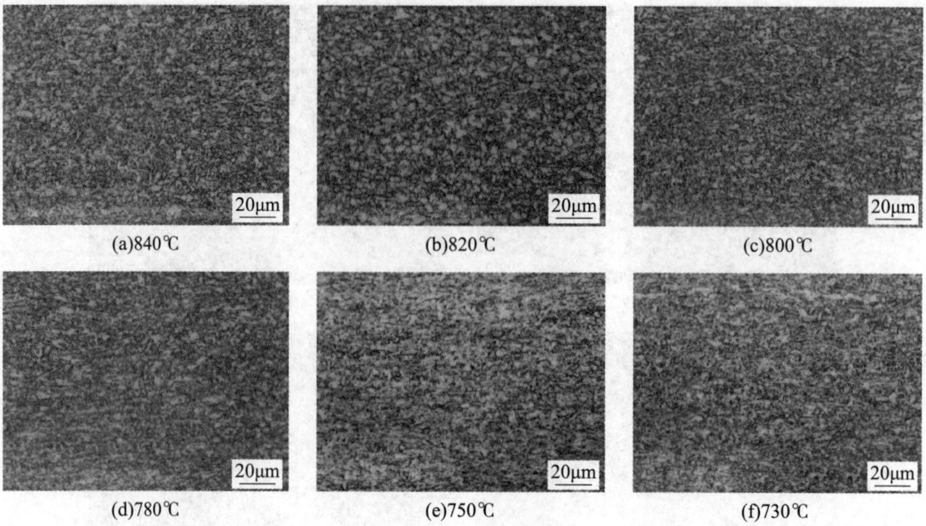

图 3－17　不同精轧变形温度的金相照片

图 3－18 所示为模拟不同精轧变形温度的 EBSD 大小角晶界图，其中，深色粗线为大角度晶界(晶界取向差大于 15°)，浅色细线为小角度晶界(晶界取向差在 2°和 15°之间)。可以看到，在变形温度较高时，GB 的铁素体基体晶粒尺寸较大，组织中的亚结构清晰可见，如图 3－18(a)～(c)所示。随着变形温度降低，GB 中铁素体基体的尺寸减小，同时内部的亚晶尺寸也随之明显减小，并且组织中细小的(准)多边形铁素体含量增多，如图 3－18(d)～(f)所示。

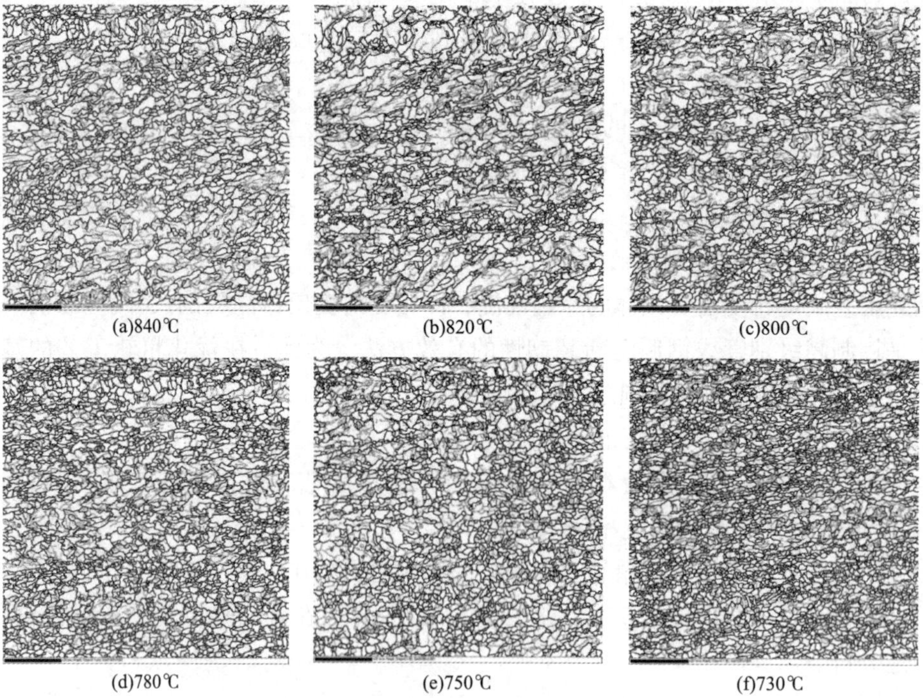

图 3－18　不同精轧变形温度的 EBSD 照片

对不同精轧变形温度的有效晶粒尺寸和比例分别进行统计，如表3－11所示，同俄罗斯相关文献中关于低温管线钢(“纳米结构钢”)的心部有效晶粒分布和比例(表3－12)作比较。从820℃开始小于1μm的超细铁素体晶粒和晶粒内小于500nm的超细亚晶比例就达到文献报道的水平。随着精轧变形温度降低，组织的平均有效晶粒尺寸也不断降低，当精轧变形温度降低到750℃时，组织横向和纵向的平均有效晶粒尺寸也趋于一致，由此可知，低温精轧是实现组织超细化的一个有效方法。

表3－11 不同精轧变形温度的有效晶粒尺寸(EGS)和比例统计

温度/℃	≤1μm/%	1～3μm/%	≤500nm亚晶/%	EGS/μm	横向/μm	纵向/μm
840	34	48	20.1	1.84	1.98	1.71
820	44	43	22.3	1.60	2.03	1.66
800	40	47	20.6	1.62	1.83	1.46
780	41	49	20.6	1.53	1.65	1.29
750	40	50	23.3	1.57	1.58	1.52
730	46	48	21.6	1.31	1.42	1.11

表3－12 俄罗斯“纳米结构钢”心部组织晶粒尺寸和比例(06G2NDFT，28mm)

铁素体(≤1μm)/%	贝氏体(≥1μm)/%	亚晶(≤500nm)/%
41	59	21

(2)精轧变形量对组织超细化的影响

低温精轧能够实现平均有效晶粒尺寸的超细化，因此，本节选取了平均有效晶粒尺寸最细小的750℃和730℃精轧变形温度，考察不同精轧变形量(30%～50%)对组织超细化的影响。热膨胀实验显示，该条件下的A_{r3}温度为758℃，说明此时的变形温度为刚刚进入临界区的温度范围内。

图3－19(a)～(c)所示为模拟750℃时不同变形量的金相组织，该温度刚进入临界区，组织中存在少量的先共析铁素体。在小变形量时[图3－19(a)]，变形过程中动态形成的变形诱导铁素体数量较少，组织主要为GB。随着变形量增加，变形诱导铁素体的含量逐渐增加[图3－19(b)和(c)]，同时组织中的GB尺寸也逐渐减小，金相下不易分辨。图3－19(d)～(f)为730℃时不同变形量的金相照片，与750℃变形相比，组织中先共析铁素体含量增多，可提供形核位置的相界面增多，变形过程中形变诱导铁素体整体组织更加细小。随着变形量增加，组织变化规律同750℃变形时接近，变形诱导铁素体含量增加，同时GB不断细化。

图3－20所示为750℃不同变形量的大小角晶界图。可以看到，在20%小变形量时，室温组织基本全部为GB[图3－20(a)]；随着变形量增加，组织中细小的多边形铁素体含量增加，并且有呈团分布在晶隅的趋势[图3－20(b)]；当变形量增加到40%时[图3－20(c)]，变形诱导铁素体含量不断增加，同时组织中的GB的晶粒尺寸明显减小；当变形量达到50%时[图3－20(d)]，变形诱导铁素体的比例显著增加，使得GB基体的尺寸也发

生显著细化，最终得到均匀分布的超细化组织。

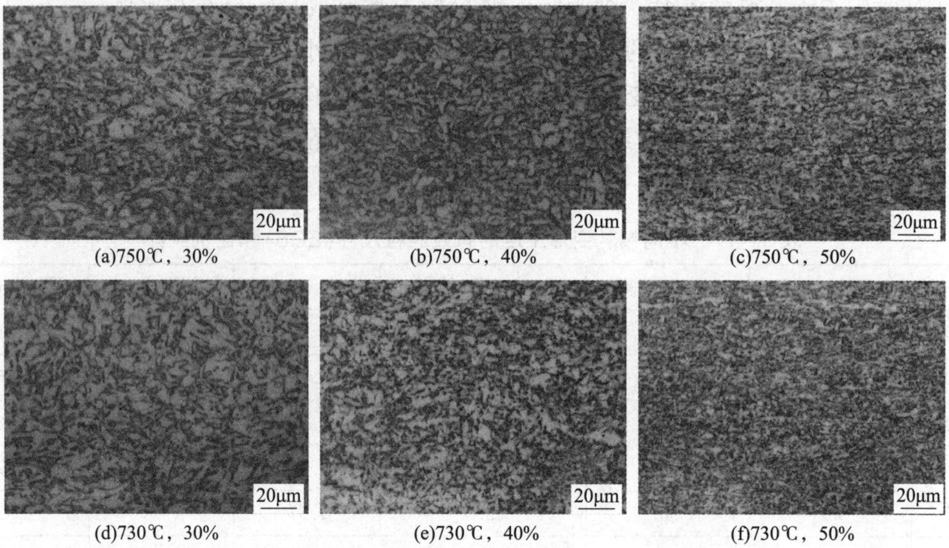

(a)750℃，30%　(b)750℃，40%　(c)750℃，50%

(d)730℃，30%　(e)730℃，40%　(f)730℃，50%

图 3－19　不同精轧变形量的金相照片

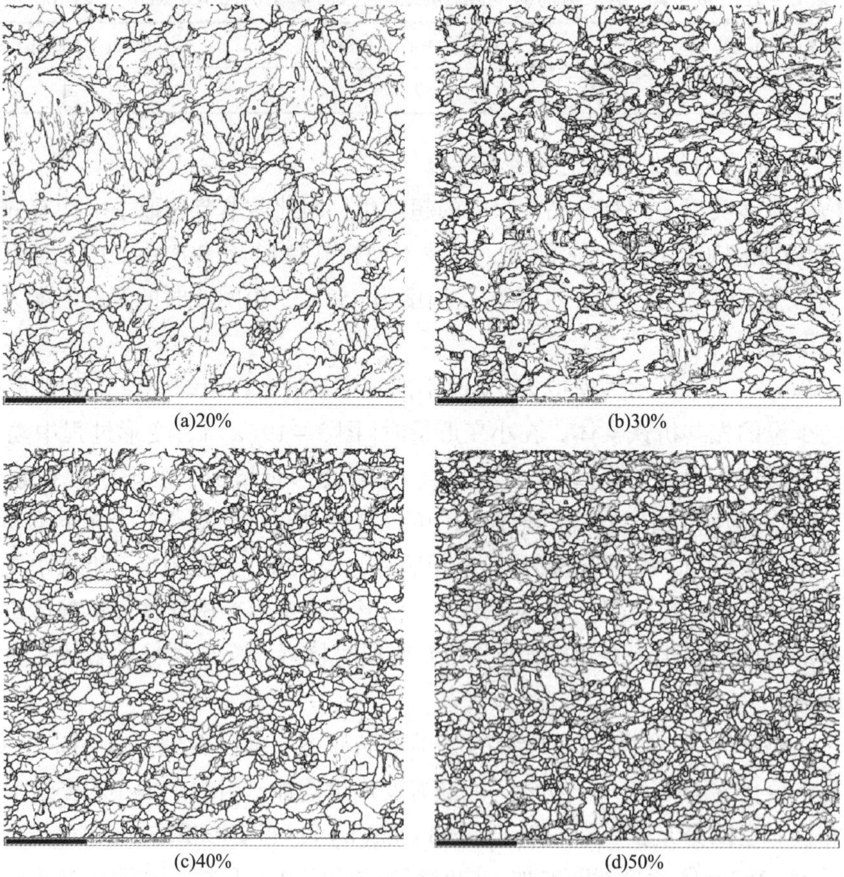

(a)20%　(b)30%

(c)40%　(d)50%

图 3－20　750℃不同变形量的大小角晶界图

图3－21所示为模拟730℃不同变形量的大小角晶界图，组织的总体变化趋势与750℃时接近。在20%变形量时[图3－21(a)]，组织中GB的铁素体基体尺寸较大，但此时在晶隅位置已经出现少量细小PF晶粒。当变形量增加到30%时[图3－21(b)]，GB组织开始发生明显细化。随着变形量继续增加到40%时[图3－21(c)]，GB组织进一步细化，同时细小的变形诱导铁素体晶粒也明显增多。在变形量达到50%时[图3－21(d)]，有效晶粒的细化程度比750℃时更显著，并且整体组织分布更加均匀。

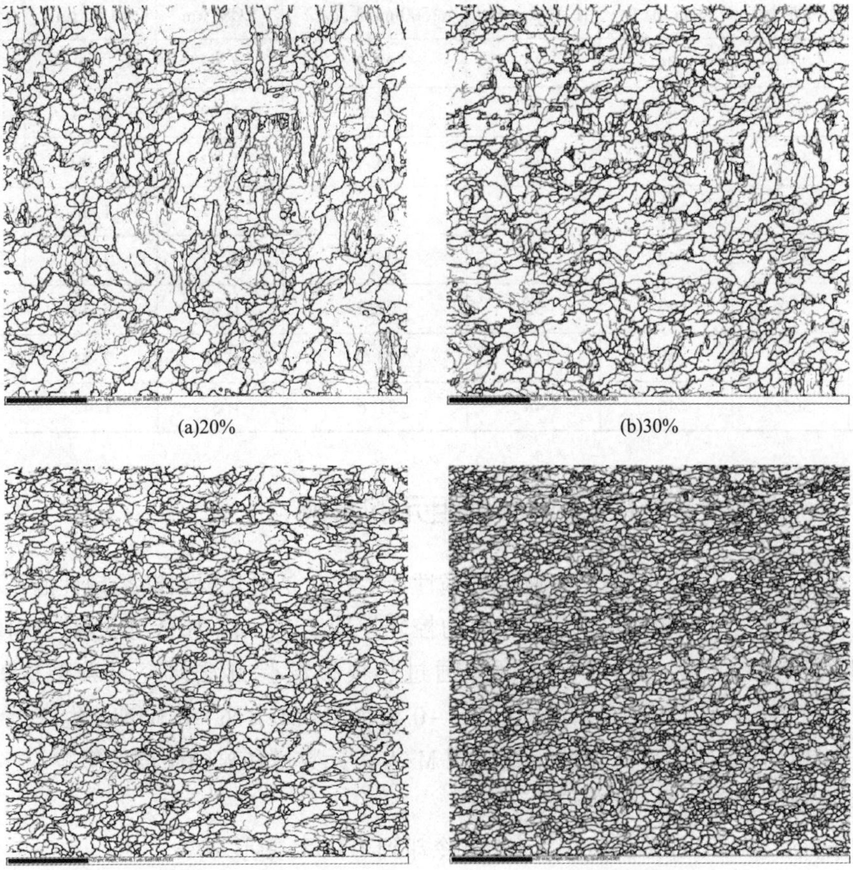
(a)20%　(b)30%　(c)40%　(d)50%

图3－21　730℃不同变形量的大小角晶界图

表3－13统计了2种温度下不同变形量的有效晶粒尺寸和超细亚晶占比。可以看出：随着变形量增加，组织中小于1μm的超细晶粒比例变化不大，有效晶粒尺寸在1~3μm的晶粒比例则随着变形量的增加而不断增加，这其中一部分来自变形诱导铁素体比例的增加，另一部分来自GB铁素体基体的细化。在实验室热模拟条件下，显微组织的平均有效晶粒尺寸能够细化到1.5μm以下。需要注意的是，虽然在20%的小变形量下组织的平均有效晶粒尺寸达到3μm，但是从图3－20和图3－21的大小角晶界图中可以清楚地看到组织并未发生明显的细化，这是由于组织中存在的少量细小晶粒在平均运算下使得整体的晶粒尺寸减小。而横向与纵向截线法测量的有效晶粒尺寸结果更符合客观结果，可以看到，单道次变形量达到30%时才能使组织的有效晶粒尺寸明显细化，但此时的组织均匀性较

差。变形量在40%以上时，才能获得均匀的超细化组织。在工业生产过程中，精轧温度下很难实现单道次大变形，通常是多道次累积变形，因此，想要获得接近热模拟实验结果的组织细化程度就需要较大的累积变形量。此外，热模拟实验中，750℃和730℃精轧的组织超细化程度相近，考虑轧机的能力，过低温度的轧制较难实现，因此，低温精轧温度控制在临近 A_{r3} 温度的范围内较为合适。

表 3-13　不同变形量的有效晶粒尺寸(EGS)和比例统计

温度/℃	变形量	≤1μm/%	1~3μm/%	≤500nm 亚晶/%	EGS/μm	横向/μm	纵向/μm
750	20%	34	33	27.2	2.93	3.5	3.92
	30%	47	36	31.0	1.69	2.34	2.07
	40%	40	42	23.9	1.82	2.09	2.03
	50%	40	50	23.3	1.57	1.58	1.52
730	20%	42	33	26.1	2.17	3.16	3.38
	30%	47	32	27.7	1.80	2.49	2.51
	40%	40	42	23.9	1.86	2.24	1.74
	50%	46	48	21.6	1.31	1.42	1.11

3.1.4　控轧控冷工艺对 M/A 组元的影响

M/A 组元作为贝氏体组织不可避免的脆性伴生相，是恶化材料断裂韧性的重要因素之一。因此，有必要详细研究如何通过合理的控轧控冷工艺，使 M/A 组元细小而均匀，将其对韧性的不利影响降到最低。本部分通过热模拟试验方法研究了典型 X80 管线钢(0.07C% -0.25Si-1.7Mn-0.2Cu-0.2Cr-0.20%Mo-0.1Ni-0.05Nb)生产过程中终轧温度、冷却速度和终冷温度对试验钢组织中 M/A 组元数量和显微硬度的影响。

1. 精轧变形温度对 M/A 组元的影响

试验条件：1200℃加热，保温 5min 后冷却到 1000℃变形 20%，再以 5℃/s 分别冷却到 830℃和 800℃变形 50%，然后以 15℃/s 速度冷却到 450℃，最后空冷到室温。

不同变形温度下的 M/A 组元形态及分布如图 3-22 所示。可以看出：该试验条件下，两种不同变形温度得到的室温组织均为粒状贝氏体组织，但是在较高温度下变形时，贝氏体组织明显较粗大。高温变形组织中的 M/A 组元相对于低温变形组织来说，数量更多，达到 20%以上，并且颗粒尺寸较粗大，形状也不规则，而低温变形组织中 M/A 组元体积分数都在 10%以下，颗粒均匀而细小，形状规格，分布弥散。

2. 冷却速度对 M/A 组元的影响

试验条件：1200℃加热，保温 5min 后冷却到 1000℃变形 20%，以 5℃/s 冷却到 820℃变形 50%，再分别以 5℃/s、10℃/s、15℃/s、20℃/s 速度冷却到 450℃后，以 0.2℃/s 冷却到 200℃，最后空冷到室温。试验钢在不同冷速下的扫描电镜组织如图 3-23 所示。

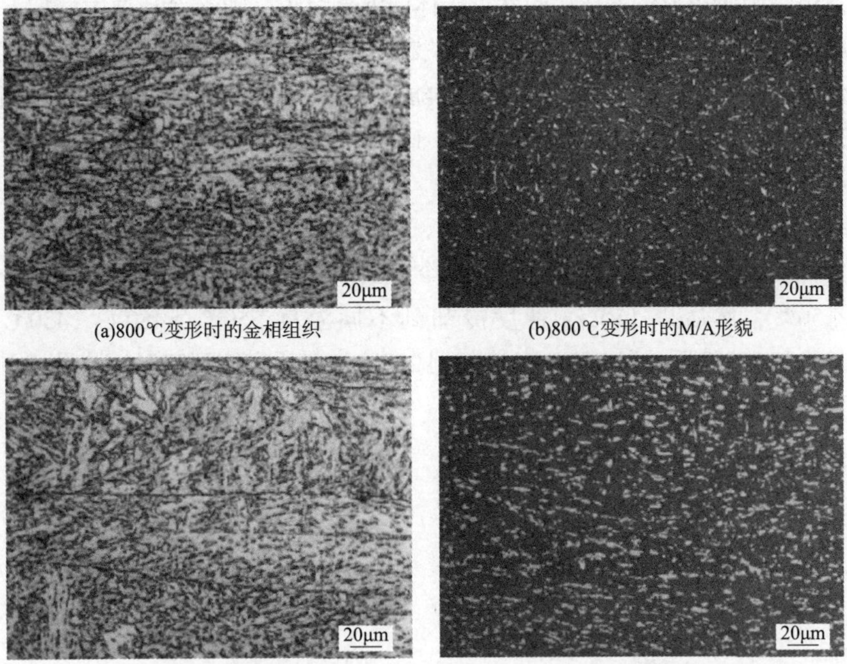

(a)800℃变形时的金相组织　(b)800℃变形时的M/A形貌

(c)830℃变形时的金相组织　(d)830℃变形时的M/A形貌

图 3－22　不同变形温度下的 M/A 组元形态及分布

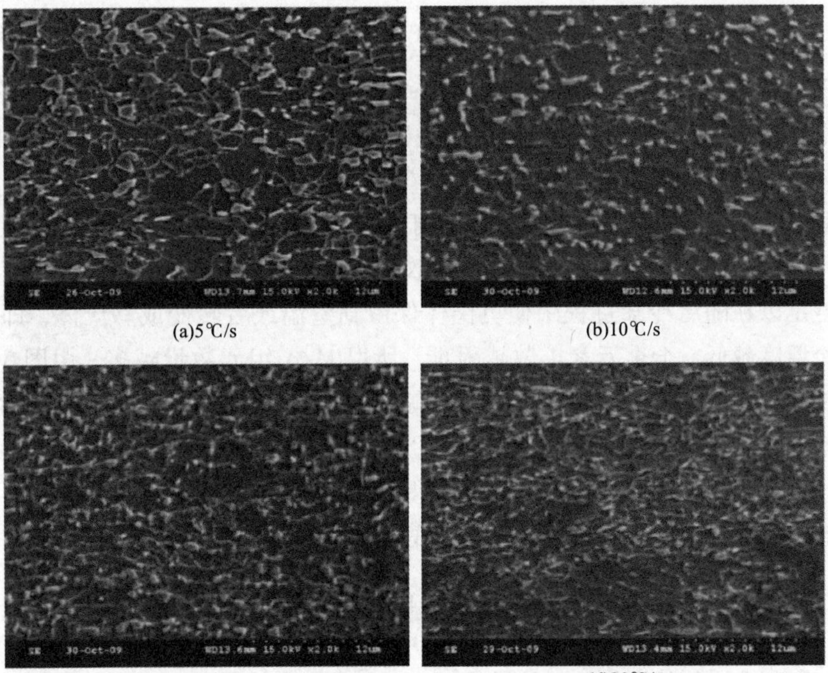

(a)5℃/s　(b)10℃/s

(c)15℃/s　(d)20℃/s

图 3－23　试验钢在不同冷速下的扫描电镜组织

试验结果显示，该成分体系试验钢在 50% 变形、450℃ 终冷，以 5℃/s 速度冷却时，得到的室温组织为多边形铁素体+粒状贝氏体的混合组织，随着冷却速度增加，多边形铁素体比例减少，10℃/s 冷却速度时基本上都是粒状贝氏体组织。同时，随着冷却速度增加，贝氏体组织逐渐细化，M/A 组元数量也随冷却速度增加而减少，颗粒尺寸随着冷却速度增加而减小。冷却速度增加到 20℃/s 时，M/A 组元体积分数仅占 6% 左右，平均颗粒尺寸也只有 0.7μm。

3. 终冷温度对 M/A 组元的影响

试验条件：1200℃加热，保温 5min 后冷却到 1000℃变形 20%，再以 5℃/s 冷却到 820℃变形 50%，然后以 15℃/s 速度冷却到不同温度 550℃、480℃、430℃、400℃、380℃、350℃和 300℃后，以 0.2℃/s 冷却到 200℃，最后空冷到室温，结果如图 3-24 和图 3-25 所示。

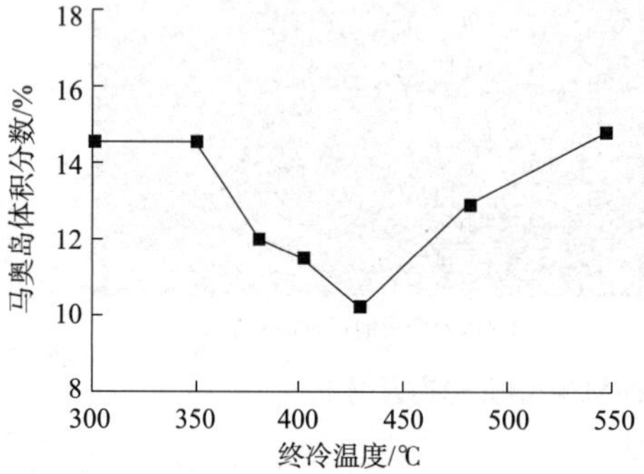

图 3-24 终冷温度对 M/A 组元体积分数的影响

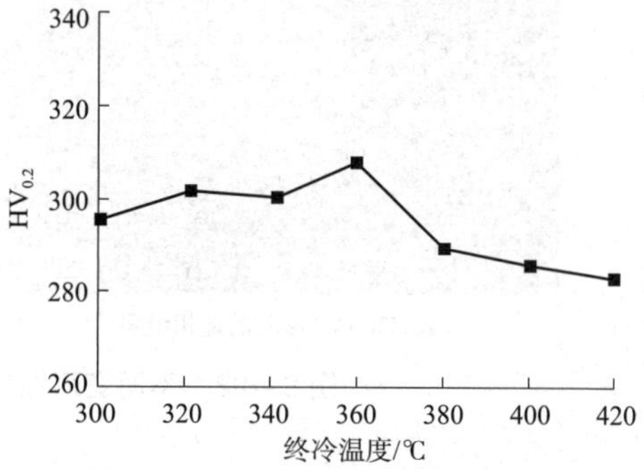

图 3-25 终冷温度对显微硬度的影响

由图 3-24 可以看出，该试验钢在 300~550℃范围内终冷时，M/A 组元的体积分数在 430℃附近出现了最小值，升高或降低终冷温度都将使 M/A 组元体积分数增加。分析其原因，当终冷温度在 430~550℃变化时，随着终冷温度升高，贝氏体组织粗化，因此 M/A 组元数量增加，尺寸增大；当终冷温度低于 430℃时，随着温度降低，合金元素的扩散变得困难，尤其是低温下合金元素来不及扩散，贝氏体转变就已完成，但是这些区域的合金元素浓度足以在随后冷却过程中使奥氏体保留到室温或者转变成马氏体，即形成 M/A 组元。终冷温度越低，合金元素扩散越困难，所以 M/A 组元数量越多。由图 3-25 可以看出，随着终冷温度降低，显微硬度略有升高，可认为终冷温度的改变对抗拉强度的影响不大。以上分析表明，为降低组织中 M/A 组元对试验钢韧性的不利影响，应该合理优化工艺制度，尤其是终冷温度的选择，既能够得到最少量的 M/A 组元，把对韧性的不利影响降到最低，同时又能保证 X80 管线钢较高的强度要求。

3.1.5 高级别管线钢/管的焊接性能

管线钢板制造成钢管及钢管的铺设需要通过焊接来完成，焊接质量决定管线钢的实际应用，是影响输送管道实际服役安全性能的关键因素。焊接是一个特殊的局部冶金过程，具有加热速度快、温度高、高温停留时间短的特点，导致靠近焊缝的母材由于组织、性能出现梯度变化，形成非均匀连续热影响区，根据不同位置的峰值温度，热影响区包括粗晶区(CGHAZ)、相变重结晶区(FGHAZ)、不完全重结晶区(ICHAZ)和时效脆化区(SCHAZ)，这些区域发生特殊的相变，组织和性能均会发生变化，如粗晶区奥氏体晶粒过分长大恶化韧性，相变重结晶区会发生软化，时效脆化区的韧性会降低等，导致管线钢热影响区成为钢管性能的薄弱区。

3.1.6 埋弧焊接的热影响区脆化

国内在生产管线钢管时暴露出的热影响区(Heat affected zone，HAZ)问题层出不穷。随着钢板厚度规格提升，埋弧焊缝热输入量增大，所以厚规格管线钢制管时经常在HAZ冲击吸收功出现个别极低值，极大地降低了生产稳定性和安全性。图3-26所示为HAZ冲击吸收功不同试样的奥氏体晶粒尺寸统计情况。其中，38#和58#冲击吸收功分别为51J和160J；3#冲击吸收功为220J。可以看出：3种试样在熔合线附近即粗晶区的晶粒尺寸相差很大，相同的制造工艺下，3#试样粗晶区晶粒尺寸明显细于38#和58#试样的晶粒尺寸。随着粗晶区奥氏体晶粒尺寸的增加，冲击吸收功迅速降低。图3-27所示为38#和58#试样冲击断口的宏观形貌。粗晶区奥氏体晶粒粗大的38#试样断裂时裂纹直接沿熔合线扩展，奥氏体晶粒尺寸减小，裂纹扩展需要消耗的能量增加，58#试样最后断裂在距熔合线有一段距离的HAZ内。

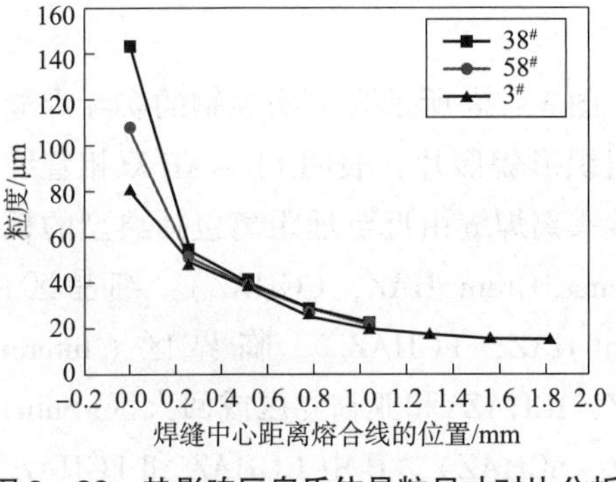

图3-26 热影响区奥氏体晶粒尺寸对比分析

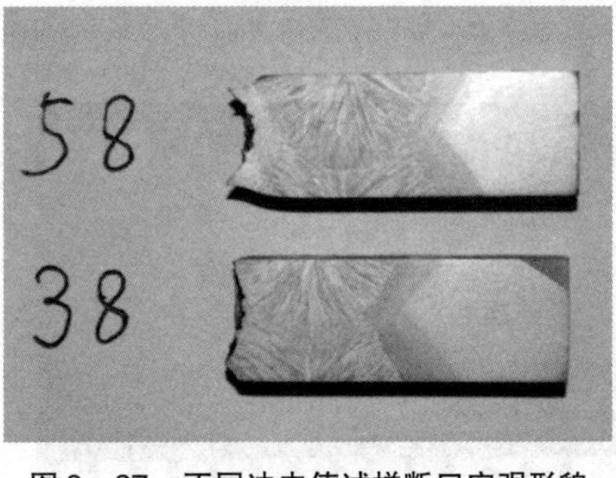

图3-27 不同冲击值试样断口宏观形貌

导致焊接粗晶区奥氏体晶粒粗大既有焊接工艺的因素，也有材料本身的问题。从材料角度来讲，化学成分尤其是Nb、Mo、Ni等是影响粗晶区晶粒长大和材料淬透性的主要元素。在热影响区内，除粗晶区奥氏体晶粒尺寸影响HAZ冲击吸收功外，组织中的硬相M/A的形态分布也是影响冲击韧性的主要原因。

3.1.7 环焊缝焊接接头的软化

焊接是快速加热和快速冷却的过程，管材经过该热循环过程后，HAZ中会出现一个硬度值远低于管体母材的区域，称为软化区，软化的程度与管材的原始组织和焊接工艺等诸多因素相关。对于具有双相组织类型(如铁素体+针状铁素体，PF+AF)的高级别管线钢，其HAZ出现软化区的现象更严重，因为针状铁素体中的可动位错密度较大，在热循环的过程下会发生回复，位错密度降低，导致焊接 HAZ 的硬度和强度明显降低，使软化现象进一步加剧，且在大应变情况下，容易出现应力集中，严重危害材料的服役安全。

本部分研究内容实验钢的化学成分列于表 3－14。冲击试样规格为 10mm × 10mm × 55mm 的 Charpy V 形缺口试样，采用 ZBC2752－B 型摆锤式冲击实验机进行冲击实验，实验温度为－10℃。

表 3－14　实验用钢化学成分(质量分数)　%

钢号	C	Si	Mn	P	S	Nb	Mo	Ni	Cr
1#	0.07	0.29	1.78	0.008	0.001	0.049	0.001	0.25	0.22
2#	0.06	0.29	1.88	0.080	0.001	0.056	0.001	0.25	0.22
3#	0.07	0.27	1.68	0.008	0.003	0.048	0.001	0.22	0.20
4#	0.06	0.28	1.84	0.008	0.001	0.051	—	0.26	0.20

1. 焊接接头的软化现象

实际焊接过程组织变化复杂，焊缝两侧区域的组织先后经历不同的热循环，越毗邻熔合线(Fusion Line，FL)，能够达到的峰值温度越高，升温速率和降温速率也越快。每个区域所经受的焊接加热过程，从本质上看其实是分别完成的一个特别的热处理进程。在这个过程中，管线钢焊接接头母材原始组织状态会发生改变，导致其性能也随之变化。

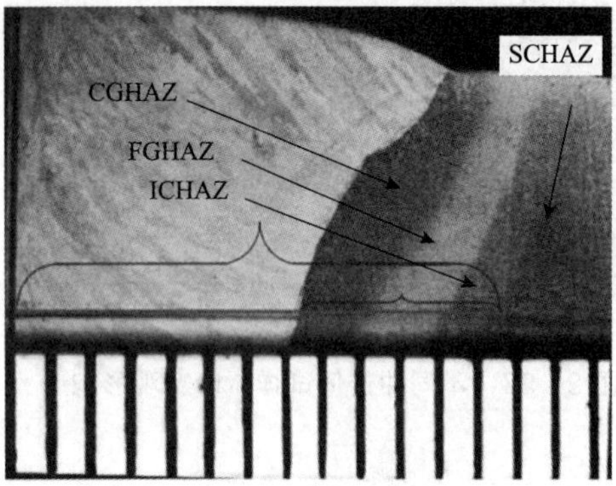

图 3－28　1#高级别管线钢焊缝宏观金相照片

图 3－28 所示为 1#实验钢的实际焊缝的宏观组织形貌照片，表明 PF－AF 双相管线钢焊接接头离焊缝由近至远距离包括典型的粗晶区(Coarse Grain HAZ，CGHAZ)、细晶区(Fine grain HAZ，FGHAZ)、临界区(Intercritical HAZ，ICHAZ)和亚临界区或回火区(Subcritical HAZ，SCHAZ)，其中 CGHAZ 和 FGHAZ 的厚度较大(约 2mm)。

由图 3－29 可知：从粗晶区开始到母材，伴随在加热过程中可达到的最高温度逐渐下降，HAZ 内组织中原奥氏体晶粒尺寸也在不断变小，直到与母材晶粒大小一致。加热过程中，焊缝的温度会急速升高到≥1300℃，靠近 FL 的 CGHAZ 的奥氏体晶粒会急剧长大，严重粗化。焊接热影响区内，越靠近 FL，该处热循环所达到的峰值温度越高，在之后的冷却过程中得到的转变产物也各不相同。为更好地研究在冷却过程中热影响区内显微组织的变化规律，对不同位置的组织进行详细分析，图 3－29 所示为从 FL 开始连续收集 HAZ 显微金相照片，毗邻 FL，奥氏体晶粒粗化相对严重；远离 FL，晶粒尺寸逐渐减小，组织类型也发生改变，到图 3－29(d)时已没有典型的奥氏体晶界，大部分是铁素体；到图 3－29(f)已接近母材组织。

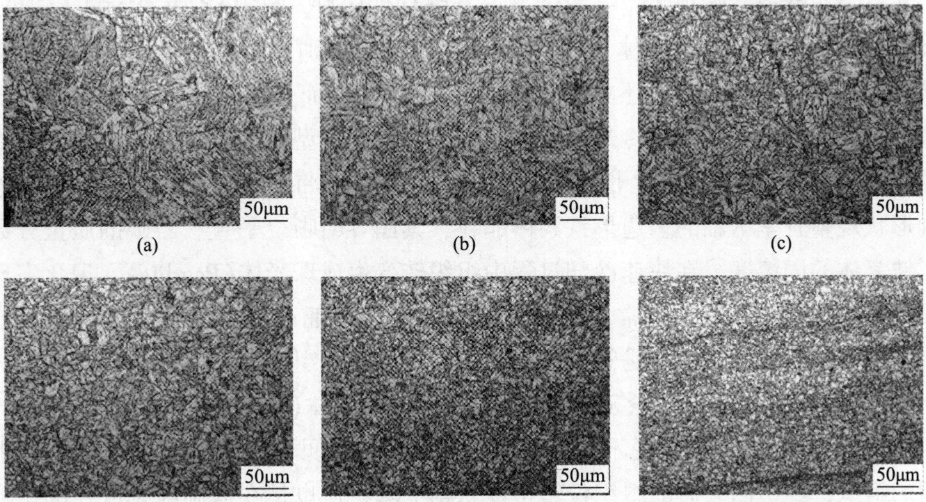

(a)　(b)　(c)　(d)　(e)　(f)

图 3－29　远离熔合线热影响区的连续金相显微组织采集顺序

HAZ 各部分组织所经历热循环过程不一样，从而导致整个 HAZ 成为一个组织和性能呈阶梯变化的不均匀连续体。图 3－30 所示为实验钢 HAZ 的显微组织。靠近 FL 的粗晶区内的显微组织为板条贝氏体和针状铁素体。组织中 M/A 组元形态为薄膜状或者针状分散在贝氏体铁素体板条间。其形成条件和转变机理使得贝氏体铁素体的位错密度很高，板条

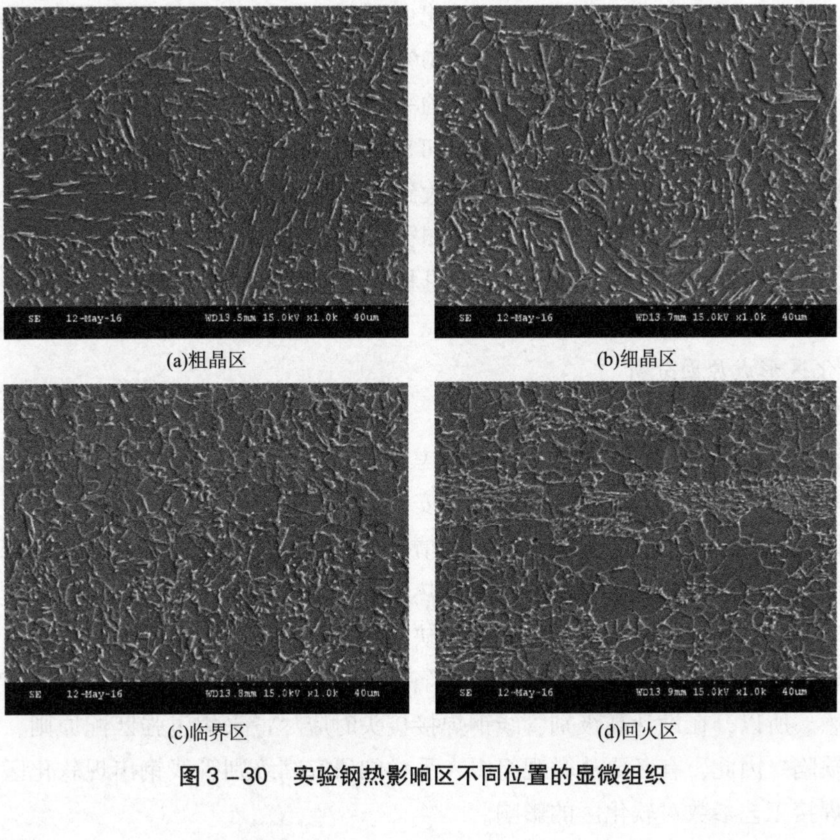

(a)粗晶区　(b)细晶区　(c)临界区　(d)回火区

图 3－30　实验钢热影响区不同位置的显微组织

的大小和宽窄对性能影响很大，一般情况下其强韧性较好。FGHAZ 由于紧靠 CGHAZ，其组织大部分为细小的针状铁素体；而 ICHAZ 显微组织类别比较复杂，以多边形铁素体为主，其次是粒状贝氏体，同时还夹杂分散着 M/A 组元。而多边形铁素体形成条件要求是相对较高的转变温度、较缓的冷却速度，转变机制为扩散型相变。相变时，优先从原奥氏体晶界(PAGB)上形核，晶粒生长时可以跨过原奥氏体，将 PAGB 轮廓遮盖。扫描电镜下观测到形状规整且呈等轴的多边形铁素体晶粒，其晶界明晰、平直。若碳的质量分数高于多边形铁素体的固溶度，在快速冷却过程中组织转变生成珠光体(Pearlite)，退化态珠光体或是贝氏体。多边形铁素体通常表现出较小强度是因为亚晶界甚少，同时自由位错密度低，相反的是拥有较好塑性，是管线钢中一种常见软相组织。远离熔合线低温回火区显微组织类型与母材一致，仍旧是多边形铁素体和回火贝氏体(Tempered Bainite，TB)的两相组织，这里提到的 TB 准确来说不是低温转变产物，而是贝氏体在较低的加热温度下发生回火后的组织，经历回火后的组织位错密度急剧下降，这也是在低温脆化区强度下降的主要原因之一。

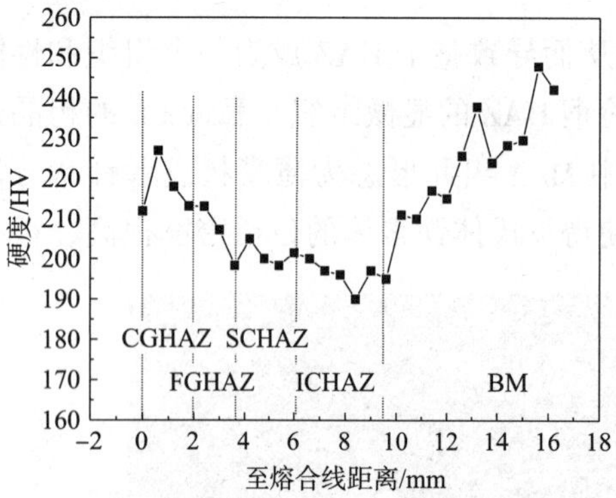

图 3－31　实验钢焊接 HAZ 显微硬度连续变化特征(注：Basic metal，BM－母材)

图 3－31 所示为实验钢实际焊接接头 1/4 处 HAZ 显微硬度连续变化特征。毗邻熔合线一边的 CGHAZ 硬度与母材相比略有下降，随着与熔合线之间的距离变大，FGHAZ 和 ICHAZ 的硬度明显降低，尤其是 ICHAZ 硬度更低，软化也更突出，相较于母材的平均硬度值降低 50%。本研究中，整个 HAZ 硬度值均低于母材的平均硬度，从 CGHAZ 开始先下降，ICHAZ 和 SCHAZ 时，组织显微硬度最小，然后逐渐增大到与母材同等水平。由前述焊缝组织分析可知，热影响区回火区和临界区出现软化现象与母材中针状铁素体在热循环过程中发生硬相回火有关。

2. 软化区形成原因分析

实际生产中焊接接头都会采用等强匹配，即焊接接头强度和母材强度相当。对于高强度管线用钢，不但要考虑强度匹配，还要考虑韧性匹配。当服役环境为地震、泥石流或者山体滑坡等自然灾害多发地段时，管线钢管安全服役受焊接接头影响较大。而对于管线钢中热影响区存在软化区和低匹配的焊缝区的情况，当钢管发生较大位移后，应变会强烈集中在上述区域。另外，如果母材的强度高于热影响区强度 10% 时，热影响区的应变集中系数会显著增加。这种较高的应变集中在没有缺陷的材料中影响较小，但是如果热影响区软化区尺寸较大，且组织中有气孔或夹杂等缺陷时，应变集中将给整个焊接接头带来非常大的安全隐患。所以，在设计高级别管线钢焊接接头时应尽量采用过强匹配原则，减少热影响区各种缺陷。因此，有必要从微观组织入手详细研究高级别管线钢出现软化区的具体原因，以及焊接工艺参数对软化区的影响。

本节研究选取2#实验钢，其原始母材微观形貌如图3－32(a)所示，由多边形铁素体和针状铁素体组成。通过Thermo－calc热力学软件计算出A_{c1}，A_{c3}温度分别为720℃、880℃。

焊接热模拟实验在Gleeble－3500上完成，峰值温度分别选用400℃、500℃、600℃、700℃、800℃、900℃、1000℃、1100℃、1200℃、1300℃，将$t_{8/3}$的时间固定为25s，加热速度为100℃/s，峰值温度停留时间为1s，工艺示意图如图3－32(b)所示。

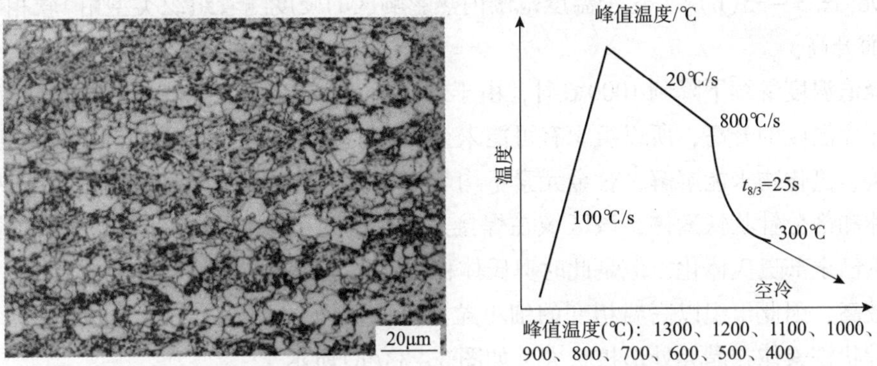

(a)2#实验钢原始母材组织　(b)热模拟峰值温度工艺

图3－32　2#实验钢原始母材组织及热模拟峰值温度工艺

(1)焊接热模拟试样显微组织分析

实验钢经过不同峰值温度的热循环后其金相组织如图3－33所示。

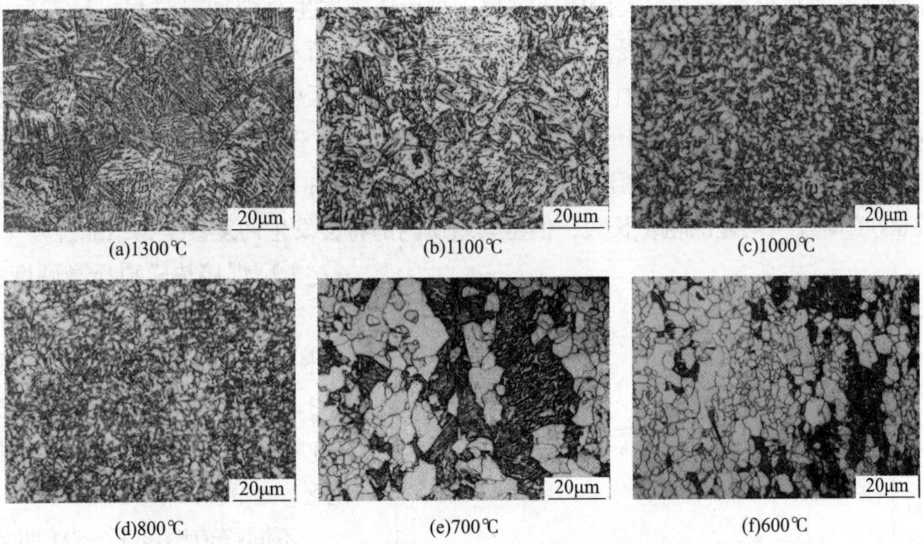

(a)1300℃　(b)1100℃　(c)1000℃

(d)800℃　(e)700℃　(f)600℃

图3－33　不同峰值温度下的金相组织

当峰值温度在1300℃时，进入CGHAZ，该区加热温度高，在高温区间停留时间较长，碳氮化物快速溶解，析出相钉扎效果明显下降，使得奥氏体晶粒急剧长大。由于粗晶区重新经历了奥氏体化过程，且在高温条件下奥氏体稳定性高，所以冷却后以贝氏体铁素体为主。此时，在光学显微镜下可清楚地观测到板条形貌的贝氏体铁素体，有些贝氏体铁素体的板条束会贯穿原奥氏体晶粒，而位向各异的板条束把原奥氏体晶粒划分成若干区域，大量M/A组元呈长条状或者块状生成在原奥氏体晶内和晶界处，如图3－33(a)所示，黑色粒状、块状和长条状均为M/A组元，此时组织因生成大量“硬相”的贝氏体铁素体而硬度升高。

当峰值温度降到1100℃时，HAZ组织完成了完全重结晶，奥氏体稳定性降低，冷却后得到的原奥氏体晶粒较为细小，显微组织转变成粒状贝氏体并含有少量贝氏体铁素体。光学显微镜下可看到部分原奥氏体晶界，板条束也依稀可见，其间分布着大量细长针状M/A组元[图3－33(b)]，这个温度范围内热影响区的硬度随着组织类型由“软相”转变为“硬相”而升高。

当峰值温度继续下降到1000℃时，由于焊接是一个快速加热和冷却的过程，会导致被焊材料相变温度的升高，所以组织有可能未全部发生奥氏体转变。受加热温度的影响，基体中的碳、氮化物未能溶解，合金元素不均匀分布，奥氏体晶粒尺寸较小。组织转变成粒状贝氏体和部分针状铁素体，该区域在焊接热循环的过程中被加热到刚超过A_{c3}的温度范围，虽然已全部奥氏体化，但是此时奥氏体稳定性不足，晶粒尺寸较小，在冷却过程中相变温度较高，因此组织以高温相变的细小粒状贝氏体为主，同时，由于此时晶界不规则，有利于针状铁素体在晶界处形核长大，如图3－33(c)所示。

当峰值温度下降到800℃，实验钢处在ICHAZ，也称临界区。该温度通常在A_{c1}～A_{c3}，因此只有部分组织沿着晶界向晶内发生奥氏体化，而其余未发生奥氏体化的部分会在高温的作用下发生回复导致亚结构粗化，冷却后的组织由相变重结晶组织和高温回复组织混合组成。原始母材组织为多边形铁素体＋针状铁素体，在升温到该区域时，由于铁素体热稳定性比针状铁素体低而先发生奥氏体化过程，贝氏体则发生高温回复过程，冷却后生成准多边形铁素体和回火贝氏体的混合组织，如图3－33(d)所示。

当峰值温度在600～700℃时[图3－33(e)和(f)]，该区域在热循环过程中未发生奥氏体化，这时峰值温度较低还未达到母材组织发生相变的温度，仅仅发生一次瞬时回火，基体组织类型仍和母材接近，所以显微组织表面上仍然是铁素体加贝氏体，只是整体上700℃时的组织较600℃时发生明显的粗化长大，但是其组织内部将会发生回复甚至再结晶过程。

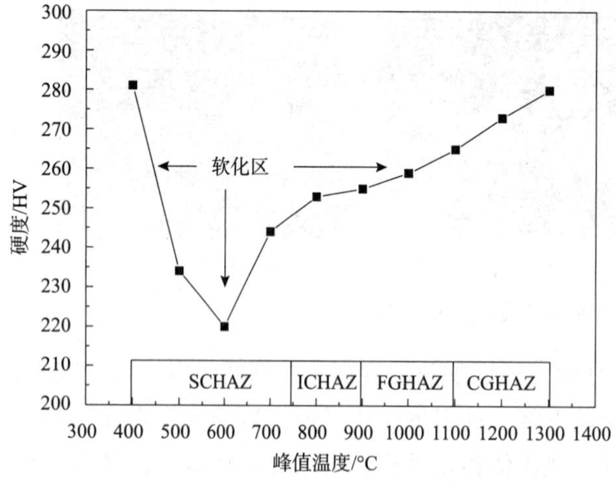

图3－34　不同峰值温度显微硬度

(2)焊接热模拟显微硬度分析

在不同的峰值温度条件下，实验钢的HAZ显微硬度变化规律如图3－34所示。可以清楚地看到，600～700℃的高温回火区形成软化区。

不同峰值温度下SEM照片如图3－35所示，与图3－34的金相组织相比，CGHAZ中[图3－35(a)、(b)]无论是贝氏体铁素体晶内的板条束还是粒贝中颗粒状M/A组元都更容易分辨，在细晶区和临界区的

M/A 组元形貌也比金相组织更清晰直观，尤其可以观察到临界区中大量 M/A 组元密集分布，勾勒出晶界形貌[图 3 - 35(c)、(d)]。相比之下，回火区两个温度的组织中部分贝氏体形貌并不明显，这是由于贝氏体组织在该区域发生高温回火，导致碳化物溶解、亚结构粗化所致。通常，管线钢中主要组织为多边形铁素体、准多边形铁素体、针状铁素体、粒状贝氏体和贝氏体铁素体，它们的显微硬度依次增大。在这个实验中，随着峰值温度降低，组织依次为：贝氏体铁素体 + 少量粒贝(1300℃)、粒状贝氏体 + 少量贝氏体铁素体(1100℃)、细晶粒贝 + 部分针状铁素体(1000℃)、准多边形铁素体 + 回火贝氏体(800℃)、多边形铁素体 + 回火贝氏体(600 ~ 700℃)，因此显微硬度也依次降低。然而在 400℃的低温回火区，回复作用并不明显，所以硬度并未显著降低。最终，在高温回火区形成软化区。

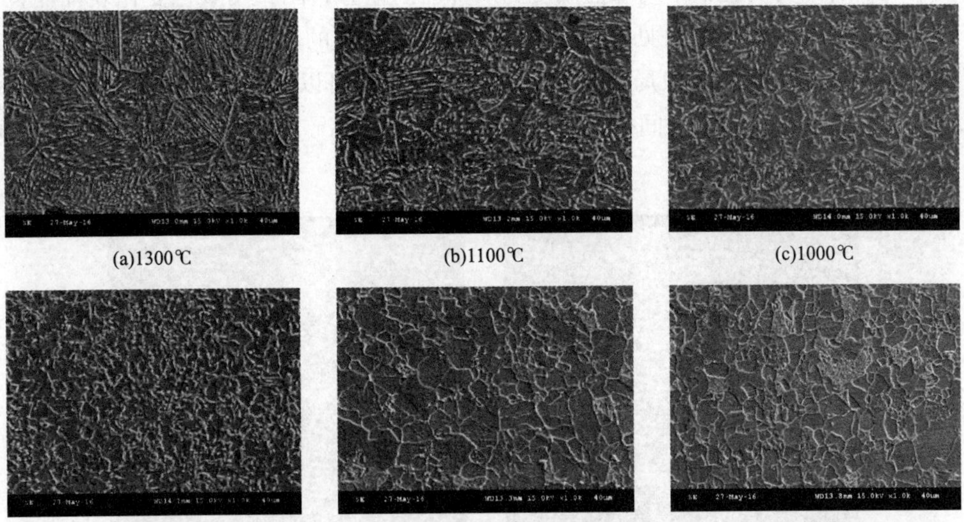

(a)1300℃　(b)1100℃　(c)1000℃

(d)800℃　(e)700℃　(f)600℃

图 3 - 35　不同峰值温度下的 SEM 照片

(3)热影响区软化区成因分析

图 3 - 36 所示为实验钢在不同峰值温度下的反极图，颜色的不同代表相邻晶粒间的取向差不同。由图可知：当峰值温度升高到 FGHAZ 时，HAZ 组织已完全相变重结晶，轧制特征全部消失，晶粒取向趋于均匀分布。

(a)400℃(低温回火区)　(b)600℃(高温回火区)　(c)800℃(临界区)

图 3 - 36　反极图和有效晶粒尺寸

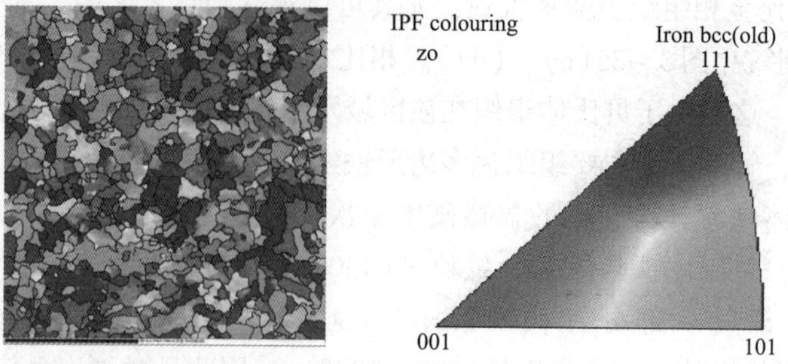

(d)1000℃(细晶区)

图 3－36　反极图和有效晶粒尺寸(续)

图 3－37 所示为实验钢不同峰值温度的局部取向差分布图，用颜色变化表征晶粒内部小于 5°的取向差分布。由图可见，不同峰值温度下晶粒内的局部取向差为 1°～2°。晶粒内小于 5°的取向差除了可以反映局部应力的集中程度，还可以反映位错聚集的程度，因此，可以借助局部取向差分布图来间接表征位错密度的变化情况。此外，下式给出了金属材料的强度与位错密度的关系：

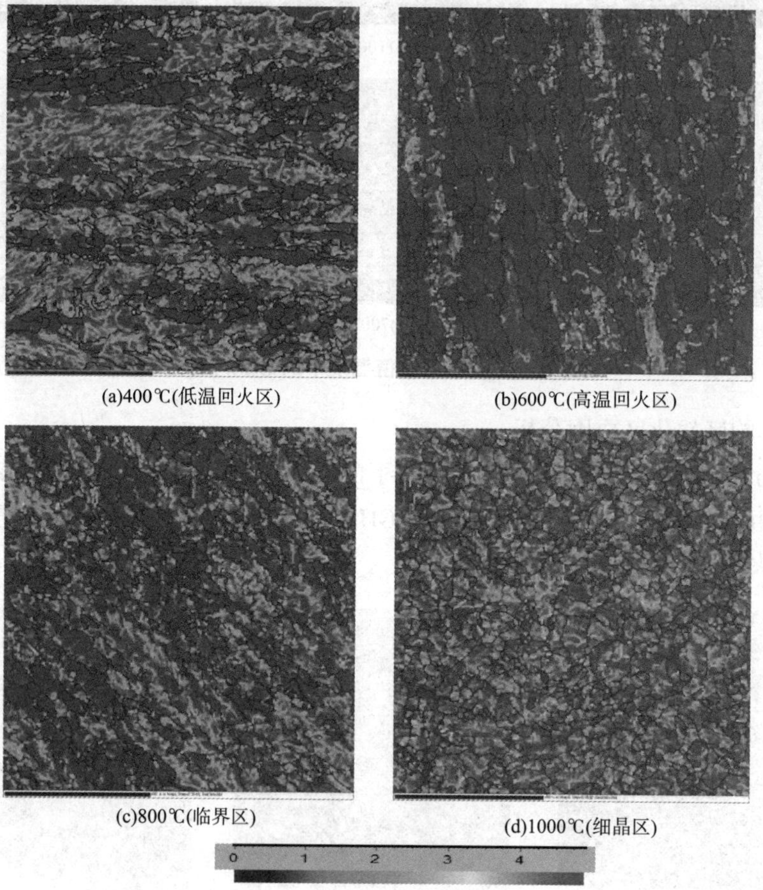

图 3－37　局部取向差分布图

$$\sigma = \sigma_0 + 2\alpha G b \rho^{\frac{1}{2}}$$

式中，σ_0为材料基础强度；α为与晶体结构相关常数；G为室温下钢的切变模量；b为柏氏矢量；ρ为位错密度。由公式可知，组织中位错密度越高，则材料的强度越高，相应的硬度也越高。从600℃开始，组织发生明显的回复过程，铁素体中位错胞内的位错线逐渐消失，晶体中的位错密度降低，剩余位错通过重新排列而形成新的亚晶粒，随着回火温度继续升高，亚晶粗化长大，逐渐形成大角度晶界，位错密度进一步降低。比较图3－37(a)～(d)可知，在高温回火区时，组织中的位错密度显著降低。由此表明，位错密度的大幅度减少也是导致热影响区出现软化区的一个重要原因。

图3－37借助EBSD的局部取向差分布图，间接地表征在不同峰值温度下组织中位错密度的变化。通过透射电镜可以更直观地观察组织中位错的变化，如图3－38所示，比较之下可知，在回火温度不高时[图3－38(a)]，回复过程不明显，组织中仍然含有较高的位错密度。而在高温回火区[图3－38(b)]的位错密度则显著降低，并且伴有粗化的第二相粒子。同时，在高温回火区和临界区[图3－38(c)]都观察到位错聚集缠结形成的亚晶界，说明组织发生明显的回复过程。在1000℃的细晶区[图3－38(d)]，可以观察到细小的针状铁素体含有高位错密度和亚结构。

(a)400℃(低温回火区)

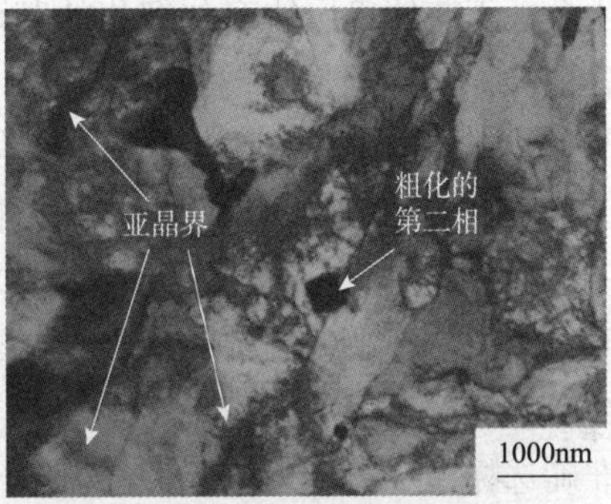

(b)600℃(高温回火区)

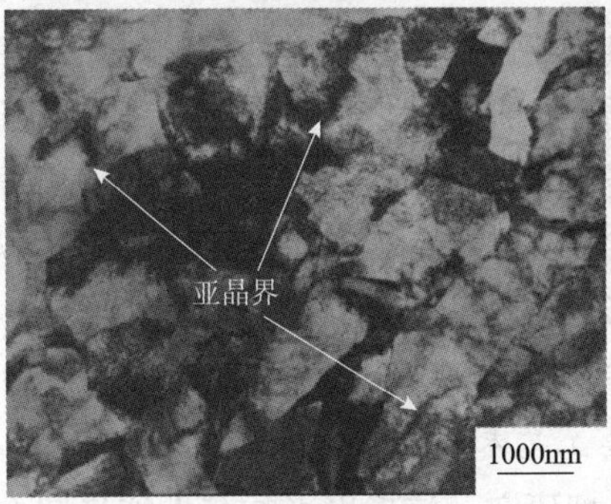

(c)800℃(临界区)

(d)1000℃(细晶区)

图3－38　透射电镜照片

结合EBSD和透射电镜的分析可知：当热模拟的峰值温度升高到高温回火区时，组织的回复过程加剧，晶体中的亚结构减少，同时位错密度大幅度降低，最终导致在该区域形成软化区。

3.1.8 管线钢力学性能离散的影响因素

1. 管线钢断裂韧性和焊接性能的主要影响因素

显微组织影响：对于针状铁素体管线钢，相邻晶粒取向差≥35°所包围的大角度晶粒是落锤撕裂过程中解理断裂的有效晶粒尺寸，这一尺寸与未再结晶区轧制后变形奥氏体高度相近；在针状铁素体组织中引入适当数量的超细晶多边形铁素体也是提高低温 DWTT 性能的有效方法。

合金元素影响：管线钢铸坯再加热过程中，固溶 Nb 能够有效拖曳奥氏体晶界迁移，阻止奥氏体晶粒长大，可有效细化再加热奥氏体晶粒。同时，Nb 还能有效提高奥氏体再结晶温度，使再结晶奥氏体晶粒进一步细化。X80 管线钢中 Nb 的加入量通常在 0.05%以上。

轧制工艺影响：粗轧阶段奥氏体的再结晶细化对室温组织的超细化具有重要作用，为使奥氏体发生充分的再结晶，可考虑在粗轧再结晶区的低温段进行几个道次的累积大变形，同时增加粗轧阶段总体的累积变形量，综合利用动态和静态再结晶使粗轧再结晶奥氏体得到充分细化。

在优化粗轧工艺使奥氏体充分细化的基础上，将精轧温度降低到临近 A_{r3} 的温度范围内，即低温精轧，并给予足够的累积变形量，能够使组织中产生大量细小的多边形铁素体，从而使整体组织的平均有效晶粒尺寸细化。

通过粗轧工艺的优化控制和低温精轧，将粗轧再结晶奥氏体的晶粒尺寸控制在 20μm 以下，热模拟条件下室温组织的平均有效晶粒尺寸可细化至 1.5μm 以下，实验室轧制条件下，心部组织的平均有效晶粒尺寸能够细化到 2.5μm。

M/A 组元：可通过适当地降低终轧温度、提高冷速来降低 M/A 组元数量，但是，终冷温度的准确选择是整个工艺流程中控制 M/A 组元的最关键环节，终轧温度过高和过低均对控制 M/A 组元不利。

高级别管线钢可焊性研究表明，在焊接热影响区存在两个脆性区：热循环峰值温度高于 1300℃的粗晶区冲击韧性降低是由于热循环时形成的粗大贝氏体和 M/A 硬相导致，700～800℃区域的脆性区是由于两相区的岛链状 M/A 及微合金元素的大量析出导致。

强化机制：高级别管线钢的母材组织为多边形铁素体＋针状铁素体，在 HAZ 的细晶区出现软化现象。组织中铁素体晶粒长大，第二相粒子粗化、溶解，位错减少，亚结构消失导致原有的综合强化机制失效是 HAZ 出现软化的主要原因。

2. 影响管线钢力学性能和焊接性能的主要工艺参数

基于对高级别管线钢力学性能及其影响机理研究，梳理出影响其性能稳定的主要生产工艺参数如表 3－15 所示。

表 3-15 影响力学性能的主要生产工艺参数

类型		主要工艺参数
装备能力	炼钢产线	铁水预处理、炼钢炉数量及容量、连铸或模铸、最大板坯厚度、炉前气体分析装备等
	轧钢产线	加热炉类型、高压水除鳞压力、最大轧制力、最大扭矩、中间坯最大厚度、轧机宽度等
	冷却系统	温矫和冷矫能力、层流冷却最大水量、最大冷却速度、卷取机功率、最大卷重等
控制水平	炼钢产线	C、S、P、O、N 控制水平、过热度控制范围、夹杂物控制、心部偏析控制等
	轧钢产线	总压缩比、各道次最大压下量和温度的耦合控制水平、板坯厚度温度场和应力场控制等
	冷却系统	不同厚度规格在 800~300℃的冷却控制能力、板型控制水平、钢板表面质量控制水平等

基于对高级别管线钢焊接性能的相关研究，梳理出影响其焊接性能稳定的主要制造工艺参数如表 3-16 所示。

表 3-16 影响焊接性能的主要工艺参数

类型		主要采集参数
装备能力	直缝焊管	成型方式及能力、焊机参数(电流、电压、间距、倾角等)、液压扩径压力、机械扩径扇形块数、润滑条件、超声波探伤/X 射线探伤/磁粉探伤能力等
	螺旋焊管	预精焊、矫平和预弯机参数、孔型、焊机能力、钢管成型质量控制、焊机参数、管端扩径参数、超声波探伤/X 射线探伤/磁粉探伤能力
控制水平	直缝焊管	焊管残余应力分布、回弹量、截面尺寸精度等、焊缝质量控制、扩径率和扩径速度的选择、椭圆度等
	螺旋焊管	“丁”字焊缝质量控制、钢管成型质量控制、焊接质量控制、管端扩径质量控制、钢管表面质量控制、检测精度、椭圆度等。

3.2 钢管理化性能离散性对比分析

3.2.1 钢卷/钢板化学成分离散性

1. 钢卷化学成分离散性

早期管线钢是以抗拉强度为依据进行设计，其强度通常用通过增加 C 含量来获得，但是随着对管线钢焊接性、低温韧性和成型性能要求的不断提高，需要降低合金中的 C 含量。目前，现代实用管线钢的 C 含量远低于 API 标准所要求的最大 C 含量的规定，通常采用0.1%以下或更低 C 含量的成分设计。由图3-39、图3-40 可知：C 含量平均值随着钢级的增大而减小；标准偏差值 X70/X80 相对较高，X65 较小，说明 X80 钢 C 含量波动幅度较大；X65/X70/X80 的上下四分位数和中位数间距基本接近，说明三者数据分布较均匀；三者的中位数和平均值之间的差值均低于5%，表明生产 X65/X70/X80 中 C 元素符合正态分布，采用正态分布曲线可以很好地反映实际元素的分布情况。

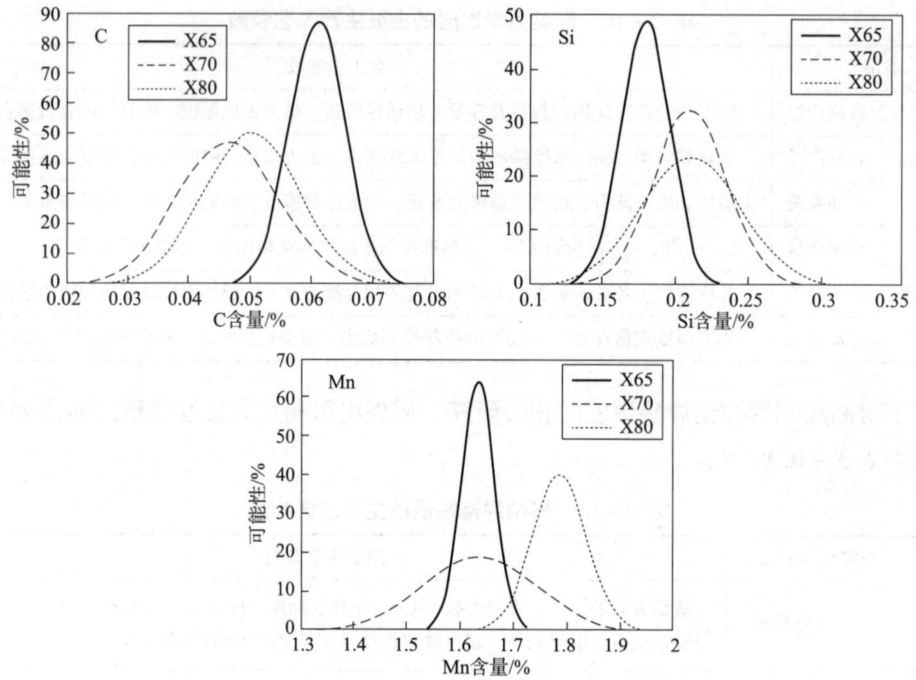

图 3－39　钢卷不同钢级 C、Si、Mn 的正态分布曲线对比

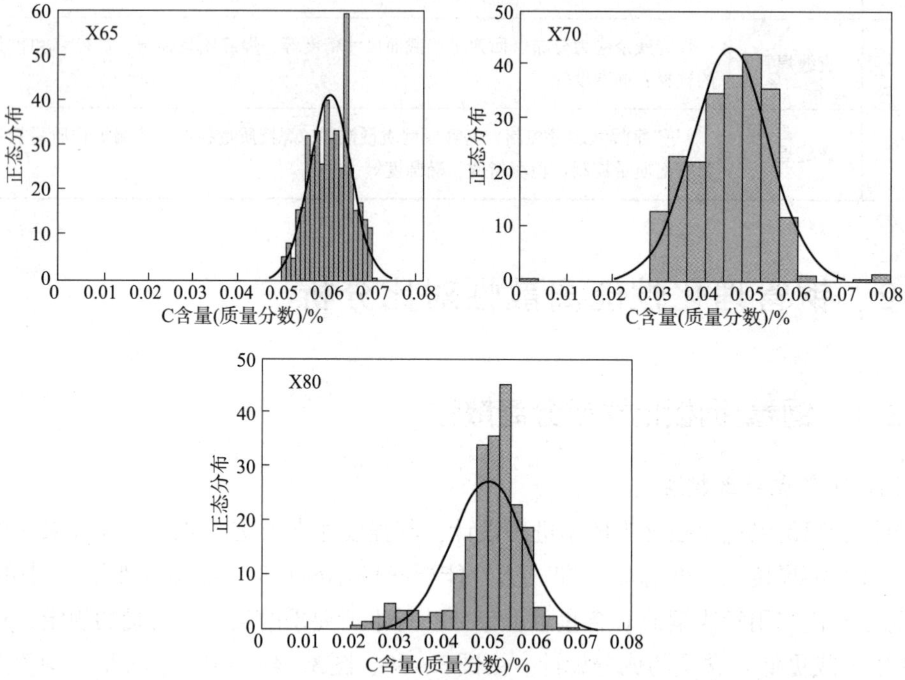

	计数项：C	平均值项：C	标准偏差项：C	上四分位数：C	中位数：C	下四分位数：C
X65	2194	0.0610	0.0046	0.0640	0.0610	0.0580
X70	1113	0.0463	0.0085	0.0526	0.0470	0.0406
X80	10894	0.0501	0.0080	0.0550	0.0517	0.0476

图 3－40　钢卷不同钢级 C 含量的详细统计数据

由图3－41可以看出，X65/X70/X80中的Mn含量基本保持一致，X65/X80的标准偏差极小，说明Mn元素控制比较精准，X70的Mn含量(质量分数)绝大多数控制在1.63%左右。直方图与正态分布曲线契合相对完好，上下四分位数、中位数之间的差值基本接近，且中位数与平均值极为接近，表明Mn元素分布高度符合正态分布，采用正态分布曲线可以反映实际元素分布情况。

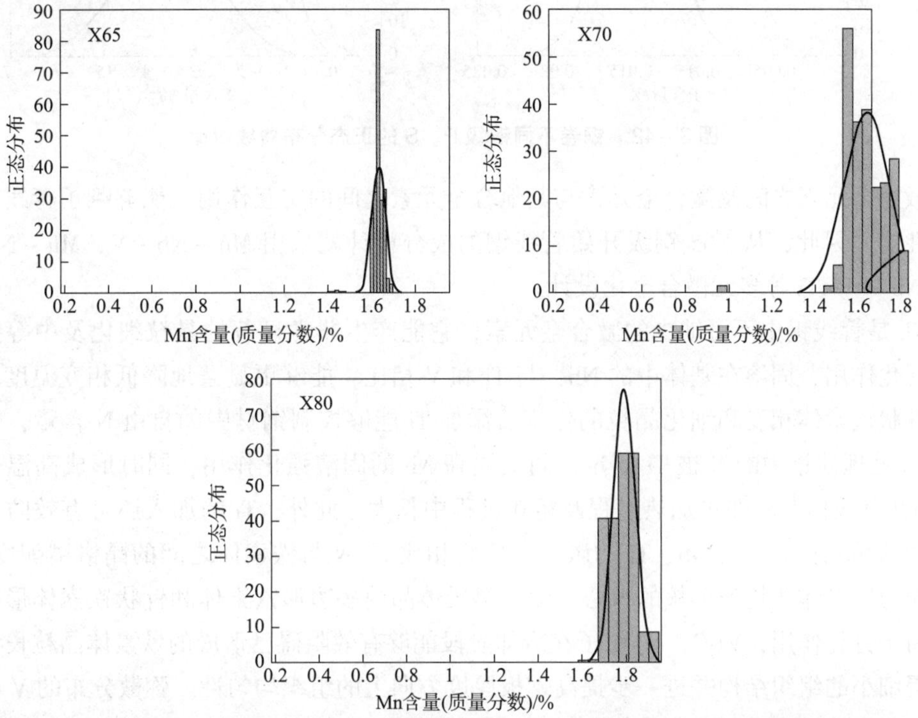

	计数项：Mn	平均值项：Mn	标准偏差项：Mn	上四分位数：Mn	中位数：Mn	下四分位数：Mn
X65	2194	1.6349	0.0311	1.6500	1.6400	1.6200
X70	1113	1.6388	0.1048	1.7200	1.6253	1.5630
X80	10894	1.7875	0.0501	1.8300	1.7900	1.7500

图3－41　钢卷不同钢级Mn含量的详细统计数据

钢中的P和S元素是有害元素，P易在晶界偏析，不利于冷加工和焊接；S易形成塑性好的MnS第二相，在轧制过程中形成条状夹杂物，S还易形成低熔点的FeS，导致钢在热轧和焊接过程中产生热脆裂纹。因此，在管线钢中二者的含量均需严格控制。在工业上要完全消除杂质元素及其夹杂物是不可能的，但是，现代冶金技术已能够确保S、P等杂质元素的低和超低含量的管线钢生产。由图3－42可以看出，随着钢级提高，P、S元素含量减少，且P、S元素离散度越来越小，在生产过程中P、S元素控制稳定。

管线钢是微合金化理论最成功的应用领域之一。一般而言，微合金元素是指在钢中质量分数为0.1%左右而对钢的微观组织和性能有显著或特殊影响的合金元素。在管线钢中主要是指Nb、V和Ti等强碳化物形成元素，它们在管线钢中的主要作用表现在：①阻止奥氏体晶粒的长大；②延迟奥氏体的再结晶；③延迟相变过程；④沉淀强化作用。此外，

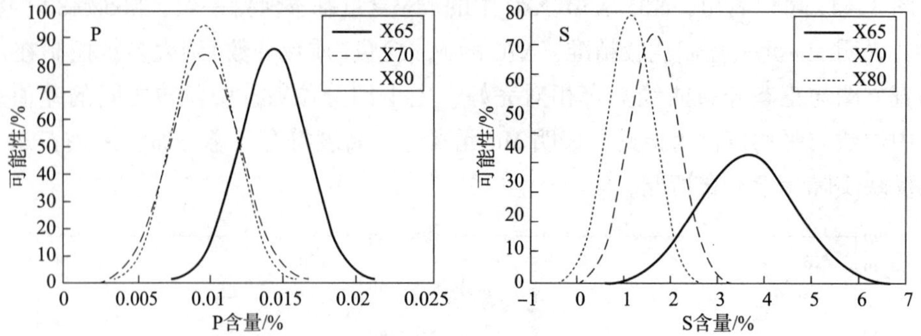

图3-42　钢卷不同钢级P、S的正态分布曲线对比

不同微合金元素之间及微合金元素与其他合金元素之间的交互作用，能够赋予管线钢更完善的性能。因此，从X65钢级开始管线钢的成分设计就采用Mn-Nb-V、Mn-Nb-Ti、Mn-Nb-V-Ti等多元微合金化设计。

Nb是管线钢中不可缺少的微合金元素，它能产生非常显著的晶粒细化及中等强度的沉淀强化作用，固溶在基体中的Nb，与Ti和V相比，能够更显著地降低相变温度，起到促进针状铁素体相变和细化晶粒的作用。添加Ti能够控制钢材中的自由N含量，通常采用微Ti处理使钢中的N被Ti固定，间接提高Nb的固溶强化作用，同时形成高温稳定的TiN阻止奥氏体晶粒在再加热过程及粗轧过程中长大。此外，Ti的加入还可有效防止焊接过程中的晶粒长大。与Nb、Ti的碳、氮化物相比，VN与铁素体之间的晶格错配度较小，容易作为铁素体非均匀形核的核心，促进奥氏体晶内多边形铁素体和针状铁素体形核。此外，由于钉扎作用，V(C，N)粒子在冷却阶段能够有效阻碍已形成的铁素体晶粒长大，最终获得细小的组织结构并进一步提高钢板厚度方向上的组织均匀性。弥散分布的V的碳化物和氮化物能够作为氢陷阱降低V-N微合金钢的氢致开裂敏感性。

由图3-43、图3-44可以看出，X65中Nb含量较低，X70/X80中的Nb含量基本保持一致，三者标准偏差均较小，Nb元素控制水平良好。直方图与正态分布曲线契合相对完好，上下四分位数、中位数之间的差值基本接近，且中位数与平均值极为接近，表明Nb元素分布高度符合正态分布，采用正态分布曲线可以反映实际元素分布情况。

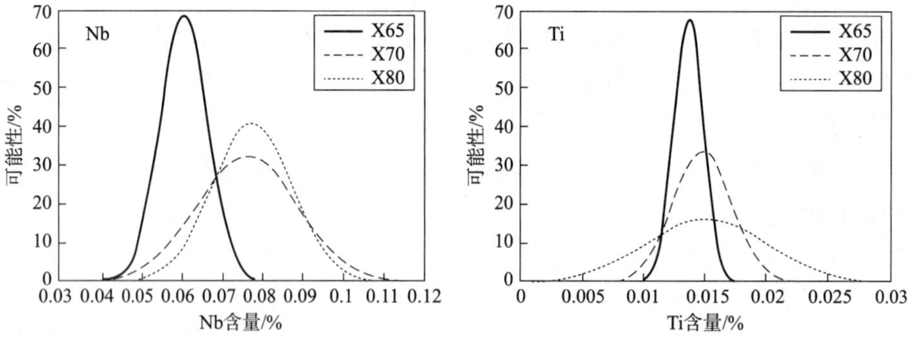

图3-43　钢卷不同钢级Nb、Ti、V的正态分布曲线对比

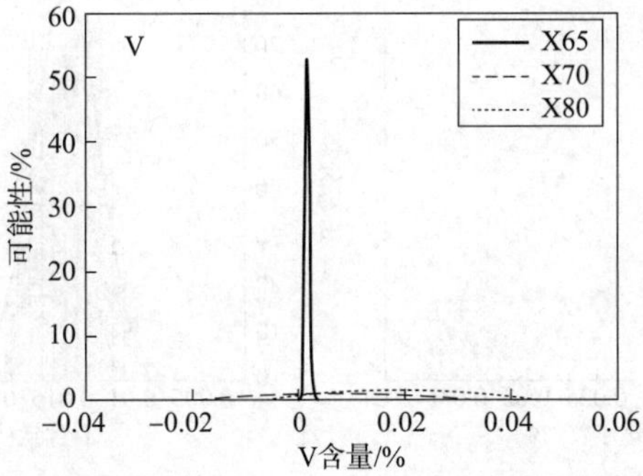

图 3－43　钢卷不同钢级 Nb、Ti、V 的正态分布曲线对比(续)

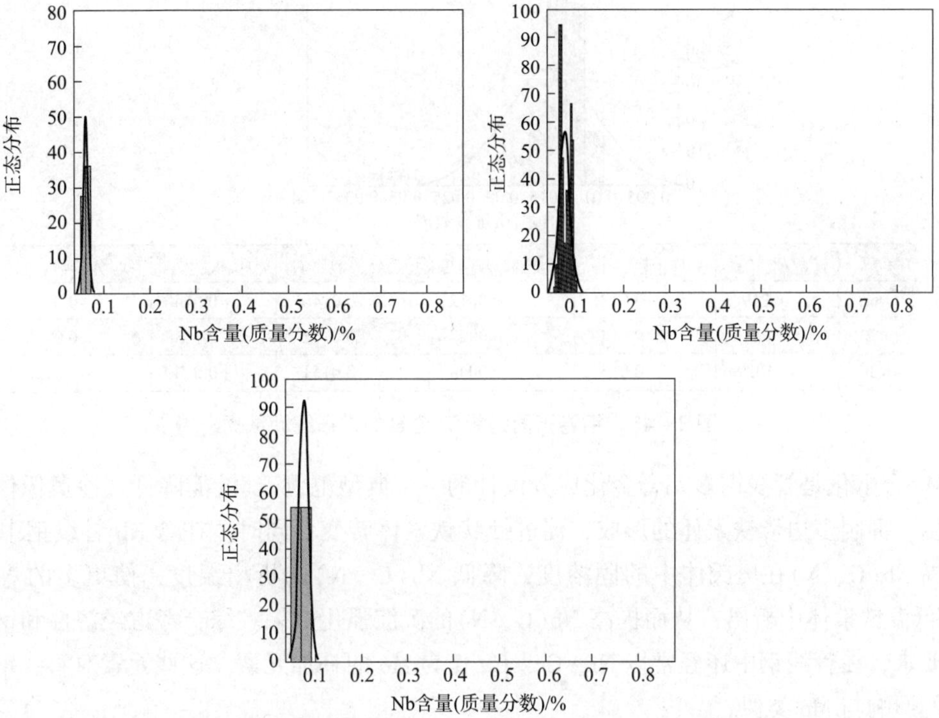

	计数项：Nb	平均值项：Nb	标准偏差项：Nb	上四分位数：Nb	中位数：Nb	下四分位数：Nb
X65	2194	0.0608	0.0058	0.0650	0.0620	0.0560
X70	1113	0.0766	0.0123	0.0898	0.0720	0.0670
X80	10894	0.0779	0.0098	0.0826	0.0780	0.0740

图 3－44　钢卷不同钢级 Nb 含量的详细统计数据

由图 3－45 可以看出，X65/X70/X80 中的 Ti 含量基本保持一致，三者的标准偏差也极小，说明 Ti 元素控制良好。直方图与正态分布曲线契合相对完好，上下四分位数、中位数之间的差值基本接近，且中位数与平均值极为接近，表明 Ti 元素分布高度符合正态分布，采用正态分布曲线可以反映实际情况。

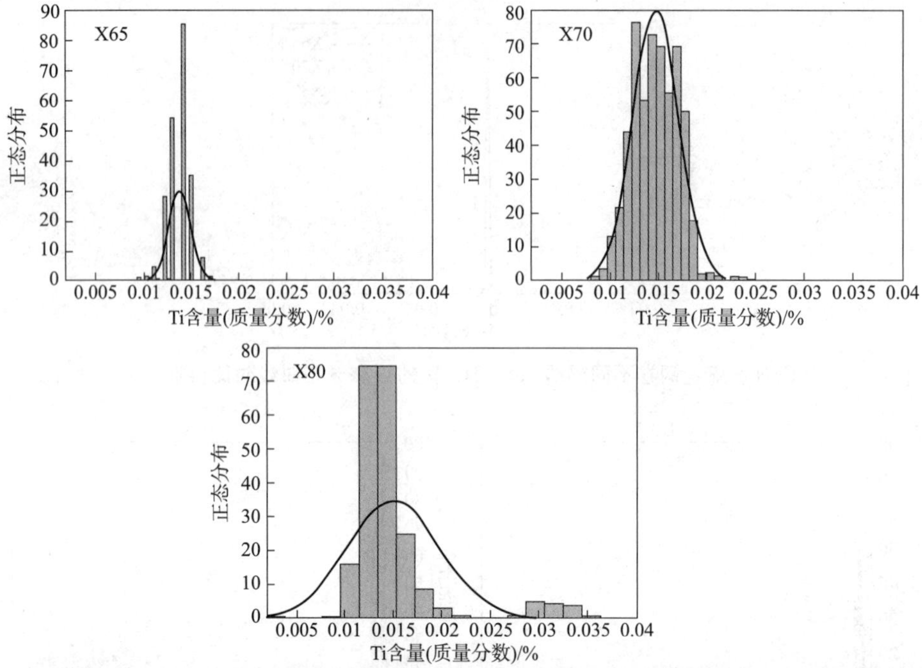

	计数项：Ti	平均值项：Ti	标准偏差项：Ti	上四分位数：Ti	中位数：Ti	下四分位数：Ti
X65	2194	0.0136	0.0012	0.0140	0.0140	0.0130
X70	1113	0.0148	0.0024	0.0168	0.0147	0.0130
X80	10894	0.0151	0.0048	0.0151	0.0140	0.0128

图 3－45　钢卷不同钢级 Ti 含量的详细统计数据

Mo 合金化是管线钢多元合金化成分设计的一个典型范例。Mo 能降低过冷奥氏体的相变温度，抑制多边形铁素体的形成，促进针状铁素体转变；同时，在含 Nb 管线钢中，Mo 可提高 Nb(C、N)在奥氏体中的固溶度，降低 Nb(C、N)的析出温度，使更多的 Nb(C、N)在低温铁素体中析出，从而提高 Nb(C、N)的沉淀强化效果。综合考虑经济性和钢材性能的要求，在管线钢中还经常以 Ni、Cr、Cu 作为 Mo 的补加元素，这些元素对管线钢相变行为的影响与 Mo 类似。

由图 3－46、图 3－47 可以看出，X65 基本不添加 Mo，X70 添加质量分数 0.12% 左右的 Mo，X80 添加质量分数 0.2% 左右的 Mo。X70 标准偏差相对较大，这是由于部分钢厂生产的 X70 不含 Mo 元素。X65/X70 的中位数更偏向于下四分位数，说明生产 1/2 以上的 X65/X70 钢卷 Mo 元素质量分数分别控制在 0.05% 和 0.11% 以下(均集中在 0，即不添加)，但仍可认为 X65/X70 基本符合正态分布规律，X80 则高度符合正态分布规律。

由图 3－48 可以看出，X65/X70/X80 的 Cr 含量基本保持一致，各钢级标准偏差相对较高，从直方图上看，Cr 元素分布有间隔，这是由于不同时期不同项目各钢厂生产针对当时情况设置的 Cr 含量不一致导致的。从直方图中看，各区间分别能很好地符合正态分布规律，而整体水平则不能符合该规律，因此，Cr 元素需要通过厂家或者特定工程分析统计学特征，无法从钢级方面分析 Cr 元素分布特征。

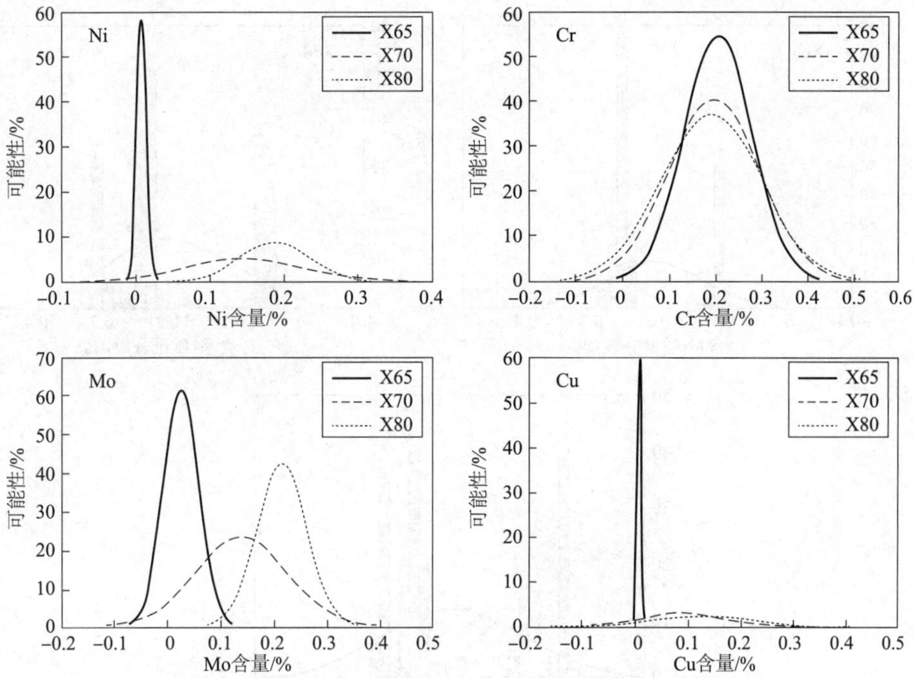

图 3-46 钢卷不同钢级 Ni、Cr、Mo、Cu 的正态分布曲线对比

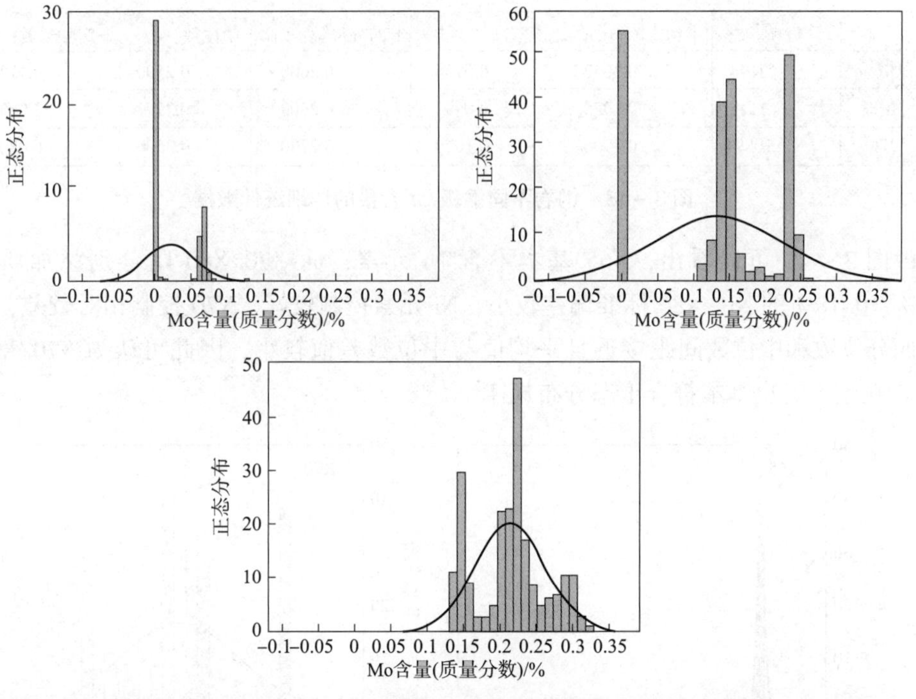

	计数项：Mo	平均值项：Mo	标准偏差项：Mo	上四分位数：Mo	中位数：Mo	下四分位数：Mo
X65	2194	0.0250	0.0322	0.0670	0.0030	0.0020
X70	1113	0.1384	0.0850	0.2320	0.1494	0.1200
X80	10894	0.2153	0.0472	0.2400	0.2200	0.1800

图 3-47 钢卷不同钢级 Mo 含量的详细统计数据

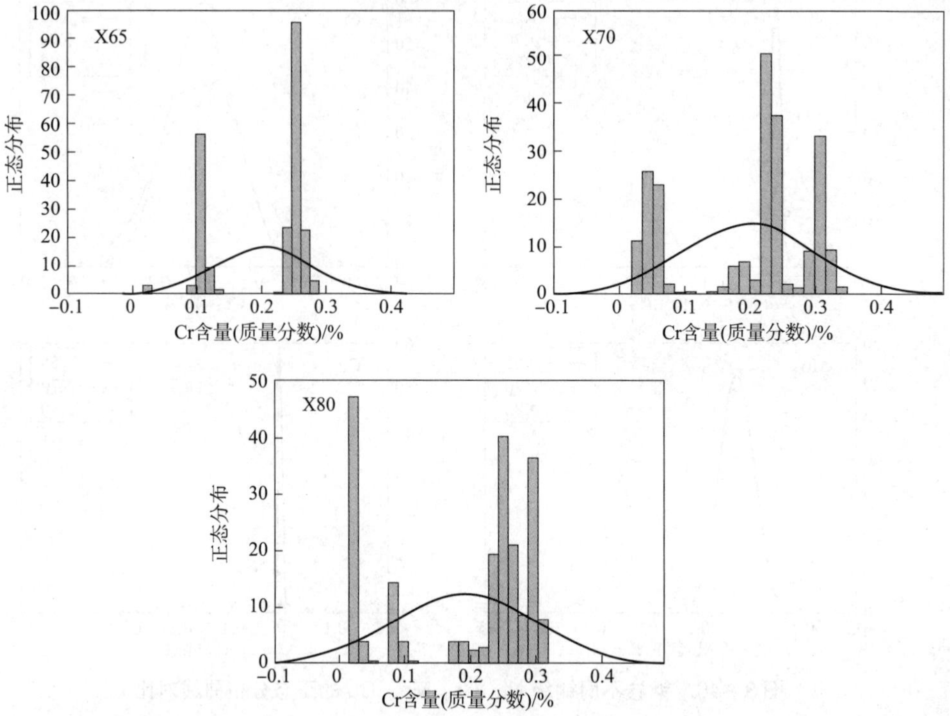

	计数项：Cr	平均值项：Cr	标准偏差项：Cr	上四分位数：Cr	中位数：Cr	下四分位数：Cr
X65	2194	0.2052	0.0734	0.2600	0.2500	0.1100
X70	1113	0.1975	0.0994	0.2600	0.2291	0.0630
X80	10894	0.1906	0.1079	0.2700	0.2500	0.0800

图 3－48　钢卷不同钢级 Cr 含量的详细统计数据

由图 3－49 可以看出，X65 基本不含 Ni 元素，而 X70/X80 则分别添加质量分数 0.14%、0.18% 的 Ni，X80 标准偏差较小，Ni 元素控制较好，X70 控制相对较差，二者的上下四分位数和中位数间距接近且平均值与中位数差值较小，因此可认为 X70/X80 中的 Ni 元素在生产时也基本符合正态分布规律。

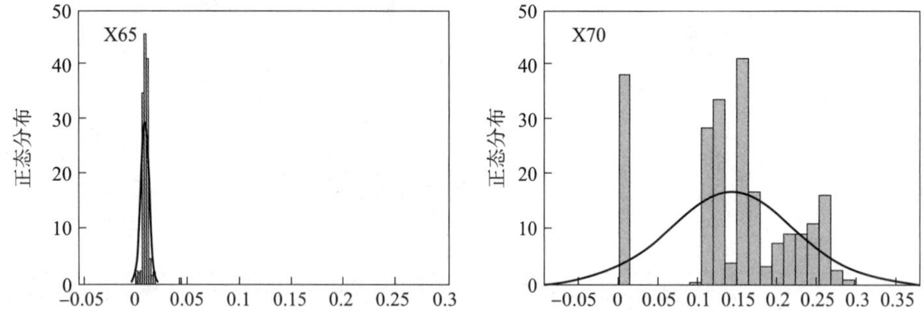

图 3－49　钢卷不同钢级 Ni 含量的详细统计数据

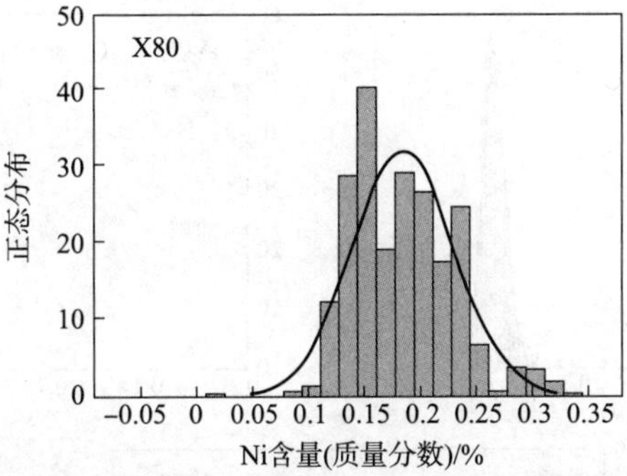

	计数项：Ni	平均值项：Ni	标准偏差项：Ni	上四分位数：Ni	中位数：Ni	下四分位数：Ni
X65	2194	0.0071	0.0069	0.0070	0.0060	0.0050
X70	1113	1.1435	0.0786	0.2000	0.1560	0.1181
X80	10894	0.1843	0.0455	0.2200	0.1800	0.1500

图 3－49　钢卷不同钢级 Ni 含量的详细统计数据(续)

管线钢的化学成分对焊接热影响区的淬硬及冷裂纹倾向有直接影响。对管线钢中的各个元素而言，C 是对管线钢冷裂纹敏感性影响最显著的元素。由此，研究者将各种元素对管线钢冷裂敏感性的影响均按相当若干含碳量折合并叠加，即得到碳当量 C_{eq}，用来估计管线钢冷裂纹倾向的大小。此外，焊缝的含氢量和接头拘束度也对管线钢冷裂纹倾向有很大的影响，因此又引入焊接冷裂纹敏感系数 P_{cm}。

由图 3－50、图 3－51 可以看出，X65/X70/X80 中的 C_{eq} 随着钢级提高而增大，标准偏差均控制在 0.02 以下，说明实际生产过程中，钢中各元素控制比较稳定。直方图与正态分布曲线契合相对完好，上下四分位数、中位数基本接近，且中位数与平均值极为接近，表明碳当量分布高度符合正态分布，采用正态分布曲线可以反映实际情况。

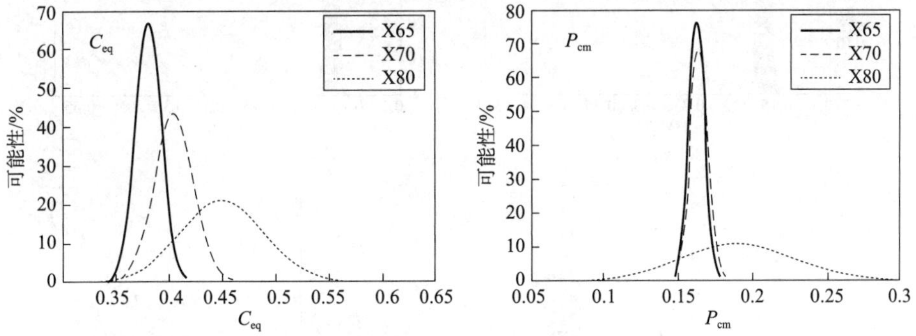

图 3－50　钢卷不同钢级 C_{eq} 和 P_{cm} 的正态分布曲线对比

由图 3－52 可以看出，X65/X70/X80 中的 P_{cm} 随钢级提高而增大，X65/X70 标准偏差均控制在 0.01 以下，说明实际生产过程中，钢中各元素控制比较稳定，X80 中位数和平均值比较接近，只存在少量异常值。X65/X70 直方图与正态分布曲线契合相对完好，上下四分位数、中位数基本接近，且中位数与平均值极为接近，表明 P_{cm} 分布高度符合正态分布，采用正态分布曲线可以反映实际情况，而 X80 需要进一步分析检测。

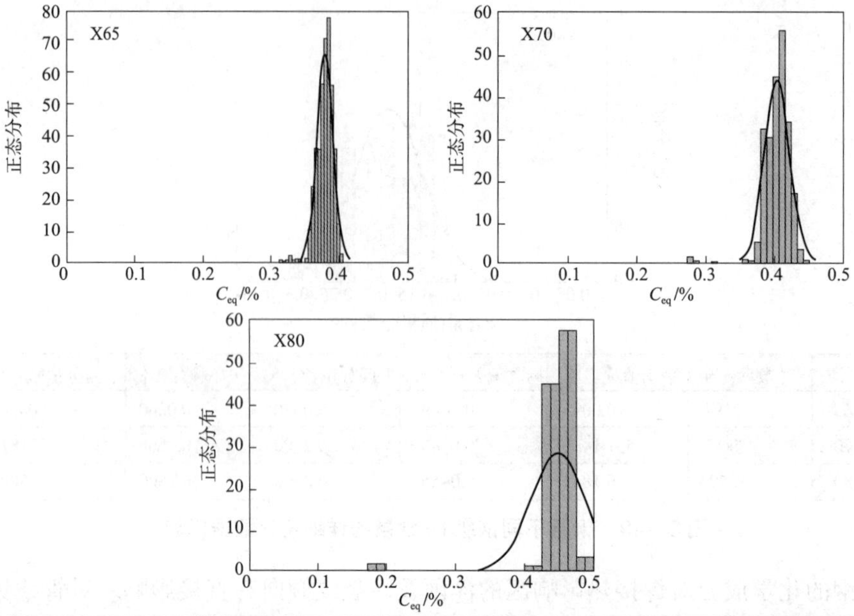

	计数项：C_{eq}	平均值项：C_{eq}	标准偏差项：C_{eq}	上四分位数：C_{eq}	中位数：C_{eq}	下四分位数：C_{eq}
X65	2194	0.3809	0.0120	0.3892	0.3829	0.3741
X70	1113	0.4043	0.0182	0.4152	0.4062	0.3937
X80	10894	0.4540	0.0139	0.4645	0.4561	0.4429

图 3－51　钢卷不同钢级 C_{eq} 含量的详细统计数据

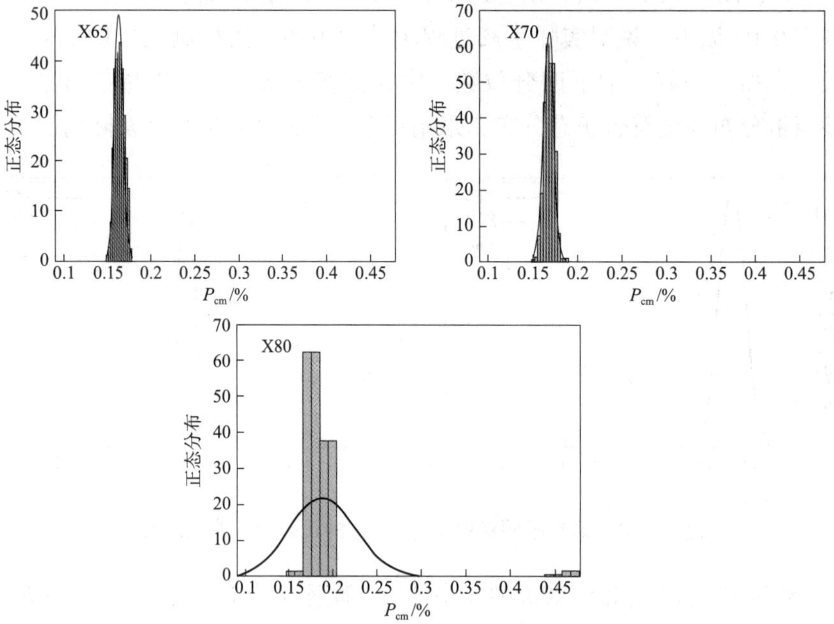

	计数项：P_{cm}	平均值项：P_{cm}	标准偏差项：P_{cm}	上四分位数：P_{cm}	中位数：P_{cm}	下四分位数：P_{cm}
X65	2162	0.1619	0.0052	0.1656	0.1617	0.1578
X70	1113	0.1633	0.0058	0.1672	0.1633	0.1592
X80	10386	0.1875	0.0369	0.1880	0.1830	0.1780

图 3－52　钢卷不同钢级 P_{cm} 含量的详细统计数据

钢卷与中厚板各钢级整体的成分设计原则相近，从 X65 到 X80，为保证焊接性能，采用降低 C 含量，同时提高 Mn 含量，并配合多元微合金化。

从整体来看，X65 钢卷只有 S 含量的离散度较大，X70 的 C、Mn、Nb、Mo、Ni 的离散度较大。与 X65 和 X70 相比，X80 的 C、Si、Nb、Ti、Cr，尤其是 C_{eq} 和 P_{cm} 的离散度均较大。

2. 钢板化学成分离散性

图 3－53 所示为中厚板不同钢级 C、Si、Mn 的正态分布曲线对比。可以看出，随着钢级提高，C 含量逐渐降低，并且 X80 管线钢的 C 含量离散性最小，说明随着管线钢强度级别的提升及钢铁行业冶金技术的不断进步，对成分精度的控制水平不断提高。在 Si 的正态分布图中，X65 和 X80 钢级的离散性很小，X70 的离散性较大。Si 在冶炼过程中的作用是脱氧，是钢中的长存元素，其含量整体上对机械性能的影响不大。Mn 的正态分布图显示，X80 级管线钢板中的含量显著提高，这是因为减少钢中的 C 含量使得屈服强度下降，需要通过其他的强化方式予以补偿，管线钢中加入 Mn 可以产生显著的固溶强化效果，在降 C 的同时，以 Mn 代 C 是最为经济可行的方法。Mn 还能降低相变温度，有利于细化晶粒。研究表明，添加 1.0% ～1.5% 的 Mn 可以使相变温度下降 50℃，使得铁素体晶粒细化。当 Mn 含量提高至 1.5% ～2.0% 时，可以使相变温度进一步降低，促进针状铁素体转变。但是，增加 Mn 含量会加大控轧钢板的中心偏析，因此，根据管线钢板厚度和强度的不同，Mn 含量一般控制在 1.1% ～2.0%。

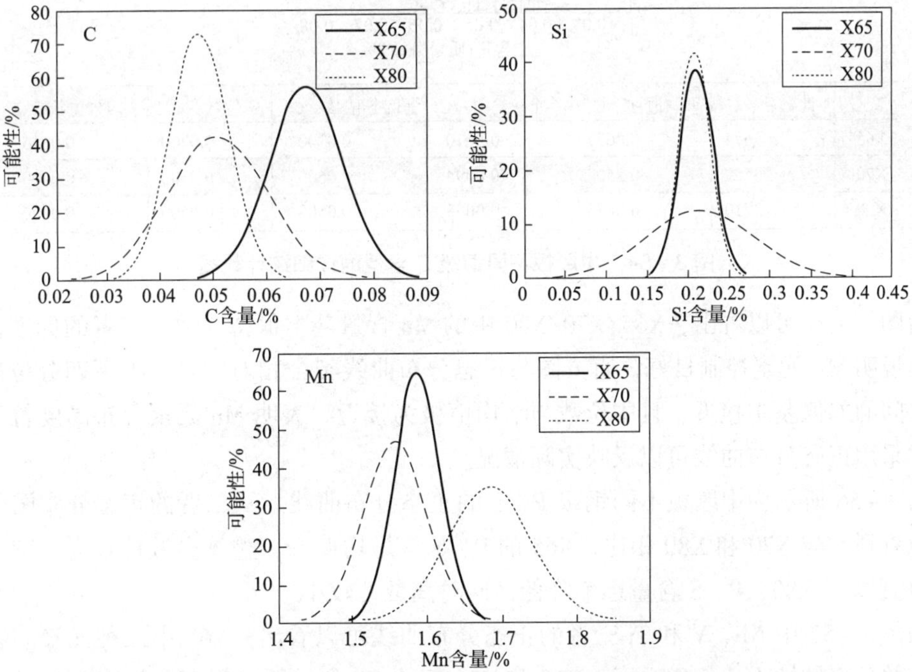

图 3－53　中厚板不同钢级 C、Si、Mn 的正态分布曲线对比

由图 3－54 可知：C 含量平均值随着钢级的增大而减小；标准偏差值 X70 最高，X80 最小，表明 X80 离散度最小，在生产过程中 C 含量控制最稳定；X65/X80 的上四分位数和中位数一致，说明至少 1/2 以上 X65 和 X80 管线钢在生产过程中分别将 C 元素控制在 0.07% 和 0.05% 以上；三者的中位数和平均值之间的差值均低于 5%，表明 X65/70/80 的分布基本符合正态分布，采用正态分布曲线可以很好地反映实际元素分布情况。

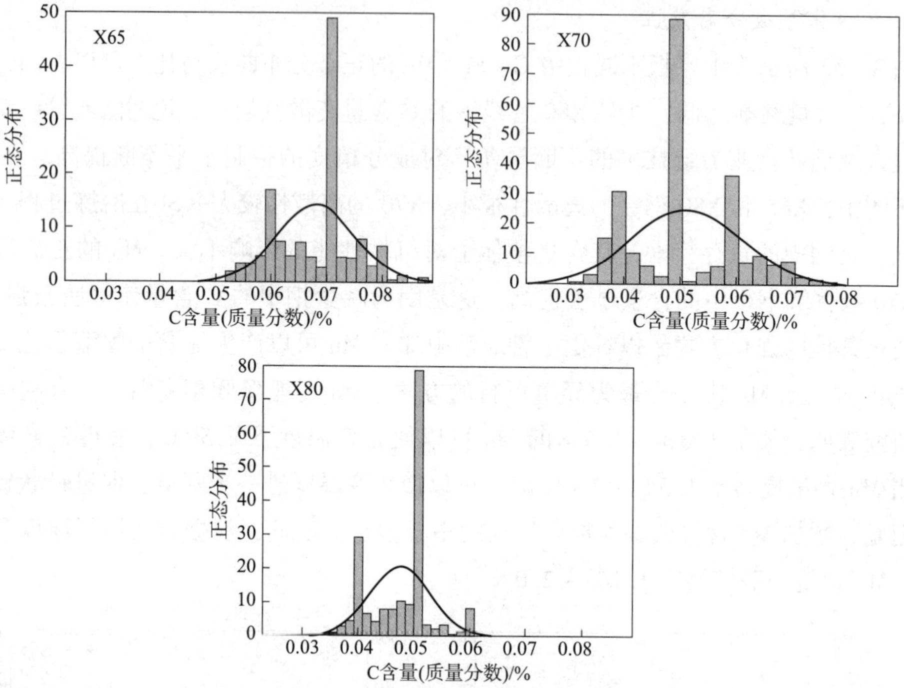

	计数项：C	平均值项：C	标准偏差项：C	上四分位数：C	中位数：C	下四分位数：C
X65	674	0.0677	0.0070	0.0700	0.0700	0.0615
X70	23559	0.2509	0.0094	0.0600	0.0500	0.0420
X80	3710	0.0475	0.0055	0.0500	0.0500	0.0427

图 3－54　中厚板不同钢级 C 含量的详细统计数据

由图 3－55 可以看出，X65/X70/X80 中的 Mn 含量基本保持一致，三者的标准偏差也极小，说明 Mn 元素控制良好。直方图与正态分布曲线契合相对完好，上下四分位数、中位数之间的差值基本接近，且中位数与平均值极为接近，表明 Mn 元素分布高度符合正态分布，采用正态分布曲线可以反映实际情况。

图 3－56 所示为中厚板不同钢级 P、S 的正态分布曲线。从二者的正态分布图中也可清楚地看到，与 X70 和 X80 相比，X65 的 P、S 含量均偏高，整体离散性较大，随着钢级从 X70 提高到 X80，P、S 含量逐渐降低，同时离散性较小。

从图 3－57 中 Nb、V 和 Ti 三者的正态分布曲线可以看出，X65 中三种元素的含量均较少，并且离散性大。相比之下，X70 和 X80 钢的 Nb 含量明显提高，整体上 V 的添加量很少，Ti 的添加量在 0.012% ~0.015%，同时对离散性控制较好。

由图 3－58 可以看出，X65 中 Nb 含量较低，X70/X80 中的 Nb 含量基本保持一致，X65 中 Nb 标准偏差较高，X70/X80 中 Nb 的标准偏差接近，说明 Nb 元素控制水平良好。直方图与正态分布曲线契合相对完好，上下四分位数、中位数之间的差值基本接近，且中位数与平均值极为接近，表明 Nb 元素分布高度符合正态分布，采用正态分布曲线可以反映实际元素分布情况。

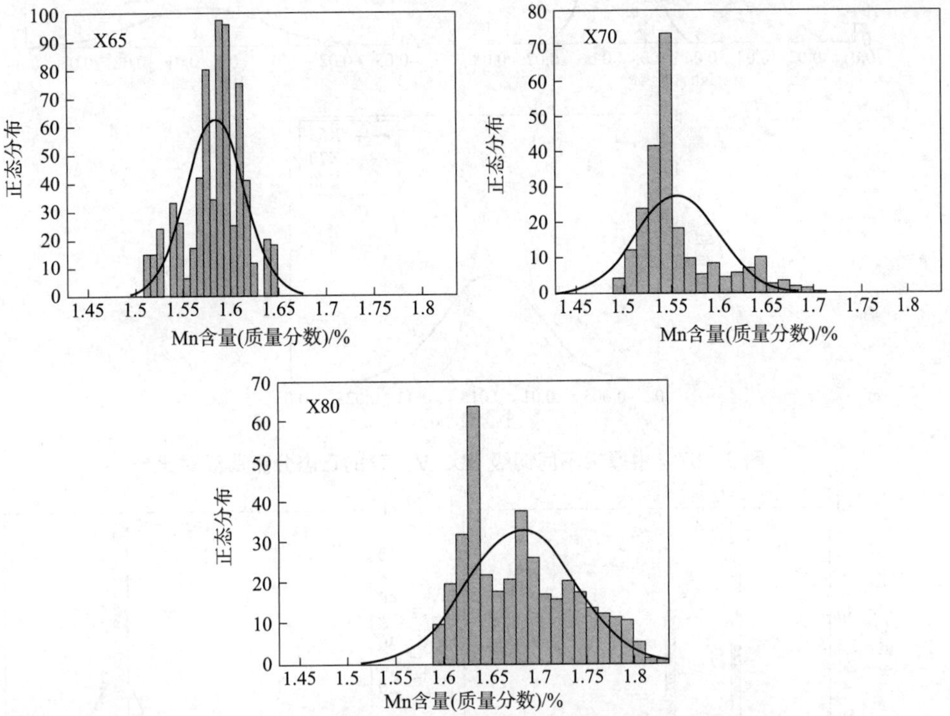

	计数项：Mn	平均值项：Mn	标准偏差项：Mn	上四分位数：Mn	中位数：Mn	下四分位数：Mn
X65	674	1.5867	0.0308	1.6070	1.5900	1.5730
X70	23559	1.5572	0.0427	1.5700	1.5400	1.5300
X80	3710	1.6839	0.0564	1.7260	1.6800	1.6400

图 3－55　中厚板不同钢级 Mn 含量的详细统计数据

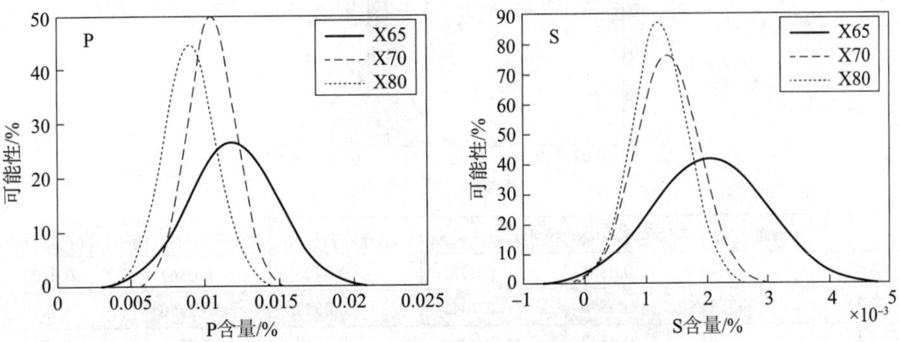

图 3－56　中厚板不同钢级 P、S 的正态分布曲线对比

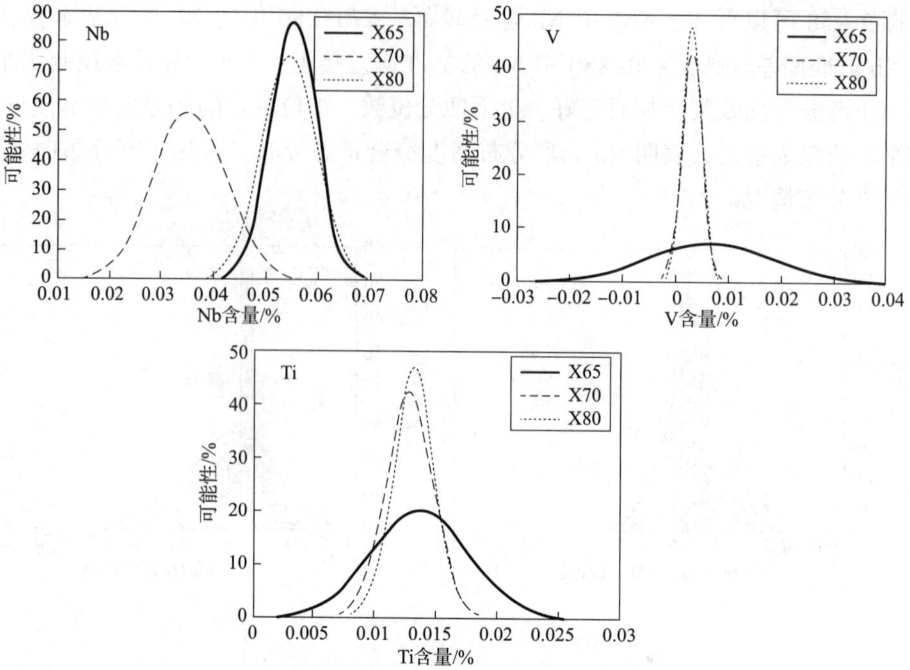

图 3－57　中厚板不同钢级 Nb、V、Ti 的正态分布曲线对比

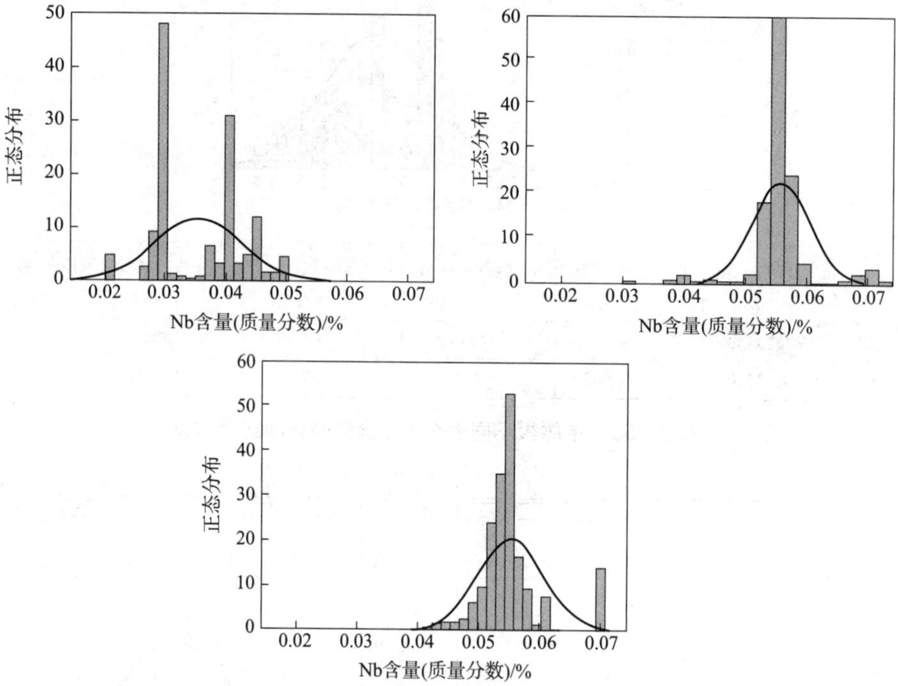

	计数项：Nb	平均值项：Nb	标准偏差项：Nb	上四分位数：Nb	中位数：Nb	下四分位数：Nb
X65	674	0.0355	0.0071	0.0400	0.0367	0.0300
X70	23559	0.0556	0.0046	0.0570	0.0550	0.0540
X80	3710	0.0547	0.0053	0.0559	0.0540	0.0520

图 3－58　厚板不同钢级 Nb 含量的详细统计数据

由图 3－59 可以看出，X65/X70/X80 中的 Ti 含量基本保持一致，三者的标准偏差也极小，说明 Ti 元素控制良好。直方图与正态分布曲线契合相对完好，上下四分位数、中位数之间的差值基本接近，且中位数与平均值极为接近，表明 Ti 元素分布高度符合正态分布，采用正态分布曲线可以反映实际情况。

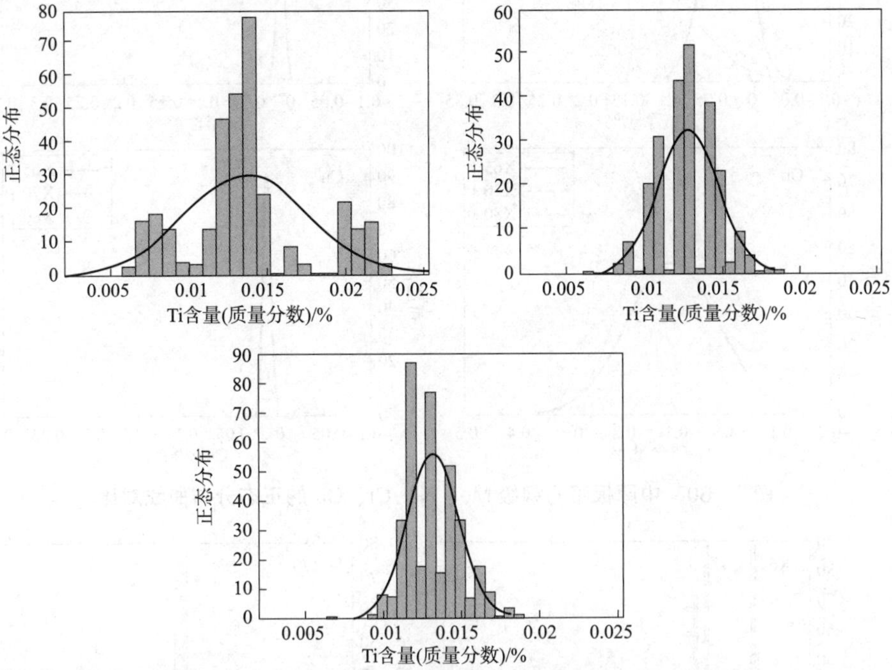

	计数项：Ti	平均值项：Ti	标准偏差项：Ti	上四分位数：Ti	中位数：Ti	下四分位数：Ti
X65	674	0.0136	0.0039	0.0144	0.0130	0.0120
X70	23559	0.0127	0.0019	0.0140	0.0130	0.0110
X80	3710	0.0131	0.0017	0.0140	0.0130	0.0120

图 3－59　中厚板不同钢级 Ti 含量的详细统计数据

从图 3－60 中厚板不同钢级 Mo、Ni、Cr、Cu 的正态分布曲线对比中可以清楚地看到，X70 和 X80 钢中 Mo 含量明显提高，但是 X70 钢中 Mo 的离散性较大。随着钢级的提高，Ni、Cr、Cu 3 种元素的含量不断增加，这和正态分布图中显示的结果相一致。但是，这 3 种元素中 Cr 的离散度较小，而 Ni 和 Cu 的离散性较大。

由图 3－61 可以看出，X65 基本不添加 Mo，X70/X80 添加质量分数 0. 12% 左右的 Mo 元素，X70 标准偏差相对较大，且 X70 中位数更偏向于下四分位数，说明 1/2 以上的 X70 钢板 Mo 元素质量分数控制在 0. 11% 以下(质量分数主要集中在 0. 1% ～0. 11%)，但仍可认为 X70 基本符合正态分布规律，X65/X80 也符合正态分布规律。

由图 3－62 可以看出，X65/X70/X80 的 Cr 含量随着钢级的升高而逐渐升高，而其标准偏差则逐渐减小，说明 Cr 元素控制精度随着钢级提高而增加。从直方图中看，X70、X80 两个级别批量数据基本符合正态分布规律；而 X65 不太匹配正态分布曲线，这是由于不同钢厂生产理念不同，部分钢厂不添加 Cr 而部分钢厂添加 0. 15% ～0. 25% 的 Cr。

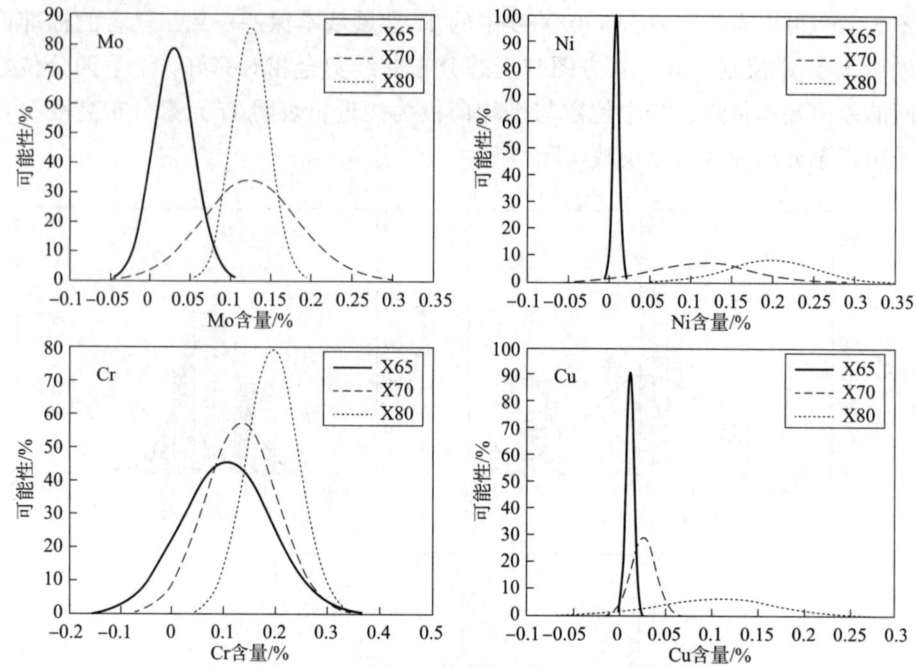

图3－60　中厚板不同钢级Mo、Ni、Cr、Cu的正态分布曲线对比

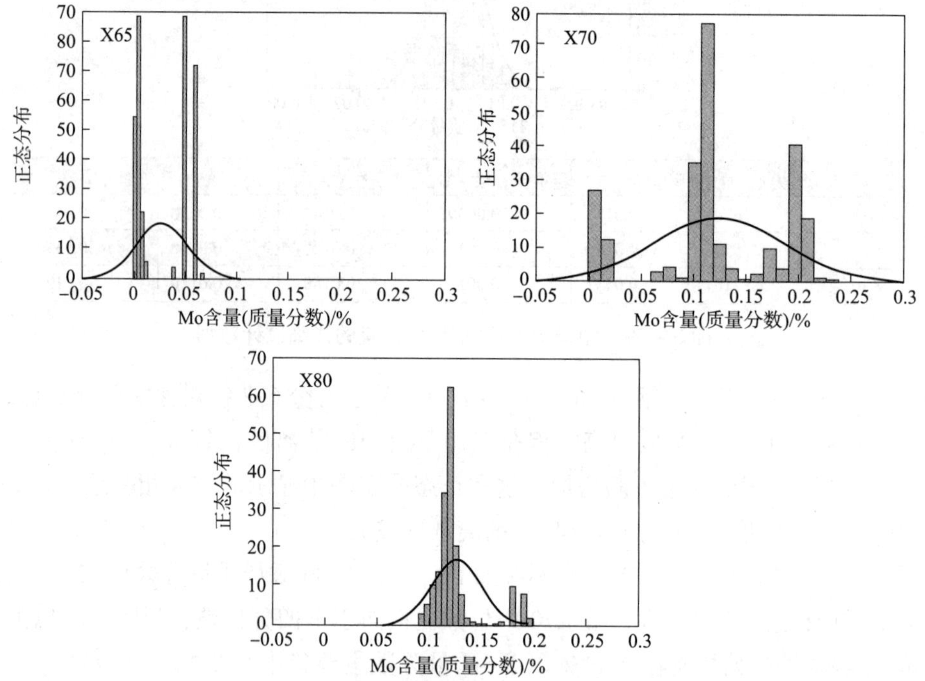

	计数项：Mo	平均值项：Mo	标准偏差项：Mo	上四分位数：Mo	中位数：Mo	下四分位数：Mo
X65	674	0.0291	0.0252	0.0500	0.0120	0.0050
X70	23559	0.1248	0.0585	0.1900	0.1130	0.1060
X80	3710	0.1254	0.0233	0.1250	0.1200	0.1140

图3－61　中厚板不同钢级Mo含量的详细统计数据

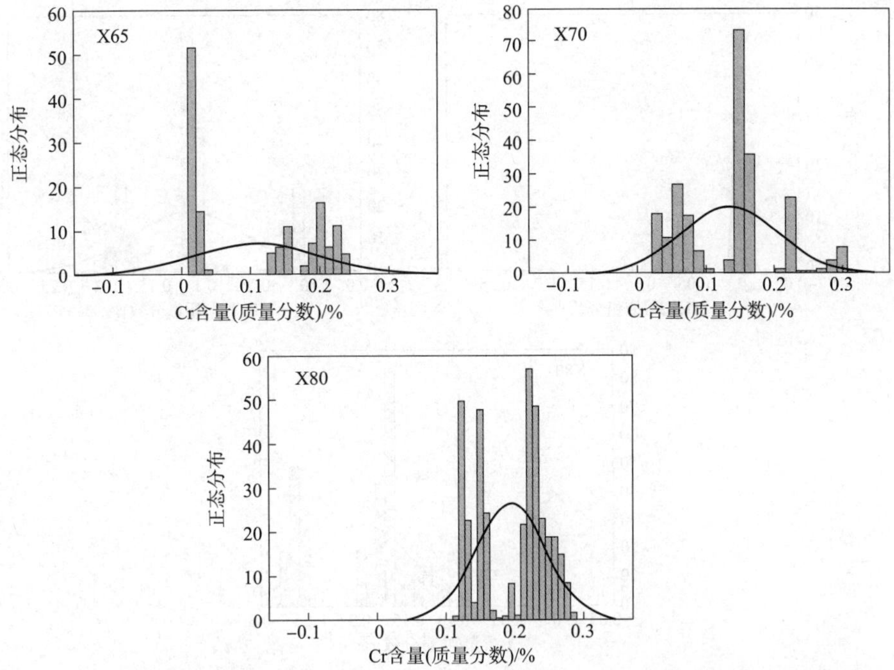

	计数项：Cr	平均值项：Cr	标准偏差项：Cr	上四分位数：Cr	中位数：Cr	下四分位数：Cr
X65	674	0.1061	0.0876	0.1970	0.1330	0.0200
X70	23559	0.1350	0.0702	0.1600	0.1500	0.0670
X80	3710	0.1954	0.0505	0.2328	0.2200	0.1500

图3－62　厚板不同钢级Cr含量的详细统计数据

由图3－63可以看出，X65基本不含Ni元素，而X70/X80则分别添加质量分数0.1%、0.2%的Ni，X70/X80标准偏差较小，Ni元素控制较好，X70/X80的Ni元素也基本符合正态分布规律。

随着钢级提高，钢中合金元素含量增加，从图3－64中厚板不同钢级C_{eq}和P_{cm}的正态分布曲线对比中可以看到，X80钢的C_{eq}最高，X70次之，X65最低，但是三者的离散度均较小；X80钢的P_{cm}仍然最高，与碳当量不同，X70的P_{cm}最低，但是离散性很大。

由图3－65可以看出，X65/X70/X80的C_{eq}随着钢级提高而增大，标准偏差均控制在0.02以下，说明实际生产过程中，钢中各元素控制比较稳定。直方图与正态分布曲线契合相对完好，上下四分位数、中位数基本接近，且中位数与平均值极为接近，表明碳当量分布高度符合正态分布。

由图3－66可以看出，X65/X70/X80中的P_{cm}随着钢级提高而增大，标准偏差均控制在0.01左右，说明实际生产过程中，钢中各元素控制比较稳定。直方图与正态分布曲线契合相对完好，上下四分位数、中位数基本接近，且中位数与平均值极为接近，表明P_{cm}分布高度符合正态分布，采用正态分布曲线可以反映实际情况。

从整体来看，X65的P、S、V、Ti和Cr的离散度较大，X70的C、Si、Mo、Ni和P_{cm}的离散度较大，X80的Mn、Ni和Cu的离散度较大。

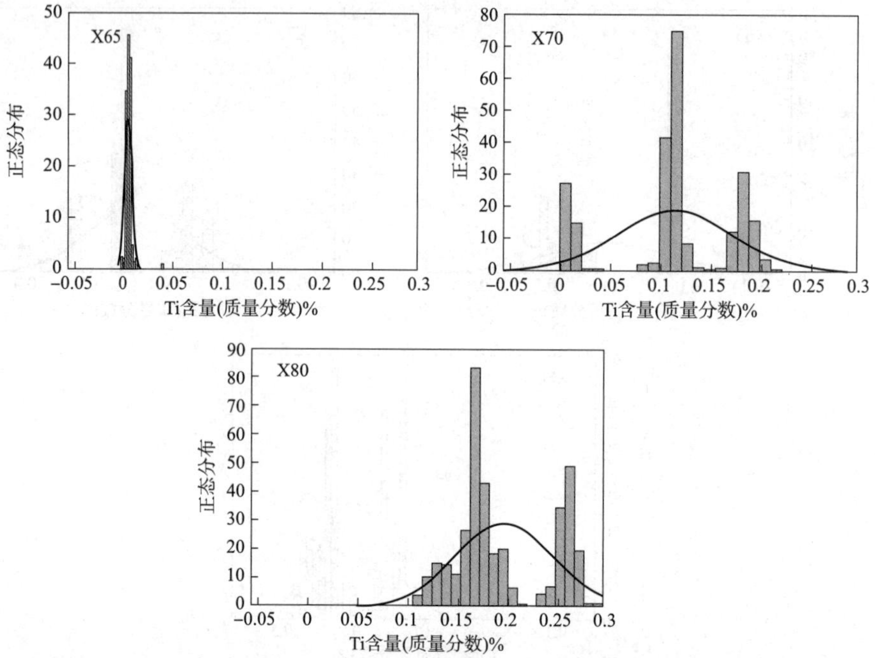

	计数项：Ni	平均值项：Ni	标准偏差项：Ni	上四分位数：Ni	中位数：Ni	下四分位数：Ni
X65	674	0.0082	0.0040	0.0100	0.0080	0.0060
X70	23559	0.1169	0.0577	0.1740	0.1200	0.1100
X80	3710	0.1990	0.0496	0.2600	0.1800	0.1700

图 3－63　中厚板不同钢级 Ni 含量的详细统计数据

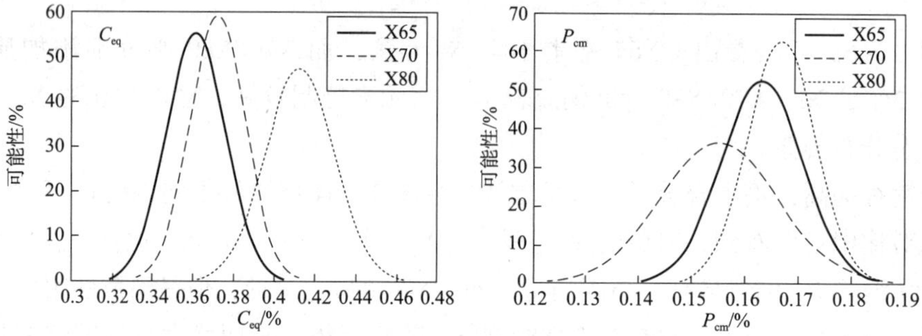

图 3－64　中厚板不同钢级 C_{eq} 和 P_{cm} 的正态分布曲线对比

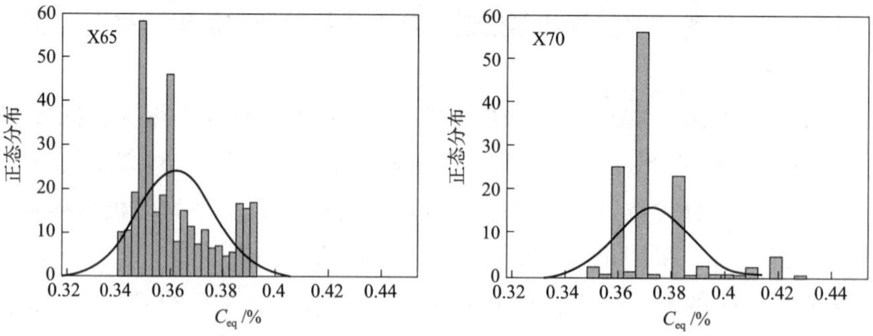

图 3－65　中厚板不同钢级 C_{eq} 含量的详细统计数据

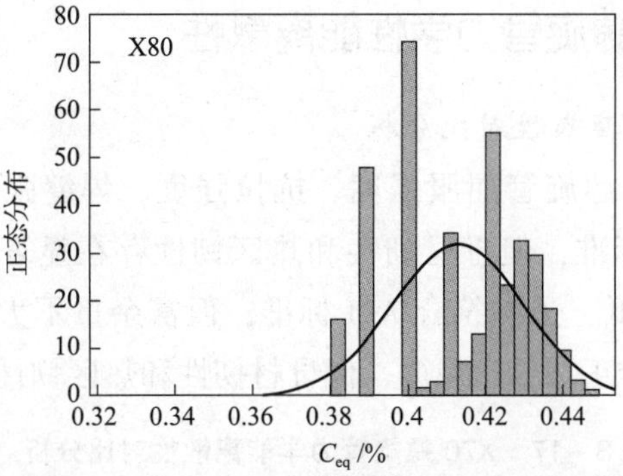

	计数项：C_{eq}	平均值项：C_{eq}	标准偏差项：C_{eq}	上四分位数：C_{eq}	中位数：C_{eq}	下四分位数：C_{eq}
X65	674	0.3616	0.0144	0.3711	0.3590	0.3500
X70	23559	0.3727	0.0135	0.3800	0.3700	0.3700
X80	3710	0.4130	0.0168	0.4276	0.4165	0.4000

图 3－65　中厚板不同钢级 C_{eq} 含量的详细统计数据(续)

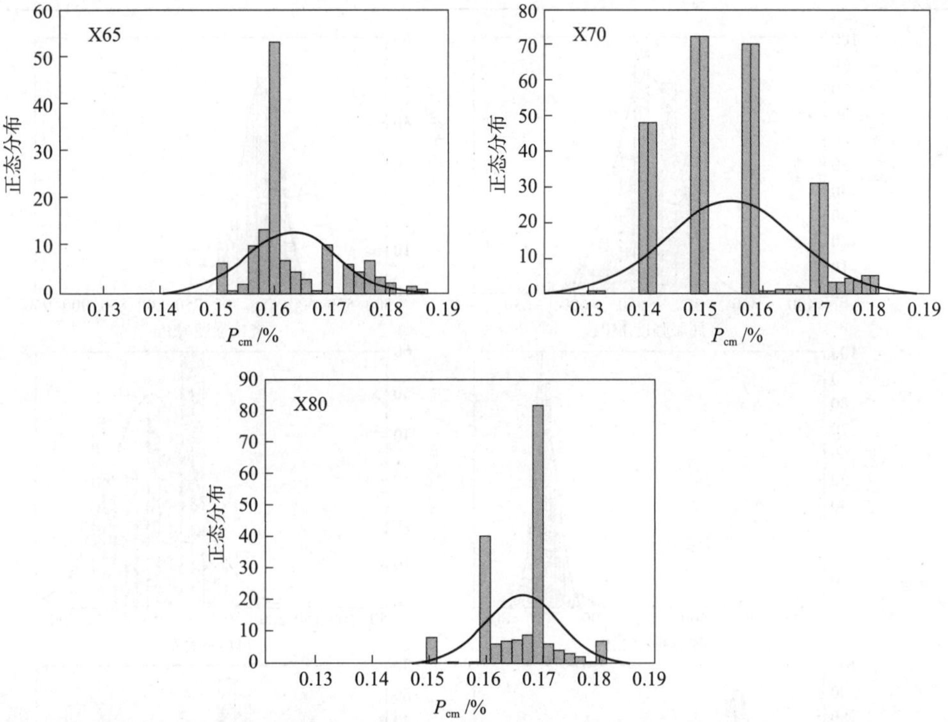

	计数项：P_{cm}	平均值项：P_{cm}	标准偏差项：P_{cm}	上四分位数：P_{cm}	中位数：P_{cm}	下四分位数：P_{cm}
X65	674	0.1632	0.0076	0.1700	0.1600	0.1600
X70	23559	0.1551	0.0109	0.1600	0.1500	0.530
X80	3710	0.1669	0.0064	0.1700	0.1700	0.1600

图 3－66　中厚板不同钢级 P_{cm} 含量的详细统计数据

3.2.2 不同级别螺旋管力学性能离散性

1. X70 螺旋管力学性能离散性对比分析

如表 3－17 所示，X70 螺旋管屈服强度、抗拉强度、焊缝强度、母材韧性、焊缝韧性、热区韧性均符合 API 标准，但母材韧性和热区韧性存在显著波动，二者标准差超过 60J。此外，焊缝韧性值偏低，虽然符合 API 标准，但富余量不大。图 3－67 反映出 X70 螺旋管 6 项力学性能均符合正态分布规律，但母材韧性和热区韧性离散性明显较大。

表 3－17　X70 螺旋管力学性能离散性对比分析

名称	钢级	平均值	标准差	上四分位数	中位数	下四分位数
屈服强度/MPa	X70	537.8126	27.7159	555	535	519
抗拉强度/MPa	X70	655.7762	24.95004	671	655	640
焊缝强度/MPa	X70	699.8995	20.5967	712	700	689
母材韧性/J	X70	374.7886	62.91859	441	364	319
焊缝韧性/J	X70	165.0328	27.29852	183	167	149
热区韧性/J	X70	273.929	67.76511	305	262	229

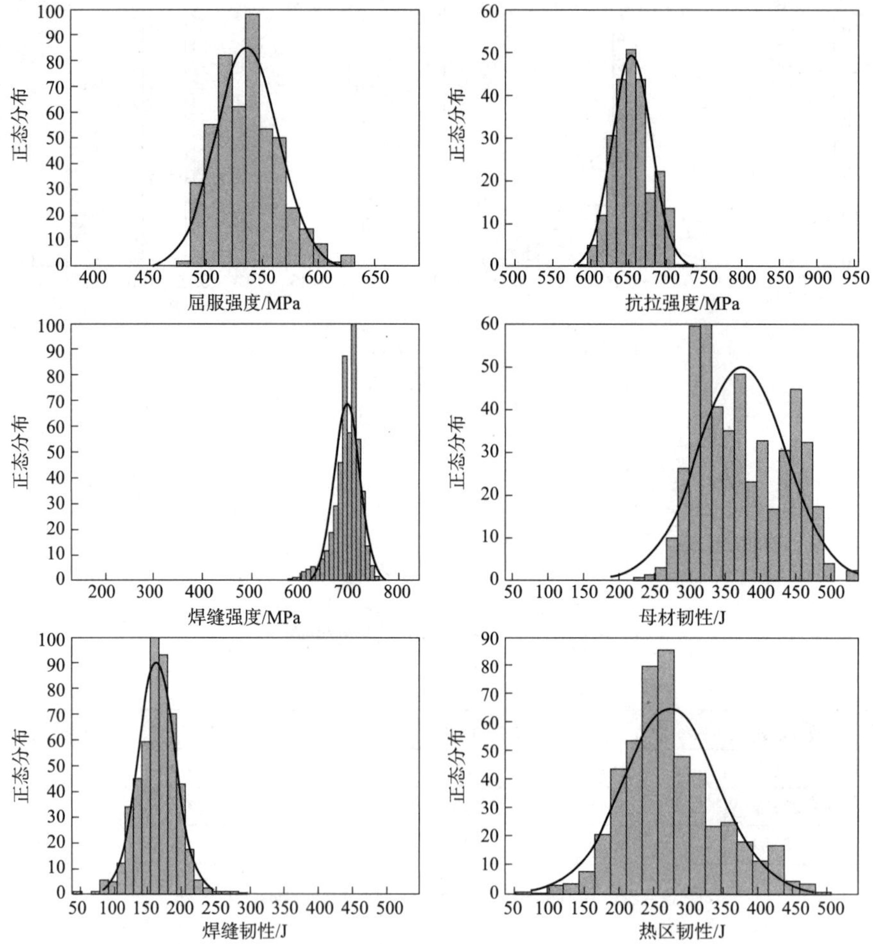

图 3－67　X70 螺旋管力学性能直方图

2. X80 螺旋管力学性能离散性对比分析

如表 3－18 所示，X80 螺旋管屈服强度、抗拉强度、焊缝强度、母材韧性、焊缝韧性、热区韧性均符合 API 标准，但母材韧性和热区韧性如 X70 螺旋管一样波动较大，其标准差均大于 50J。图 3－68 可以佐证 6 项力学性能指标均符合正态分布规律。同 X70 螺旋管一样，X80 螺旋管的母材韧性和热区韧性离散性显著，焊缝韧性和热区韧性满足 API 标准，但富余量不足。部分焊缝韧性和热区韧性非常接近 API 标准临界值，对工程安全系数设计极其不利。

表 3－18　X80 螺旋管力学性能离散性对比分析

名称	钢级	平均值	标准差	上四分位数	中位数	下四分位数
屈服强度/MPa	X80	593.4979	25.3075	610	593	577
抗拉强度/MPa	X80	681.3823	23.35022	693	679	666
焊缝强度/MPa	X80	725.5107	25.02153	739	725	713
母材韧性/J	X80	377.5178	56.70843	424	369	333
焊缝韧性/J	X80	157.0965	33.88255	182	160	133
热区韧性/J	X80	274.7742	74.02166	305	266	228

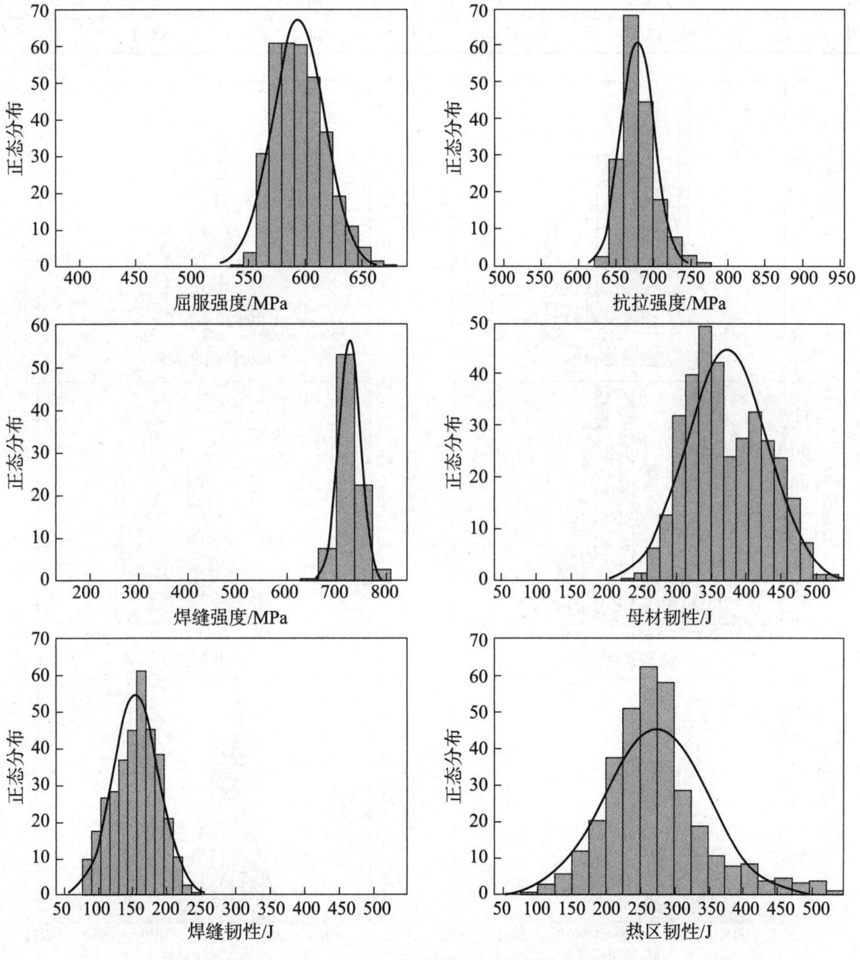

图 3－68　X80 螺旋管力学性能直方图

3.2.3 不同级别直缝管力学性能离散性数据分析

1. X70 直缝管力学性能离散性对比分析

由表3-19 可知：X70 直缝管屈服强度、抗拉强度、焊缝强度、钢管韧性、焊缝韧性、热区韧性均符合 API 标准。但母材韧性的标准差均超过 50J，其离散程度较大，抗拉强度、屈服强度、焊缝强度、母材韧性、焊缝韧性和热区韧性四分位差值接近且中位数与平均值也接近，表明 X70 直缝管 6 项力学性能符合正态分布规律。如图 3-69 所示为 X70 直缝管力学性能直方图，屈服强度等 6 项力学性能的形状基本符合正态分布特征，其焊缝韧性值同母材韧性和热区韧性比较略低，但依然在 100J 以上，富余量比较充足。

表 3-19 X70 直缝管力学性能离散性对比分析

名称	平均值	标准差	上四分位数	中位数	下四分位数
屈服强度/MPa	536.38062	34.34359	556.4	534.7	514
抗拉强度/MPa	658.72715	25.68324	677.7	660	641
焊缝强度/MPa	666.29915	25.7261	685	665	648
母材韧性/J	358.48102	64.70451	413	349	307.6
焊缝韧性/J	185.77913	36.23198	210	185	162
热区韧性/J	270.88973	44.63418	284	264.4	246

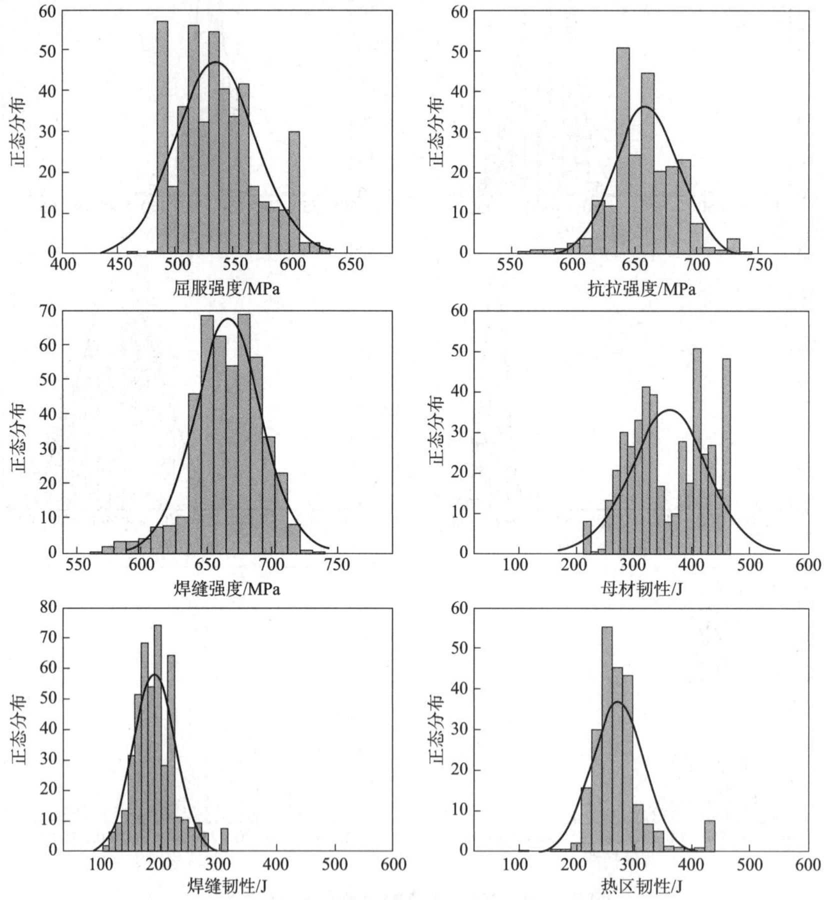

图 3-69 X70 直缝管力学性能直方图

2. X80 直缝管力学性能离散性对比分析

由表 3－20 可知：X80 直缝管屈服强度、抗拉强度、焊缝强度、母材韧性、焊缝韧性、热区韧性均符合 API 标准。但母材韧性的标准差均超过 50J，其离散程度较大，抗拉强度、屈服强度、焊缝强度、母材韧性、焊缝韧性和热区韧性四分位差值接近且中位数与平均值也接近，表明 X80 直缝管 6 项力学性能符合正态分布规律。如图 3－70 所示为 X80 直缝管力学性能直方图，屈服强度等 6 项力学性能的形状基本符合正态分布特征，其焊缝韧性值同母材韧性和热区韧性比较略低，但依然在 100J 以上，富余量比较充足。

表 3－20　X80 直缝管力学性能离散性对比分析

名称	平均值	标准差	上四分位数	中位数	下四分位数
屈服强度/MPa	595.57838	31.41158	613	599	579
抗拉强度/MPa	673.38818	25.23284	690	668	655
焊缝强度/MPa	679.64459	19.35091	691	680	666.9
母材韧性/J	387.49792	76.6964	463	397	315.1
焊缝韧性/J	200.8343	36.61355	223	204	182
热区韧性/J	279.66168	58.94106	307	274.9	244

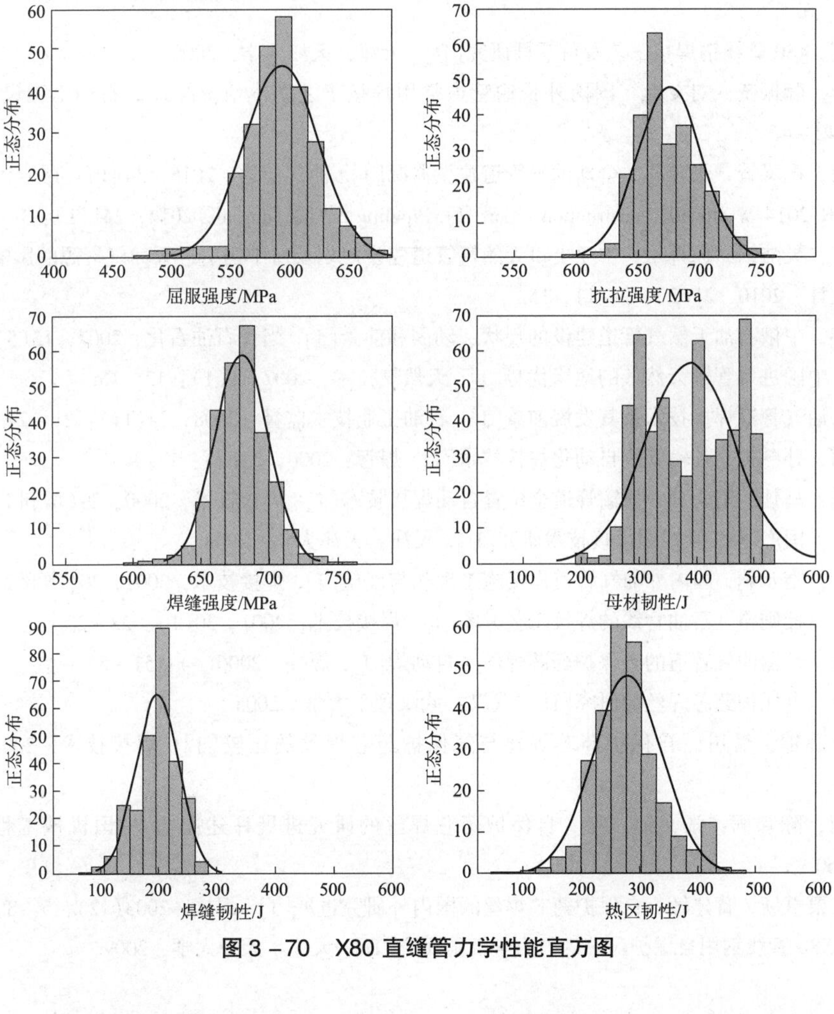

图 3－70　X80 直缝管力学性能直方图

参考文献

[1]潘家华．全球能源变换及管线钢的发展趋势[J]．焊管，2008，31(1)：9－11.

[2]HULKA K. Pipeline projects and steel technology[C]//Summary of the First Day. CBMM—TMS International Symposium Microalloyed Steels for the Oil & Gas Industry，Araxá，Brazil，2006：324.

[3]王伟．高性能管线钢的组织及强韧化机理研究[D]．沈阳：中国科学研究金属研究所，2009.

[4]FENG L. Y，LI J C，PANG X Q，et al. Peak oil models forecast China's oil supply，demand[J]. Oil & Gas Journal，2008，106(2)：43－47.

[5]周民，依海龙，杜林秀，等．X100管线钢中的异常偏析带分析[J]．东北大学学报(自然科学版)，2010，31(3)：385－388.

[6]MORIYASU N，SHIGERU E，NORITSUGU M，et al. Development of X100 UOE line pipe[J]. NKK Technical Review，1992，66：1－17.

[7]王仪康．高压输送天然气管线用钢和焊接钢管[J]．焊管，1998，21(4)：21－27.

[8]李鹤林．天然气输送钢管研究与应用中的几个热点问题[J]．焊管，2000，23(3)：43－61.

[9]郑茂盛，周根树，赵新伟，等．现役油气管道安全性评价研究现状[J]．石油工程建设，2004，30(1)：1－6.

[10]陶勇寅．X80管线钢焊接工艺及可靠性研究[D]．天津：天津大学，2005.

[11]尹长华，薛振奎，刘文虎．国内外长输管道常用焊接工艺基本情况综述．石油工程设，2010，36(1)：42－47.

[12]王红菊，祝悫智，张延萍．全球油气管道建设概况[J]．油气储运，2015，34(1)：15－18.

[13]TUBB R. 2014 Worldwide construction report[J]. Pipeline & Gas Journal，2014，241(1)：1－6.

[14]岳小文，吴浩筠，徐舜华．中亚出口天然气管道建设规划及对中国引进天然气资源的影响[J]．石油规划设计，2010，21(2)：9－11，15.

[15]夏义善．中俄石油天然气管道建设的现状、动因和前景[J]．当代石油石化，2007，15(5)：11－14.

[16]白桦．中国进口管输天然气的地缘优势[J]．天然气技术，2007，1(1)：12－15.

[17]荆雷．油气管道焊接技术及其发展前景[J]．石油工业技术监督，2008，24(11)：21－24.

[18]隋永莉，孙冬梅．长输管线自动化焊接技术[J]．焊管，2000，23(2)：1－3.

[19]刘守龙，马佳，隋永莉．长输管道全位置自动焊接技术[J]．焊接技术，2000，29(增刊1)：47－48.

[20]隋永莉．国产X80管线钢焊接技术研究[D]．天津：天津大学，2008.

[21]薛振奎，隋永莉．国内外油气管道焊接施工现状与展望[J]．焊接技术，2001，30(增刊2)：16－18.

[22]李九生，杜则裕．石油管线的焊接工艺方案[J]．焊接技术，2001，30(1)：22－23.

[23]张振永．长输油气管道的自保护药芯焊丝半自动焊[J]．焊接，2006(4)：51－54.

[24]牛全峰．自保护药芯焊丝的研究[D]．武汉：武汉理工大学，2005.

[25]喻萍，薛锦，潘川．自保护药芯焊丝与气保护药芯焊丝的比较[J]．焊接技术，2004，33(1)：44－45.

[26]栗卓新，陈邦固，张文锁，等．自保护药芯焊丝的研究进展评述[J]．中国机械工程，1996，7(5)：60.

[27]蒋昊，栗卓新，蒋建敏．自保护药芯焊丝的国内外研究进展[J]．焊接，2003(12)：5－8.

[28]王赞．X80管线钢用自保护药芯焊丝力学性能研究[D]．天津：天津大学，2009.

[29]尹长华，隋永莉，冯大勇，等．长输管道安装焊接方法的选择[J]．焊接，2004(6)：31－34.
[30]王有祈．国内外药芯焊丝发展概况[J]．兵器材料科学与工程，1991，115(4)：55－56.
[31]张清辉，吴宪平，洪波．焊接材料研制理论与技术[M]．北京：冶金工业出版社，2002.
[32]SIS L B. Welding flux－cored arc electrodes in N_2－CO_2 and N_2－Ar atomospheres[J]. Welding Journal, 1977，53(7)：211－216.
[33]VIWEK V，Vaidya. Flux－cored arc welding wire[J]. Canadian Welder and Fabrieation，1989，16(6)：33－38.
[34]孟昭贵，许宝花．自保护药芯焊丝的工艺分析[J]．煤炭机械，1998(6)：24.
[35]WILSON R A. A porgress report on semiautomatic welding with the self－shielded flux－cored electrode[J]. Welding Journal，1968(10)：802－809.
[36]Keeler T. Inner shield welding Part Ⅰ：development and applications[J]. Metal Construction，1981，11：667－673.
[37]Keeler T. Inner shield welding Part Ⅱ：properties. metal construction[J]. Metal Construction，1981，12：750－753.
[38]李恒等．长距离输油输气管线建设中焊接设备的选型．第十次全国焊接会议论文集[M]．哈尔滨：黑龙江人民出版社，2001：436－439.
[39]张智，张文钺，陈邦固．高韧性自保护药芯焊丝[J]．焊接学报，1996：17(2)：71－75.
[40]张文钺．焊接冶金学(基本原理)[M]．北京：机械工业出版社，1996：29－30.
[41]李坤．几种组分对自保护药芯焊丝工艺性能和熔敷金属韧性的影响[D]．北京：机械科学研究院，2005.
[42]Li ZX，Li H，Cheng BG. Study on effects of droplet transfer on operation performance of self－shielded flux cored wire[J]. Chinese Journal of Mechanical Engineering，2000(3).
[43]Li ZX，Li H，Cheng BG. Study on metal transfer modes of self－shielded flux cored welding wire[J]. Chinese Journal of Mechanical Engineering，1999，12(1)：40－44.
[44]周振丰，张文钺．焊接冶金与金属焊接性[M]．北京：机械工业出版社，1987：51－52.
[45]魏琪．氧氮氢对自保护药芯焊丝气孔的影响[J]．北京工业大学学报，1998，24(3)：19－22.
[46]WEI Q，HU Q，GUO F. A study of weld pore sensitivity of self－shielded flux cored electrodes[J]. Welding Journal，2002，81(6).
[47]魏琪，熊第京，张汁霞，等．高氟化钙渣系自保护药芯焊丝焊缝气孔敏感性研究．第八次全国焊接会议论文集[M]．北京：机械工业出版社，1997：95－97.

第4章　高钢级管件质量可靠性

导读

针对近几年弯管、管件现场应用出现的问题，以及对国外事故案例分析发现大多现场质量问题是由于管件、弯管产品性能不满足原订货要求所引起的。母管化学成分对弯管力学性能影响较大，当母管化学成分存在差异时，最佳热处理工艺区间有明显差异，并且调质处理获得的组织遗传及强韧性匹配也截然不同。母管化学成分偏离较大时，容易造成弯管性能匹配性差、工艺调整区间小、生产难度大等问题。本章针对X65及以上钢级的弯管、管件原材料成分体系和制造工艺，以及过程中的关键指标和因素进行论述。基于国内主要管道项目的生产检验、驻厂监造、质量抽检的数据。根据不同时期、不同管道项目、不同厂家弯管和管件的化学成分、力学性能、关键几何尺寸精度变化情况，分析对比了弯管、管件质量性能的可靠性。进一步细化了国内外相关标准中对成分体系的相关要求。同时对制造工艺过程中的关键步骤和技术参数进行规定，以便于产品质量控制。

4.1　高钢级管件质量现状

近40年来，国内外工程技术人员选用与干线用管材料相同或相近的材料进行油气输送管线用高强度弯管的开发，并取得一定成果。但由于采用管线钢制造的弯管，其强韧性不仅与原材料化学成分、控轧工艺、弯管的具体热煨制工艺参数有关，而且与产品钢级、管径、厚度尺寸等有关，所以对适用于具体不同工况环境弯管的热煨制工艺需要结合选材进行研究。随着管道建设的不断发展，大直径、高压、长距离油气输送管道建设的经济性需求越来越多，大直径厚壁感应加热弯管的生产供货已成为常态。对于弯管产品而言，其工艺性能影响因素较多，原材料化学成分是主要影响因素之一。合理的母管化学成分，能够为弯管制作提供性能稳定的基体，同时也能为后续的工艺调整拓展范围及空间。若母管化学成分不当，易造成管体与焊缝性能匹配性差，导致弯管工艺调整失败。因此，母管化学成分对感应加热弯管极为重要。但是，其如何对弯管性能产生影响，不同化学成分的母管是否可通过调整弯制工艺进行优化，都是值得关注的问题。

国外管件标准一般由两个或两个以上的基本标准组成完整的管件产品标准。管道用对焊管件，如 ASME、ASTM 管件是由管件型式尺寸标准和管件材料标准两个部分构成。管件型式尺寸标准规定管件的型式、系列、尺寸、尺寸公差、型式试验基本要求及该类管件可采用的基本材料标准。材料标准规定其所适用的对象(包括管件类别)、原材料(毛坯)品种、管件的化学成分及力学性能、加工成型工艺(包括焊接、热处理、无损检测、管件的取样和性能检验、质量证明书及标志等)内容。管件毛坯材料有轧材和锻件两大类。国内现行的管件规范种类较多，包括 GB、HG、JB、SH 及 SY 等，常见的主要有 GB/T 12459—2017《钢制对焊管件　类型与参数》、GB/T 13401—2017《钢制对焊管件　技术规范》、SY/T 0510—2017《钢制对焊管件规范》、SY/T 0609—2016《优质钢制对焊管件规范》等。但基本内容以型式尺寸要求为主，对于油气管道工程用弯管和管件的内容不完整，且缺乏可操作性。具体表现在：管件材料标准与管件毛坯材料技术要求不明确；对管件性能和质量要求、取样频次等规定不详细等。对国外管件规范非正确的理解和贯彻已成为制约国内管件制造业的一大症结，系统研究国外规范，修正管件制造技术要求十分重要。

目前，国内外 X60、X70 和 X80 钢的弯管大多采用感应加热的制造工艺，管件大多采用热挤压拔制的制造工艺。这两种制造工艺都需要对弯管、管件进行再次或多次加热，而 X60、X70 和 X80 钢均属于微合金化高强度钢，对热机械轧制和热处理等制造工艺的变化非常敏感，随着钢级的升高，合金成分也相应升高，材料的碳当量和冷裂敏感性越高，生产工艺控制窗口就越窄，强韧性矛盾越突出，性能指标波动也越大。

焊缝是高钢级弯管、管件性能最薄弱的位置，成为性能控制的关键，焊缝多利用焊态组织保证强度和韧性。在热处理后，焊缝会在不同的热处理状态下(壁厚及工艺特点导致)，产生不同的组织变化，韧性恶化，且随着壁厚的增大，焊缝及热影响区低温韧性波动性越大。受焊缝低温韧性的限制，“第三代大输量天然气管道工程关键技术研究”试制的 X80 OD1422 × 33.8mm 弯管，只能满足 －20℃ 的设计要求。52mm 厚 X80 *DN*1400 × 1200mm 三通只能满足 －30℃ 的设计要求。针对中俄东线项目开展的“大口径天然气管道建设关键技术研究”，研发的站场低温环境(－45℃)用 *D*1422 X80 弯管、管件虽能满足 －45℃的设计要求，但是由于弯管焊缝内外表面韧性的波动，弯管纵焊缝焊接工艺由多丝单道焊改为单丝多道焊，大大降低了焊接效率。

材料成分体系和热加工工艺对 X60 及以上钢级的弯管、管件产品性能有着重要影响，由于原材料成分体系和热加工工艺与产品性能之间的关系大多是通过供货商的产品试制来确定制造程序及制造工艺规范(MPS)，因此，在国内外现行弯管、管件产品规范里对于原材料的成分体系规定的范围较宽，对制造工艺的要求也比较笼统。基于此，弯管、管件产品的性能和质量稳定性更多地依赖各供货商自己的 MPS 文件，以及驻厂监造的过程监督。

从收集到的大量 X60、X70、X80 弯管、管件的性能检测报告的指标对比来看，各供货商的产品性能差异较大，同一供货商的同类产品在不同项目、不同批次的性能差异也比较大。此外，由于弯管、管件产品的生产制造特点，其质量检验无法逐个进行，只能从同批中抽检或采用同炉试板的方式进行，产品质量稳定性成为质量控制的关键。

4.2 弯管理化性能离散性分析

4.2.1 X70 弯管理化性能分析

1. 屈服强度离散性分析

为分析屈服强度离散性情况，共收集 128 组 X70 感应加热弯管的生产检验数据，如图 4－1 所示。

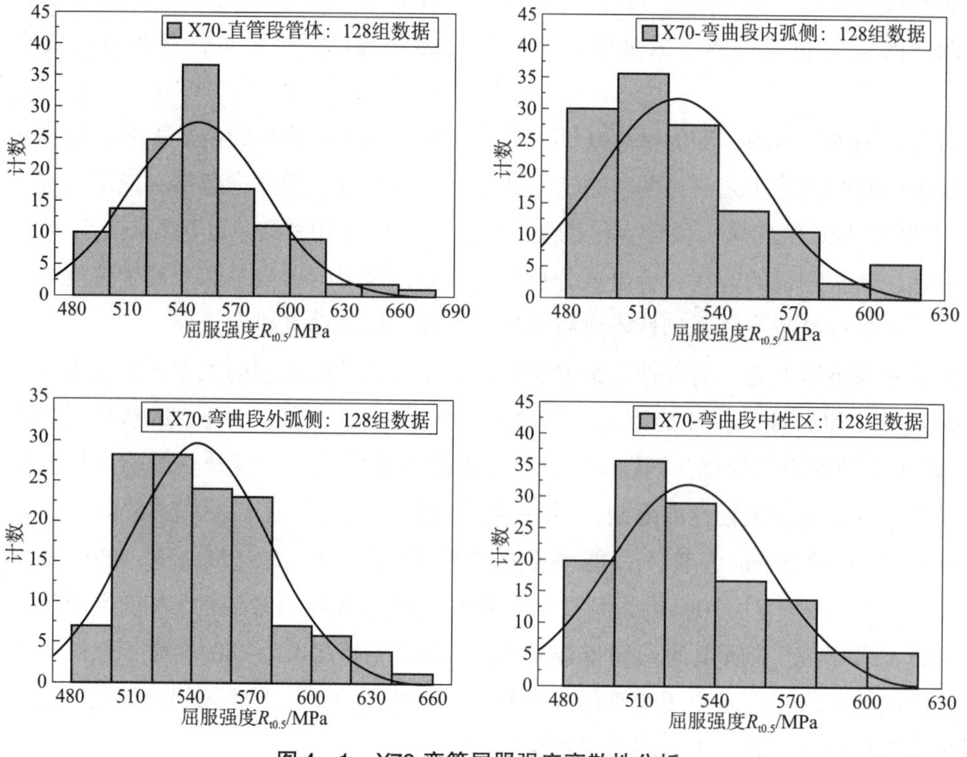

图 4－1　X70 弯管屈服强度离散性分析

由图 4－1 可以看出，X70 感应加热弯管母材各部位的屈服强度均高于标准值（485MPa），且波动范围较大。

2. 抗拉强度离散性分析

为分析抗拉强度离散性情况，共收集 128 组 X70 感应加热弯管的检验数据，如图 4－2 所示。

由图 4－2 可以看出，X70 感应加热弯管各部位的抗拉强度在 660MPa 左右波动，管体不同部位的抗拉强度波动较大，焊缝与母材强度基本相当。

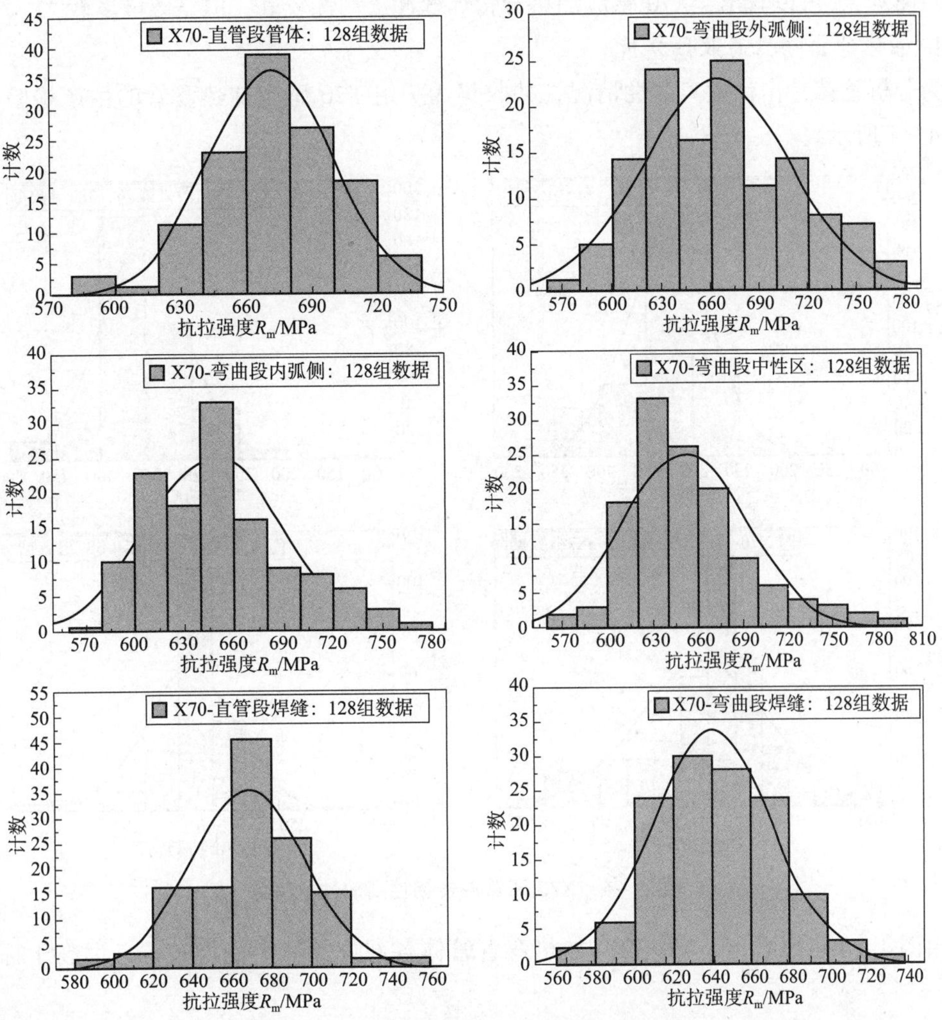

图 4－2　X70 弯管抗拉强度离散性分析

3. 焊缝冲击韧性离散性分析

为分析 X70 弯管焊缝冲击韧性离散性情况，一共收集 387 组生产检验数据，如图 4－3 所示。

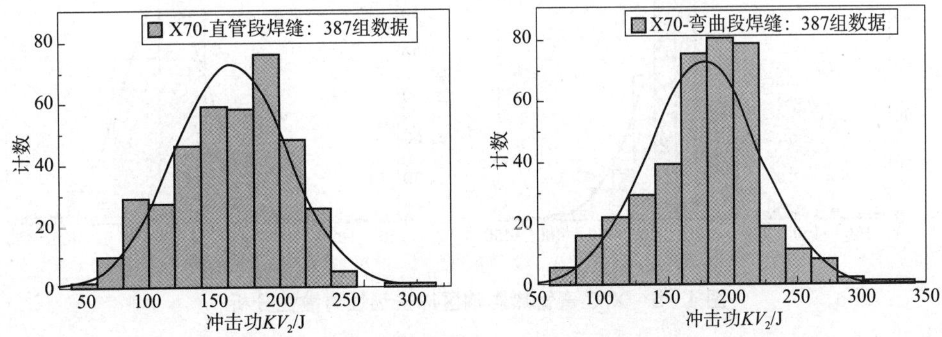

图 4－3　X70 弯管焊缝冲击韧性离散性分析

由图 4 –3 可以看出，X70 感应加热弯管焊缝冲击韧性较好，但是离散度较大。

4. 管体冲击韧性离散性分析

为分析管体冲击韧性离散性情况，共收集 387 组 X70 感应加热弯管的生产检验数据，如图 4 –4 所示。

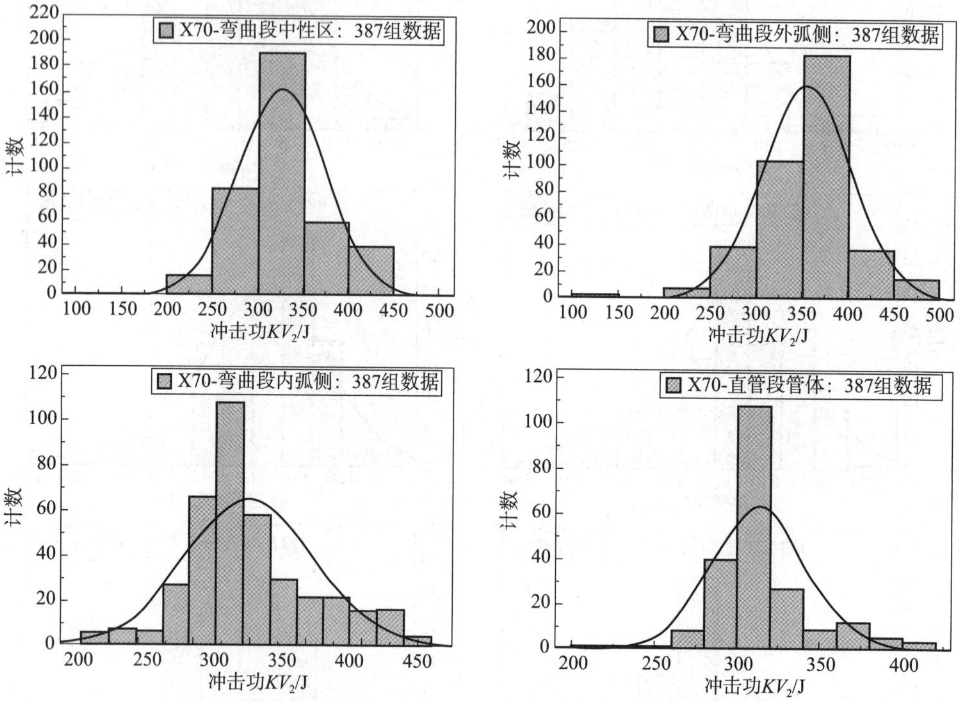

图 4 –4　X70 弯管冲击韧性离散性分析

由图 4 –4 可以看出，X70 感应加热弯管管体各部位的冲击韧性较好，远高于标准要求值。

5. 热影响区冲击韧性离散性分析

为分析 X70 弯管热影响区冲击韧性离散性情况，共收集 387 组生产检验数据，如图 4 –5 所示。

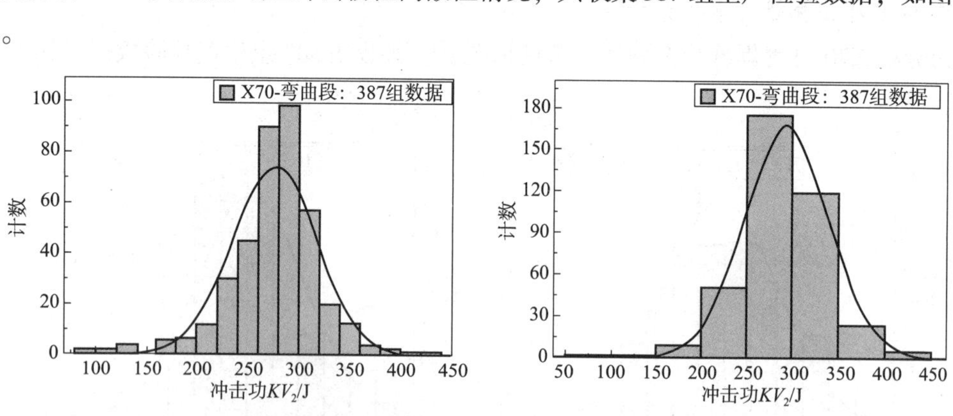

图 4 –5　X70 弯管热影响区冲击韧性离散性分析

由图 4 –5 可以看出，X70 感应加热弯管焊缝热影响区冲击韧性较好，并且比较稳定。

4.2.2 X80 弯管理化性能分析

1. 屈服强度离散性分析

为分析屈服强度离散性情况，一共收集 38 组 X80 感应加热弯管的检验数据，如图 4－6 所示。

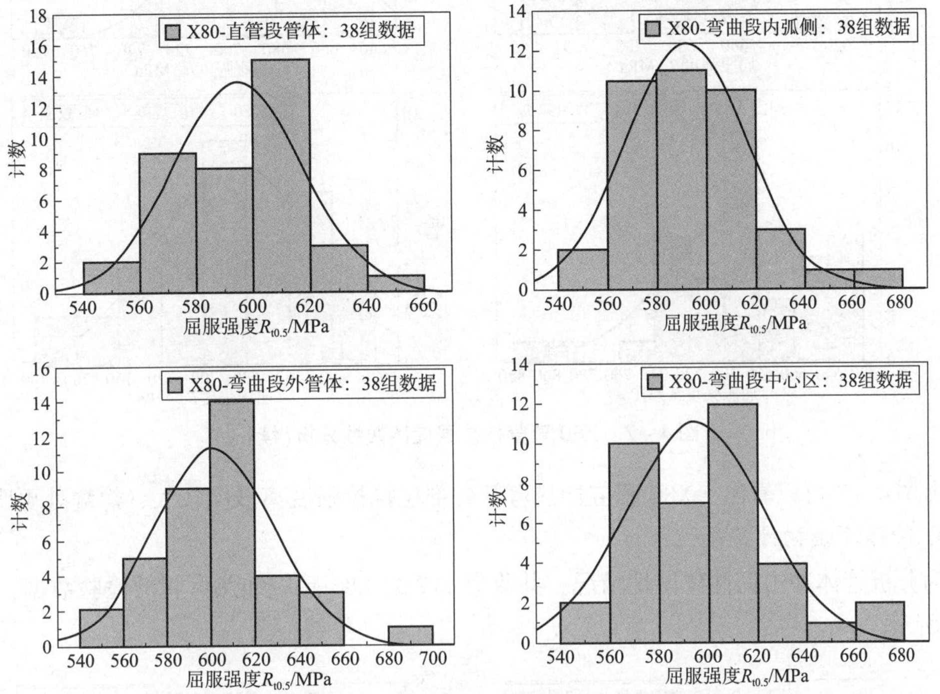

图 4－6　X80 弯管屈服强度离散性分析

由图 4－6 可以看出，X80 感应加热弯管各部位屈服强度离散度较大，屈服强度在 600MPa 左右波动。

2. 抗拉强度离散性分析

为分析抗拉强度离散性情况，一共收集了 38 组 X80 感应加热弯管的检验数据，如图 4－7 所示。

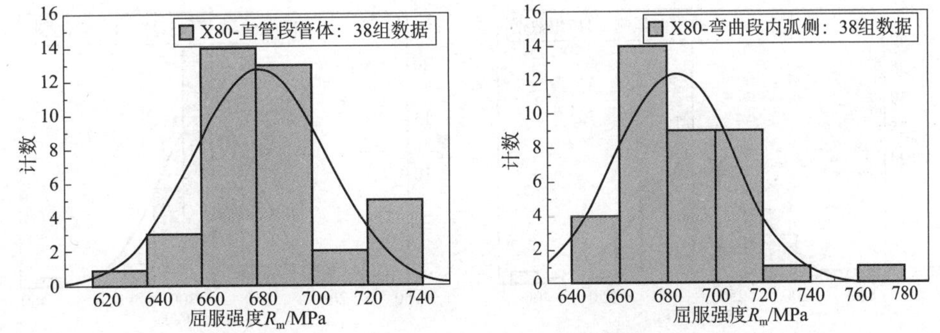

图 4－7　X80 弯管抗拉强度离散性分析

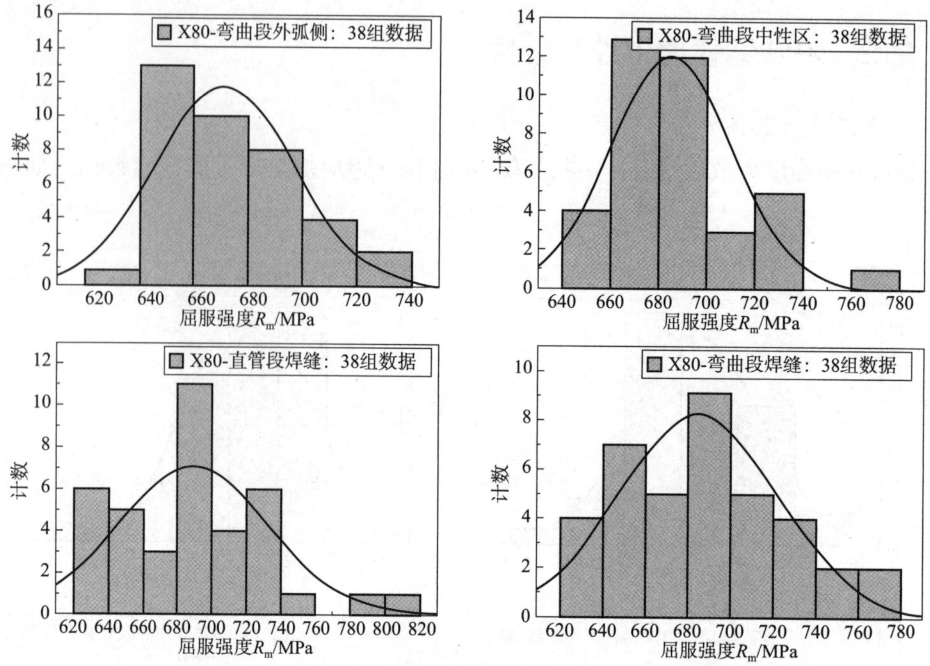

图 4-7　X80 弯管抗拉强度离散性分析(续)

由图 4-7 可以看出，X80 感应加热弯管各部位抗拉强度离散度较大，焊缝处更明显。

3. 管体冲击韧性离散性分析

为分析管体冲击韧性离散性情况，共收集 117 组 X80 感应加热弯管的检验数据，如图 4-8 所示。

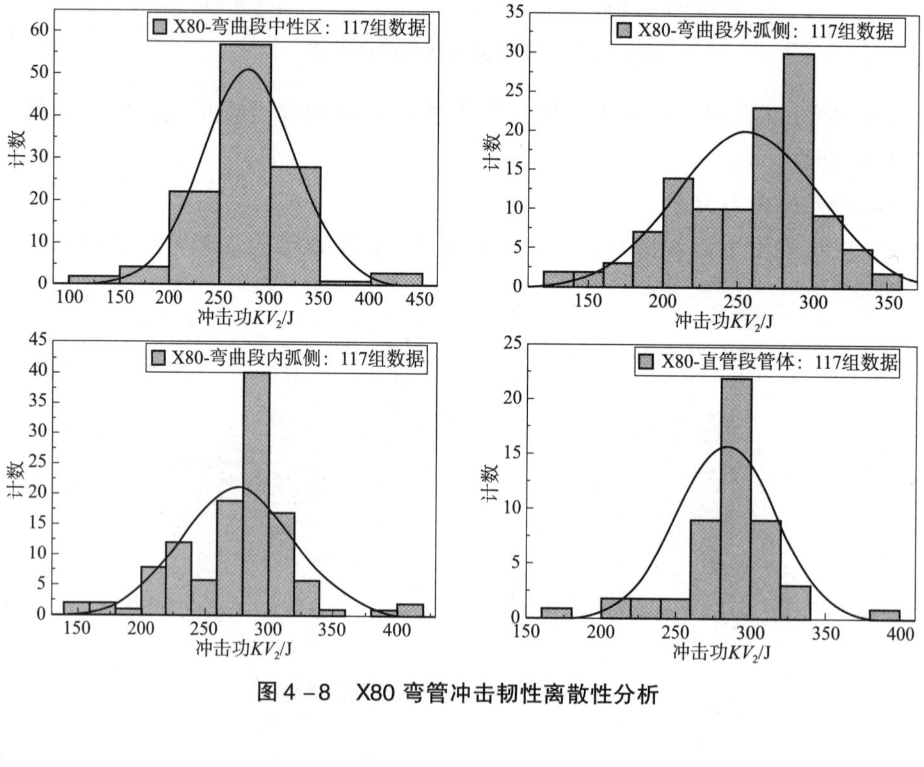

图 4-8　X80 弯管冲击韧性离散性分析

由图 4－8 可以看出，X80 感应加热弯管管体各部位的冲击韧性较好，但是波动范围较大。

4. 焊缝冲击韧性离散性分析

为分析 X80 弯管焊缝冲击韧性离散性情况，一共收集 117 组生产检验数据，如图 4－9 所示。

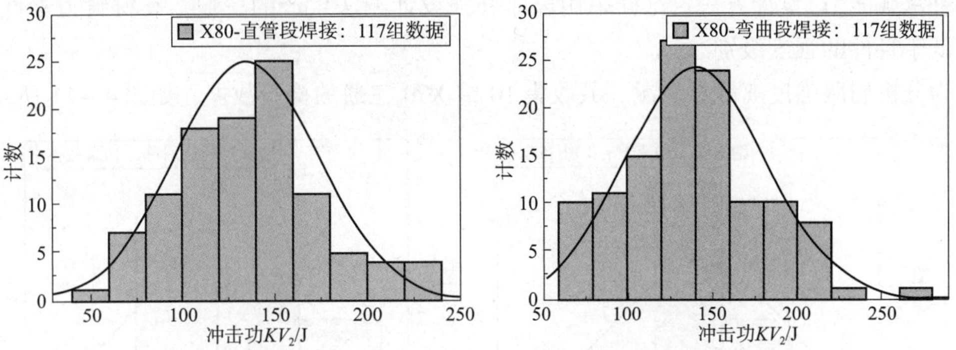

图 4－9　X80 弯管焊缝冲击韧性离散性分析

由图 4－9 可以看出，X80 感应加热弯管焊缝冲击韧性较好，但是离散度较大。

5. 热影响区冲击韧性离散性分析

为分析 X80 弯管热影响区冲击韧性离散性情况，一共收集 117 组生产检验数据，如图 4－10 所示。

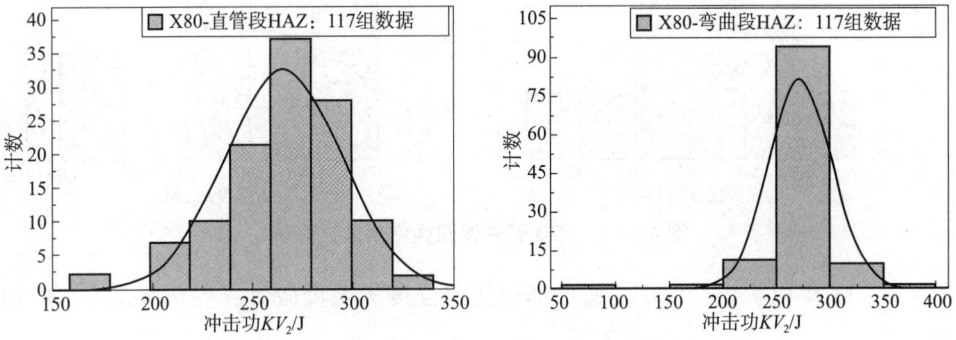

图 4－10　X80 弯管热影响区冲击韧性离散性分析

由图 4－10 可以看出，X80 感应加热弯管焊缝热影响区冲击韧性较好，并且比较稳定。

4.3　管件理化性能离散性分析

4.3.1　X70 管件理化性能分析

1. 屈服强度离散性分析

成品管件的材料力学性能技术指标与管件的设计方式有关，即等强度设计和以厚补强设计。另外，过去所建管道因管线钢材料强度较低，设计输送压力也较小，采用普通碳钢或者合金钢生产的管件，其材料强度完全可满足管道设计要求，因此管件设计一般选择等强度设计。随着高强度管线钢的推广应用，由于受生产工艺、材料热加工特性及现场施工对管件可焊性等要求，与之匹配的高强度管件生产技术难度相应增加，X80 或者更高强度级别的管件在设计理念上可能不一定采用等强度设计方法，也可选择等承载能力(低强度增厚补承载能力)设计方法，这样采用以厚补强设计方法生产的三通，其材料力学性能就可以低于管件的强度级别。

为分析屈服强度离散性情况，共收集 10 组 X70 三通的检验数据，如图 4－11 所示。

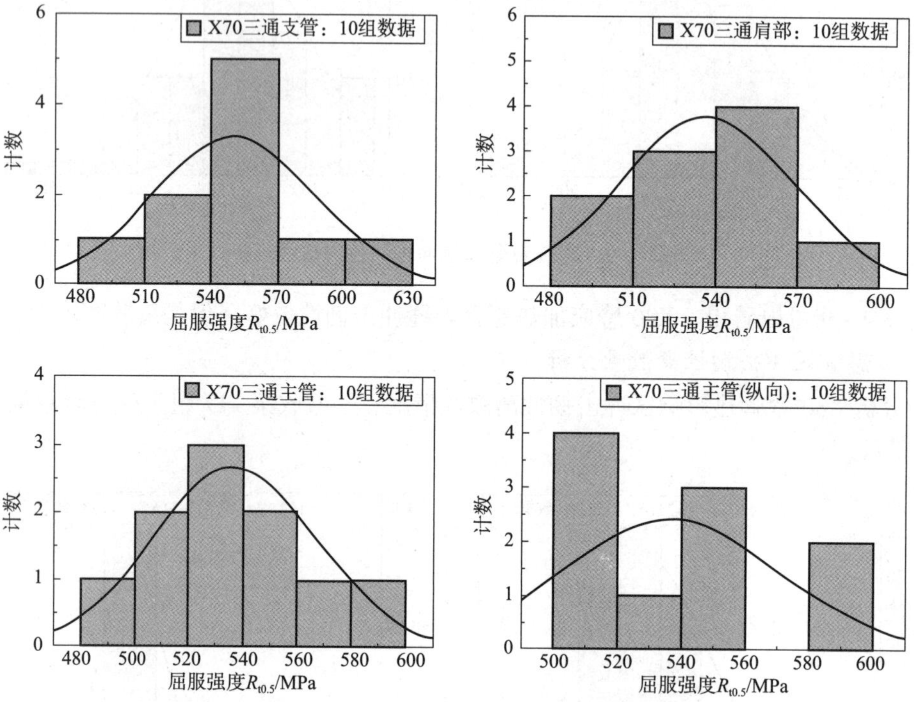

图 4－11　X70 管件屈服强度离散性分析

由图 4－11 可以看出，X70 三通各部位屈服强度离散度较大，屈服强度在 540MPa 左右波动。

2. 抗拉强度离散性分析

为分析抗拉强度离散性情况，一共收集 10 组 X70 三通的检验数据，如图 4－12 所示。

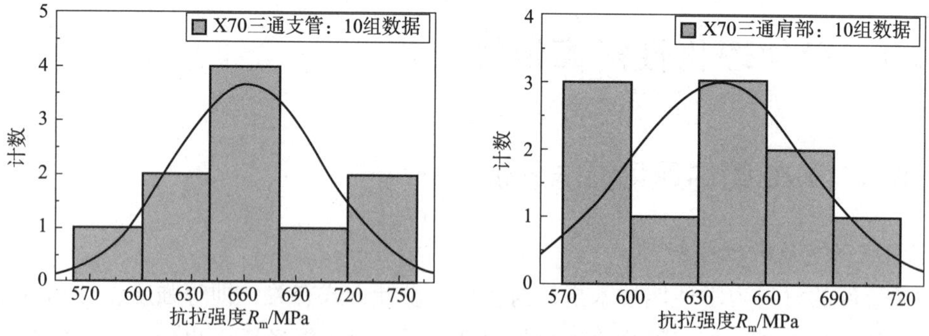

图 4－12　X70 管件抗拉强度离散性分析

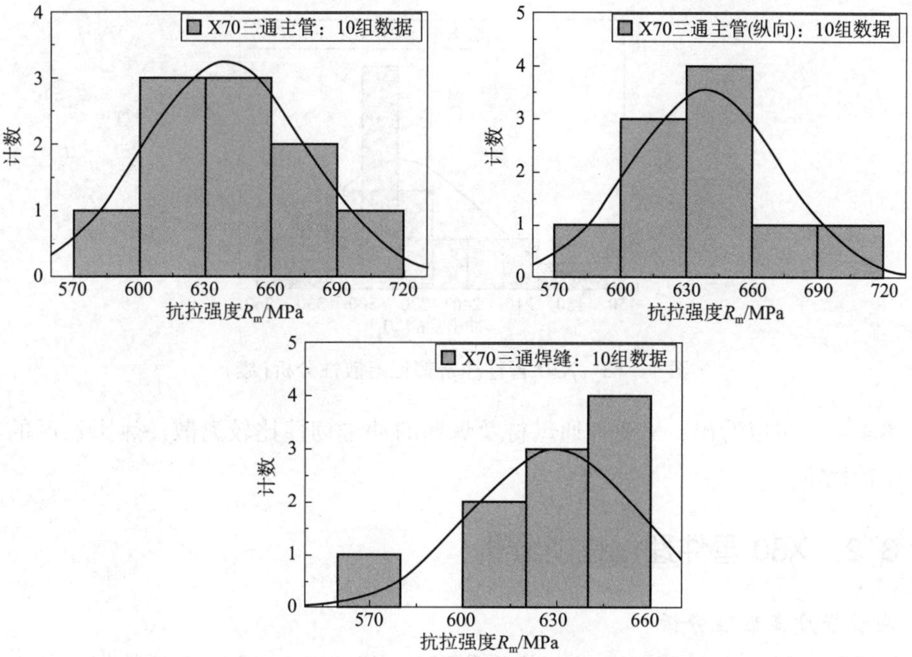

图 4－12　X70 管件抗拉强度离散性分析(续)

由图 4－12 可以看出，X70 三通各部位抗拉强度数值较高，且离散度较大，焊缝抗拉强度与母材基本相当。

3. 冲击韧性离散性分析

为分析冲击韧性离散性情况，共收集 30 组 X70 三通的检验数据，如图 4－13 所示。

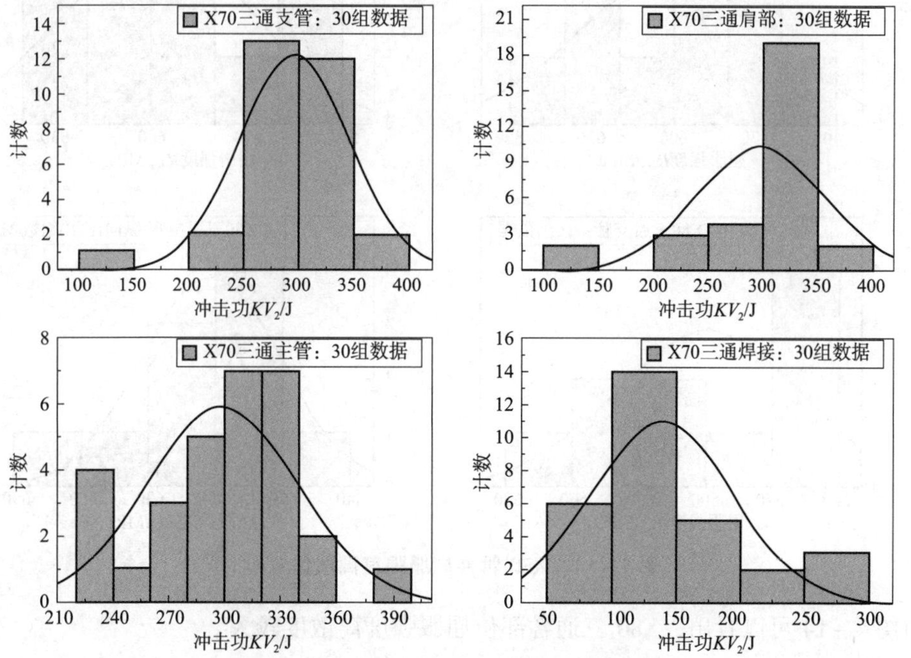

图 4－13　X70 管件冲击韧性离散性分析

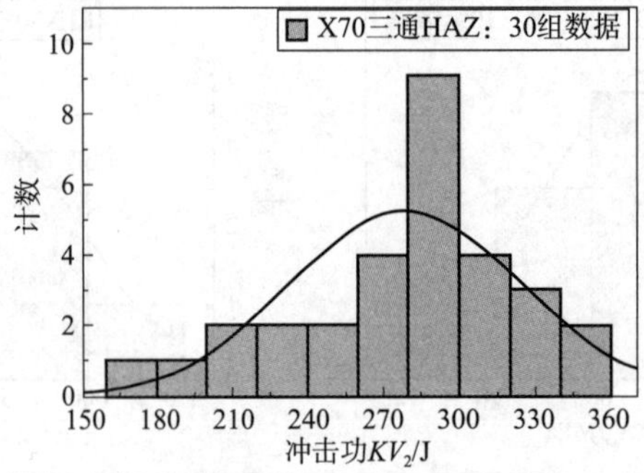

图 4-13　X70 管件冲击韧性离散性分析(续)

由图 4-13 可以看出，X70 三通母材及焊缝的冲击韧性比较离散，热影响区的冲击韧性相对比较稳定。

4.3.2　X80 管件理化性能分析

1. 屈服强度离散性分析

为分析屈服强度离散性情况，一共收集了 10 组 X80 三通的检验数据，如图 4-14 所示。

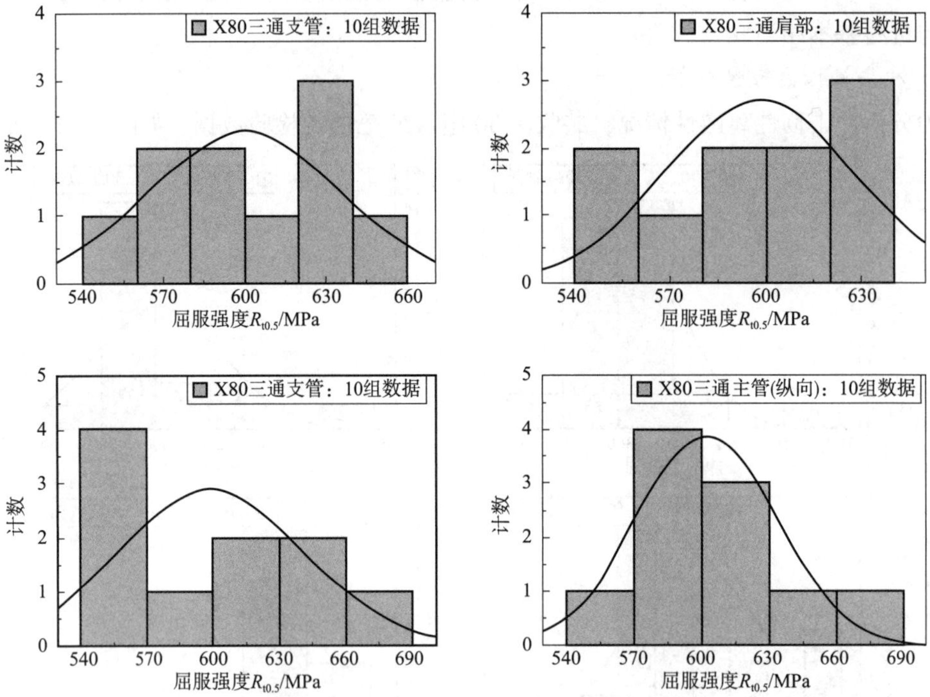

图 4-14　X80 管件屈服强度离散性分析

由图 4-14 可以看出，X80 三通各部位屈服强度离散度较大。

2. 抗拉强度离散性分析

为分析抗拉强度离散性情况，一共收集 10 组 X80 三通的检验数据，如图 4－15 所示。

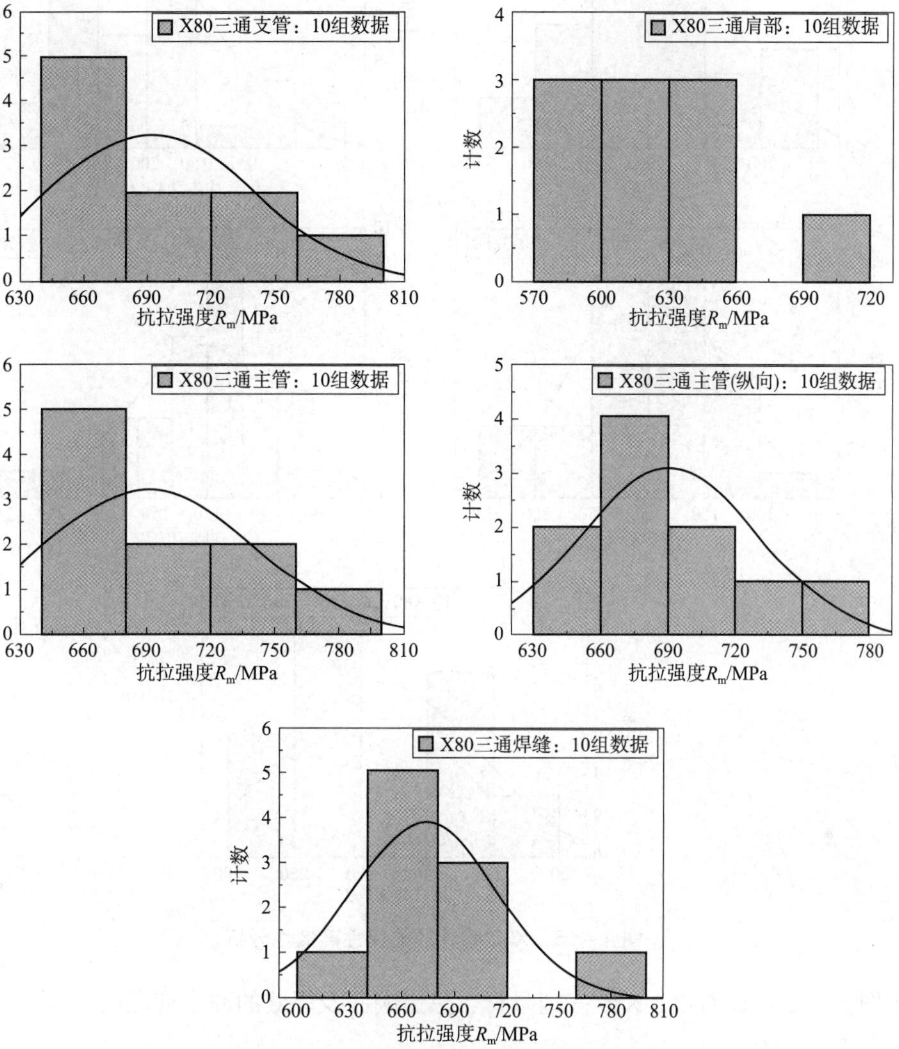

图 4－15　X80 管件抗拉强度离散性分析

由图 4－15 可以看出，X80 三通各部位抗拉强度数值较高，且离散度较大，焊缝抗拉强度与母材基本相当。

3. 冲击韧性离散性分析

为分析冲击韧性离散性情况，一共收集 30 组 X80 三通的检验数据，如图 4－16 所示。

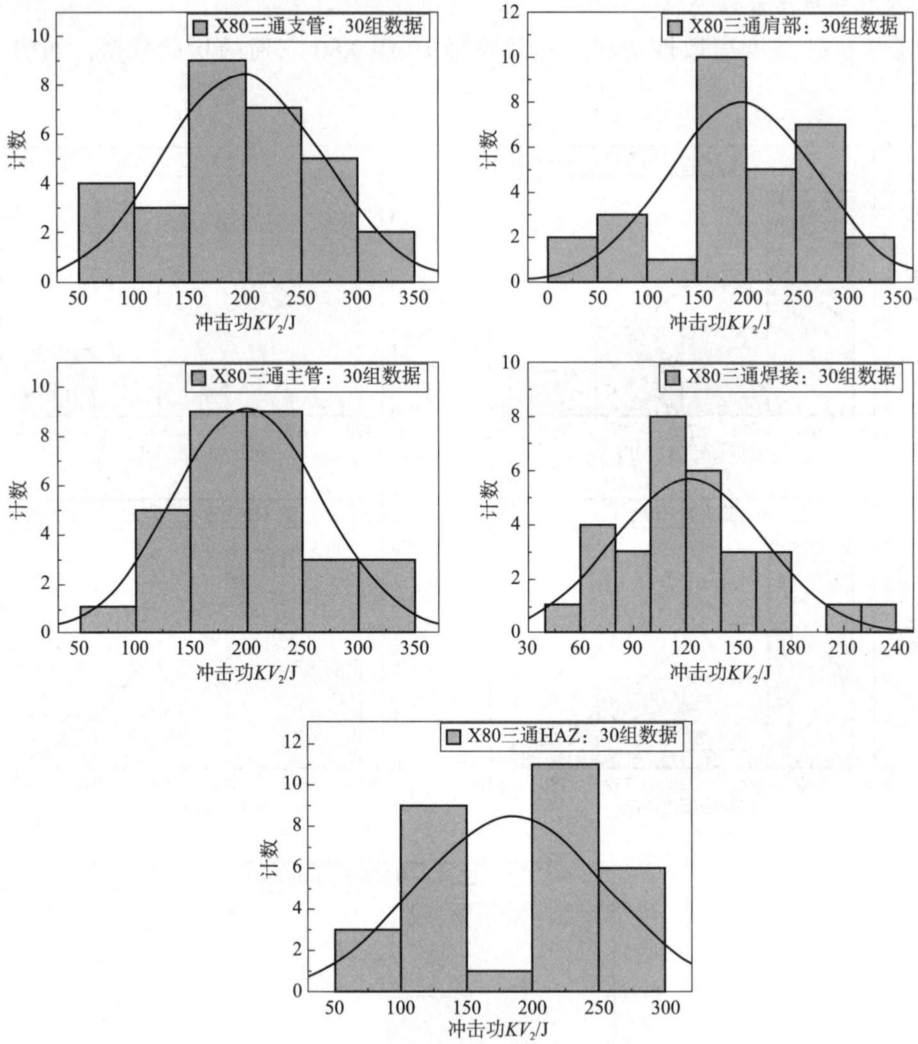

图 4-16　X80 管件冲击韧性离散性分析

由图 4-16 可以看出，X80 三通母材、热影响区及焊缝的冲击韧性比较离散。

4.4　不同工程项目弯管理化性能离散性分析

为对比分析 X70、X80 弯管近 20 年来的应用情况，按照时间先后统计从西气东输二线到中俄东线近 20 年间不同工程项目 X70、X80 弯管理化性能数据。

4.4.1　弯管化学成分统计分析

通过对不同项目的 X70 和 X80 弯管的化学成分进行统计可以看出，各钢级弯管产品化学成分均控制在标准和产品技术条件要求的范围内(见表 4-1)。其中 C、Mn、Si 等主要元素同钢级不同项目差异较小，Cr、Ni、Mo 等微量元素 X60、X70 同钢级不同项目间差异较大，X80 级差异较小。这与各弯管厂家和钢厂的工艺有一定的关系，也说明 X80 钢级对微量元素的控制更为严格。

表 4-1　X70、X80 钢级弯管化学成分分析　%

钢级	项目	元素	C	Mn	Si	Cr	Ni	Mo	V	Ti
X70	A 项目	均值	0.065	1.59	0.23	0.014	0.235	0.185	0.022	0.015
	B 项目	均值	0.071	1.598	0.221	0.024	0.243	0.192	0.018	0.012
	C 项目	均值	0.069	1.561	0.172	0.036	0.222	0.195	0.021	0.010
	D 项目	均值	0.064	1.648	0.191	0.129	0.201	0.162	0.015	0.013
	E 项目	均值	0.069	1.575	0.205	0.100	0.051	0.17	0.004	0.0145
	F 项目	均值	0.068	1.526	0.192	0.103	0.409	0.209	0.024	0.013
	平均值		0.068	1.583	0.202	0.068	0.227	0.186	0.017	0.013
	标准值		0.05~0.15	1.30~1.65	0.1~0.3	0~0.35	0~0.8	0.1~0.3	0~0.06	0~0.04
X80	A 项目	均值	0.081	1.694	0.195	0.095	0.239	0.214	0.031	0.013
	B 项目	均值	0.070	1.708	0.202	0.150	0.197	0.185	0.024	0.016
	C 项目	均值	0.068	1.692	0.23	0.192	0.248	0.21	0.033	0.016
	D 项目	均值	0.071	1.690	0.224	0.162	0.445	0.237	0.037	0.014
	平均值		0.073	1.696	0.213	0.150	0.282	0.212	0.031	0.015
	标准值		0.06~0.15	1.50~1.85	0.1~0.42	0~0.45	0.15~1.00	0.15~0.50	0~0.06	0~0.04
X70	A 项目	C_{pk}	1.41	1.13	1.32	0.29	8.84	3.2	8.08	56.21
	B 项目	C_{pk}	7.71	1.40	1.49	8.84	2.46	1.44	67.49	2.26
	C 项目	C_{pk}	0.51	0.58	1.19	1.55	16.4	2.86	5.42	5.56
	D 项目	C_{pk}	0.25	0.31	3.57	0.49	1.36	2.15	0.30	1.06
	E 项目	C_{pk}	0.39	0.31	3.57	0.61	0.31	1.32	0.50	5.45
	F 项目	C_{pk}	0.47	0.75	2.31	0.68	0.63	0.98	0.60	4.03
X80	A 项目	C_{pk}	1.09	2.93	1.19	1.79	1.62	1.20	0.65	1.07
	B 项目	C_{pk}	0.35	1.43	1.12	0.79	0.32	0.45	0.65	1.74
	C 项目	C_{pk}	0.65	0.85	1.83	2.71	1.22	0.45	0.59	3.55
	D 项目	C_{pk}	0.40	1.00	1.51	1.04	0.63	0.75	1.16	2.23

4.4.2　弯管拉伸强度分析

随着钢级增大，弯管屈服强度和屈强比的离散性减小，工艺窗口变宽，控制更加稳定。X70 弯管中，从西二线到新粤浙项目，屈服强度和抗拉强度的稳定性先升高后下降，屈强比自中亚 B 线起呈稳定趋势，至中俄东线时，各指标稳定性均有显著提升。X80 弯管中，屈服强度和抗拉强度基本保持稳定，屈强比的控制能力随着时间明显提升(见表4－2)。综合来看，X80弯管的屈强比控制稳定性随着时间明显提升，中俄东线X70和X80弯管的各强度指标均表现出较好的控制稳定性。

表4－2　X70、X80钢级弯管拉伸强度分析

钢级	项目	强度指标	屈服强度/MPa	抗拉强度/MPa	屈强比
X70	川气东送	均值	523	639	0.82
	西二线	均值	545	649	0.84
	中亚B线	均值	560	658	0.84
	西三线	均值	549	643	0.85
	新粤浙	均值	557	646	0.86
	中俄东线	均值	555	651	0.85
	标准值		≥515	≥570	≤0.93
X80	西二线	均值	635	727	0.87
	西三线	均值	594	685	0.87
	新粤浙	均值	620	696	0.88
	中俄东线	均值	605	686	0.88
	标准值		≥555	≥625	≤0.93
X60	川气东送	C_{pk}	0.56	1.71	0.20
X70	川气东送	C_{pk}	0.83	1.39	0.95
	西二线	C_{pk}	0.54	0.77	1.65
	中亚B线	C_{pk}	0.92	1.71	0.97
	西三线	C_{pk}	0.73	1.39	0.99
	新粤浙	C_{pk}	0.63	0.72	0.97
	中俄东线	C_{pk}	0.89	1.14	2.17
X80	西二线	C_{pk}	0.91	0.91	2.86
	西三线	C_{pk}	0.73	1.05	2.81
	新粤浙	C_{pk}	0.73	0.83	3.05
	中俄东线	C_{pk}	1.08	1.15	3.48

4.4.3　弯管冲击韧性分析

通过对不同项目的X60、X70和X80弯管的冲击韧性指标进行统计，并进行过程能力分析，得到不同时期和不同钢级弯管冲击韧性质量控制的可靠性，结果如表4－3所示。各钢级弯管的冲击韧性普遍高于规定值，能够较好地满足对于冲击韧性的要求，但是存在个别低于标准值的现象。从X70到X80钢级，弯管3个位置的冲击吸收能量下降。

表 4－3 X70、X80 钢级弯管冲击韧性分析

钢级	项目	冲击吸收功	管体/J	焊缝/J	热区/J
X70	川气东送	均值	340	142	286
	西二线	均值	299	135	270
	中亚 B 线	均值	235	124	286
	西三线	均值	331	140	280
	新粤浙	均值	277	170	273
	中俄东线	均值	286	187	276
	标准值		≥90	≥75	≥75
X80	西二线	均值	223	147	227
	西三线	均值	249	139	247
	新粤浙	均值	261	157	226
	中俄东线	均值	236	144	262
	标准值		≥90	≥75	≥75
X70	川气东送	C_{pk}	2.08	1.15	2.86
	西二线	C_{pk}	2.73	0.93	2.45
	中亚 B 线	C_{pk}	2.26	0.71	1.33
	西三线	C_{pk}	1.27	1.00	2.29
	新粤浙	C_{pk}	1.59	1.13	1.78
	中俄东线	C_{pk}	1.77	0.92	1.70
X80	西二线	C_{pk}	1.10	0.84	1.36
	西三线	C_{pk}	1.34	1.26	4.19
	新粤浙	C_{pk}	1.46	1.04	1.36
	中俄东线	C_{pk}	0.84	0.69	1.66

随着钢级增大，弯管管体和热区冲击韧性指标的 C_{pk} 减小，控制稳定性降低，焊缝区则基本稳定。管体和热区的稳定性要优于焊缝。X70 弯管中，从川气东送到中俄东线，管体和焊缝的控制稳定性先降低后升高，热区并无明显规律。川气东送和西二线的控制稳定最好。X80 弯管中，西二线到中俄东线，各指标稳定性先升高后降低，西三线和新粤浙项目控制稳定相对较好。

4.4.4 弯管硬度分析

通过对不同项目的 X60、X70 和 X80 弯管的硬度指标进行统计，并进行过程能力分析，得到不同时期和不同钢级弯管的硬度质量控制的可靠性，结果如表 4－4 所示。各钢级弯管的硬度指标普遍低于规定值，能够较好地满足对于冲击韧性的要求，但是存在极个

别超过标准值的现象。从 X70 到 X80 钢级，弯管的硬度值有所增加。

表 4-4　不同项目、不同钢级弯管硬度指标分析

钢级	项目	硬度均值(HV10)	硬度标准值(HV10)	C_{pk}
X70	川气东送	215	≤280	4.39
	西二线	202	≤280	1.76
	中亚 B 线	223	≤280	1.78
	西三线	200	≤280	1.79
	新粤浙	225	≤280	2.03
	中俄东线	216	≤280	1.93
X80	西二线	226	≤300	1.90
	西三线	217	≤300	1.69
	新粤浙	237	≤300	1.82
	中俄东线	231	≤300	1.50

各项目对于不同钢级的控制稳定性均比较好，从 X70 到 X80 钢级，硬度的稳定性有所下降。从西二线到中俄东线，X70 钢级弯管的硬度指标先升高后略有下降，X80 弯管整体呈下降趋势。但二者的稳定性波动不大，说明对弯管的硬度指标控制能力一直较好，硬度指标的工艺窗口相对其他指标来说比较宽。

4.4.5　不同工程项目管件理化性能离散性分析

为对比分析 X70、X80 管件近 20 年来的应用情况，按照时间先后统计从西气东输二线到中俄东线近 20 年间不同工程项目 X70、X80 管件理化性能数据。

1. 管件化学成分统计分析

各钢级管件产品化学成分均控制在标准和产品技术条件要求的范围内。其中 C、Mn、Si 等主要元素同钢级不同项目差异较小，Cr、Ni、Mo 等微量元素 X70 同钢级不同项目间差异较大，X80 级差异较小(见表 4-5)，这与各管件厂家和钢厂的工艺有一定的关系，也说明 X80 钢级对微量元素的控制更为严格。

表 4-5　X70、X80 钢级管件化学成分分析　　%

钢级	项目	元素	C	Mn	Si	Cr	Ni	Mo	V	Ti
X70	A 项目	均值	0.072	1.6276	0.237	0.0795	0.132	0.1838	0.0294	
	B 项目	均值	0.089	1.4465	0.2	0.089	0.199	0.176	0.043	
	C 项目	均值	0.04	1.548	0.209	0.149	0.235	0.1912	0.0348	
	D 项目	均值	0.12	1.59	0.268	0.12	0.58	0.28	0.04	0.06
	标准值		≤0.25	≤1.75	≤0.5	≤0.25	≤1.0	≤0.3	≤0.13	≤0.04

续表

钢级	项目	元素	C	Mn	Si	Cr	Ni	Mo	V	Ti
X80	A 项目	均值	0.093	1.57	0.2525	0.1778	0.347	0.25	0.046	0.016
	B 项目	均值	0.0696	1.59	0.234	0.1237	0.58	0.28	0.0426	0.00675
	标准值		≤0.25	≤0.1.75	≤0.5	≤0.45	≤1.0	≤0.35	≤0.13	≤0.04
X70	A 项目	C_{pk}	5.11	0.49	1.33	1.39	3.48	6.28	2.41	
	B 项目	C_{pk}	6.31	6.41	5.14	6.31	10.27	6.41	14	
	C 项目	C_{pk}	7.77	4.33	3.75	0.71	5.32	5.21	1.26	
	D 项目	C_{pk}	2.43	1.81	1.95	2.43	1.0	0.41	2.41	4.32
X80	A 项目	C_{pk}	11.81	1.44	6.20	4.50	4.73	4.38	16.98	4.51
	B 项目	C_{pk}	4.99	1.81	3.46	2.43	1	0.41	2.41	4.32

2. 管件拉伸强度分析

X70、X80 钢级管件产品力学性能均控制在标准和产品技术条件要求的范围内。材料屈强比随着钢级的增大而升高，产品结构安全裕量减小，脆性失效风险增大。相对 X70、X80 钢级管件产品的屈服强度和抗拉强度的离散度较小，稳定性更好，如表 4－6 所示。

表 4－6　X70、X80 钢级管件拉伸强度分析

钢级	项目	强度指标	屈服强度/MPa	抗拉强度/MPa	屈强比
X70	A 项目	均值	524	631	0.83
	B 项目	均值	534.8	623.7	0.856
	C 项目	均值	552.6	650	0.849
	D 项目	均值	585	670	0.87
	标准值		≥485	≥570	≤0.93
X80	A 项目	均值	597	694	0.86
	B 项目	均值	600	678	0.88
	标准值		≥555	≥625	≤0.93
X70	A 项目	C_{pk}	0.58	0.48	1.04
	B 项目	C_{pk}	0.47	0.49	1.08
	C 项目	C_{pk}	1.02	1.09	1.68
	D 项目	C_{pk}	0.55	0.55	1.97
X80	A 项目	C_{pk}	0.34	0.24	0.65
	B 项目	C_{pk}	0.65	0.52	0.91

3. 管件冲击韧性分析

各钢级管件的冲击韧性普遍高于标准和产品技术条件的规定值。X80 钢级相较于 X70 钢级弯管产品的冲击吸收能量略低，且离散度较大，X80 钢级产品在材料强韧性控制方面要求更高，如表 4－7 所示。

表 4-7 X70、X80 管件冲击韧性分析

钢级	项目	冲击吸收功	管体/J	焊缝/J	热区/J
X70	A 项目	均值	295	138	239
	B 项目	均值	210	132	173
	C 项目	均值	187	105	202
	D 项目	均值	259	117	175
	标准值		≥40J	≥30J	≥40J
X80	A 项目	均值	203	85	121
	B 项目	均值	209	142	212
	标准值		≥60	≥45	≥60
X70	A 项目	C_{pk}	0.99	0.93	0.43
	B 项目	C_{pk}	1.60	0.68	0.74
	C 项目	C_{pk}	0.59	0.52	0.5
	D 项目	C_{pk}	0.6	1.0	0.56
X80	A 项目	C_{pk}	0.75	0.60	0.32
	B 项目	C_{pk}	0.85	0.70	0.58

4. 管件硬度分析

各钢级管件产品硬度值均控制在标准和产品技术条件要求的范围内。从 X70 到 X80 钢级，管件的硬度值有所增加(见表 4-8)。各项目对于不同钢级的控制稳定性均比较好，硬度指标的工艺窗口相对其他指标来说比较宽。

表 4-8 X70、X80 钢级管件硬度指标分析

钢级	项目	硬度均值(HV10)	硬度标准值(HV10)	Cpk
X70	A 项目	195	≤280	0.4
	B 项目	225	≤280	0.47
	C 项目	220	≤280	0.81
	D 项目	221	≤280	0.82
X80	A 项目	232	≤300	1.1
	B 项目	229	≤300	1.22

4.4.6 管件质量稳定性对比

目前各个厂家对管件生产和研发过程中的一次合格率未做统计，所以选择收集的数据对管件稳定性进行评价。本次选择过程能力指数作为弯管、管件性能的评价方法。确定采用过程能力指数作为弯管、管件性能的评价方法，将对弯管、管件质量可靠性影响最大的强韧性指标和焊接性(碳当量和裂纹敏感系数)纳入统计因子，分析不同钢级弯管、管件的

质量稳定性变化，初步拟定计算公式如下。

$$F(u,\sigma)=a_1[f_{Rt0.5}(u,\sigma)+f_{R_m}(u,\sigma)]+a_2 f_{bm-cvn}(u,\sigma)+a_3 f_{Tm}(u,\sigma)+a_4[f_{w-cvn}(u,\sigma)+f_{HAZ-cvn}(u,\sigma)]+a_5[f_{bm-CE}(u,\sigma)+f_{bm-Pcm}(u,\sigma)]+a_6 f_{YR}(u,\sigma)$$

式中：$f_{Rt0.5}(u,\sigma)$为母材屈服强度的过程能力指数；$f_{R_m}(u,\sigma)$为母材抗拉强度的过程能力指数；$f_{bm-cvn}(u,\sigma)$为母材冲击吸收功值的过程能力指数；$f_{Tm}(u,\sigma)$为焊缝抗拉强度的过程能力指数；$f_{w-cvn}(u,\sigma)$为焊缝冲击吸收功值的过程能力指数；$f_{HAZ-cvn}(u,\sigma)$为焊缝热影响区的过程能力指数；$f_{bm-CE}(u,\sigma)$为碳当量的过程能力指数；$f_{bm-Pcm}(u,\sigma)$为裂纹敏感系数的过程能力指数；$f_{YR}(u,\sigma)$为屈强比的过程能力指数。

其中，$a_1=10\%$，$a_2=20\%$，$a_3=10\%$，$a_4=10\%$，$a_5=10\%$，$a_6=10\%$。

基于不同项目高钢级弯管、管件研发报告、首检报告、自检报告数据，不考虑不合格率对质量稳定性的影响，管件产品，X70 三通综合稳定性指数为 0.751、X80 三通综合稳定性指数为 0.725，如表 4－9 所示。

表 4－9 各统计因子数值

统计因子	X60	X70	X80
$f_{bm-CE}(u,\sigma)$	0.57	0.53	0.41
$f_{bm-Pcm}(u,\sigma)$	0.64	0.87	1.46
$f_{Rt0.5}(u,\sigma)$	0.43	0.55	0.54
$fR_m(u,\sigma)$	0.38	0.61	0.68
$f_{bm-cvn}(u,\sigma)$	0.84	0.81	0.74
$f_{w-cvn}(u,\sigma)$	1.1	0.67	0.61
$f_{HAZ-cvn}(u,\sigma)$	0.67	0.5	0.51
$f_{Tm}(u,\sigma)$	0.74	0.81	0.8
$f_{YR}(u,\sigma)$	0.46	1.35	0.76
$F(u,\sigma)$	0.667	0.751	0.725

1）采用过程能力指数作为弯管性能的评价方法，得到 X70 弯管质量稳定性最高，其次是 X80。从分项评价情况来看 X70 弯管在屈强比、母材冲击韧性和抗拉强度等方面具有较好的稳定性。

2）采用过程能力指数作为弯管性能的评价方法，得到 X70 管件质量稳定性最高，其次是 X80。从分项评价情况来看 X70 管件在屈强比、焊缝抗拉强度等方面具有较好的稳定性。

3）采用过程能力指数对部分产品首检数据的分析可以从一定程度上反映出不同钢级产品稳定性，但同时也受到数据量、产品加工工艺、质量过程管理等因素的影响。由于分析采用的是产品首检数据，可以更大程度上消除产品质量过程管理因素的影响。

4.5 弯管管件供应链中存在的主要问题

国内管线钢经过近十几年的发展，目前炼钢、轧板及制管技术已日趋成熟，材料性能也相对稳定。但是，对于感应加热弯管和管件用材料，由于订单量较小，材料来源较分散，并且行业内装备的自动化和数字化水平普遍不高，造成产品质量性能不稳定。与材料相关的领域，主要存在以下三个方面的问题。

4.5.1 弯管管件的化学成分设计与工艺路线不匹配

目前弯管管件的化学成分设计是在现有成熟管线钢的基础上，添加适量的 Mo、Ni 等微合金元素，推迟相变转变温度，提高材料的低温韧性。并且为保证材料的可焊性，与对接钢管的化学成分差异较小。但是，管线钢的化学成分是基于控轧控冷的生产工艺来设计的，添加较高含量的 Mn 等元素。而弯管管件没有较高的止裂性能要求，并且其最终性能主要通过调质处理来获得，需要添加较高含量的 Ni 等淬透性元素，同时还需要控制碳当量，适当降低 Mn 等元素，确保与对接管线的可焊性。

4.5.2 厚壁感应加热弯管的内外壁性能不均匀

感应加热过程中，由于集肤效应导致厚壁弯管的外壁温度远高于内壁温度，并且钢管外壁有水淋装置，其冷却速度也相对较快，因此弯管管壁外表面及中心的性能普遍要优于内表面，温度差异过大的情况下，会造成弯管内表面性能低于工程标准要求。

4.5.3 热处理后性能急剧下降

焊接过程中形成的针状铁素体组织，在经过热处理后完全消失，而热处理过程并不能使焊缝组织变得更致密，反而使焊缝的性能急剧下降，特别是低温冲击韧性，难以满足 -45℃的低温站场要求。目前对于纵焊缝，已通过多层多道焊工艺解决工程急需，但效率极低。对于高钢级厚壁环焊缝，由于不宜采取淬火工艺，也存在较大问题。

除弯管管件的材料因素外，弯管管件的内在质量也存在一些问题，主要表现在：

(1)外形尺寸偏差较大

主要表现在热煨弯管的管口椭圆度超差，不能与对接直管相匹配，容易留下环焊缝焊接隐患。热煨弯管的曲率半径、弯曲角度超差，现场强行组对焊接。三通端部坡口形式不合理，与对接管进行不等壁厚组焊时焊接工艺和检测手段不足以保障环焊接头质量。弯头两端面角偏移和平面偏移超差，4 个 90°弯头组合起来形成不良标准圆形；同心大小头两端口不同心：管帽头达不到标准椭圆封头的形状要求等。这些问题既与制造厂的设备配置有关，也与制造工艺和质量控制有关。

(2)外观质量较差

主要表现在表面凹坑、凸台、过烧、折叠重皮、发裂、机械损伤等缺陷，有些甚至有表面微裂纹。产生这方面的原因主要有：模具老化、变形严重、加热温度和时间控制不严格、原材料表面质量差(有氧化皮和原始表面裂纹)，倒运过程不谨慎等原因。而表面微裂纹的产生除上述原因外，还可能与加工工艺规程和原材料的化学成分有关，如是否做到及时热处理、材料含碳量是否偏高、硫、磷等杂质元素含量是否偏大等。表面裂纹的出现还预示着产品内在质量的优劣，如变形温度过低或速度过快在造成外裂的同时，也会在产品内部造成裂纹。解决表面缺陷问题的方法是：提高生产者的质量意识，在完善设备配置、改善制造工艺的同时，还应加强生产管理，并按规范要求针对缺陷的不同性质分别将其剔除或修复。

(3)现场施工焊接过程中出现裂纹

其产生原因主要有3个方面：第一，原材料品质较差，碳当量 C_{eq} 偏大，或有害杂质元素含量偏高；第二，产品热加工成型后未进行相应的热处理，或热处理结果未达到要求，材料内部残存的加工应力未得到去除而导致焊接裂纹。改善方法也是针对上述原因采取措施，并及时检查产品的硬度。第三，现场的环焊缝焊接工艺不合理。

(4)缺少产品内在质量的评定数据

主要表现在工艺规程评定及产品质量检验中缺少对裂纹、金属晶粒度、非金属夹杂物的数量、大小、形状及分布情况等产品内部缺陷和品质的测评。出现这种情况的主要原因是生产者没有树立精品意识，也缺少必要的设备配置。

(5)执行标准的力度不够

主要表现在没有按照有关标准提出的管件强度定义去进行管件的设计和制造。在国际通行的弯管管件标准体系中(如ASME)，明确规定的方法有两种：其一，采用数学分析方法；其二，采用爆破验证实验方法。前者过于局限于理论，后者工作量太大，成本太高，因此目前国外一些知名的管件厂多采用“有限元分析法+爆破验证试验法”相结合的方法进行管件壁厚的设计。根据此要求，目前国内的管件制造厂，基本无法满足要求，仅有个别制造厂做过少量的爆破试验，但离标准要求相差尚远。没有进行管件壁厚设计的管件应用到中低压条件下，一般不会出现强度不够的问题，这是因为管路设计中，管路的强度等级都留出一定的裕量。但在高压条件下，或者在管路强度等级预留较少的情况下，这类管件的强度能否满足要求就值得推敲。

总体来说，国内油气输送工程用弯管和管件的生产设备加工能力、自动化程度、技术先进性等方面均落后于发达国家，弯管和管件的工艺、质量及生产管理等还需改进，X80及更高强度级弯管管件的现场焊接性技术需要进一步提高，需要系统研究国外相关标准规范，修正完善国内管件制造技术要求，从而使国内油气输送工程用弯管和管件的结构和所用材料更加合理、性能符合油气田的使用要求。

参考文献

[1]杜伟，王长安，程敦华，等．川气东送管道工程用 ϕ1016mm×26.2mm 感应加热弯管的性能分析[J]．钢管，2010(5)：51－54.

[2]郭宝利，李忠诚，刘斌，等．X80 钢级 ϕ1422mm×35.2mm 弯管化学成分对感应加热弯管性能的影响[J]．焊管，2021，44(5)：14－18.

[3]李金凤，吕拴录．感应加热弯管煨弯裂纹分析[J]．冶金分析，2004，24(增刊2)：557－559.

[4]李金凤，吕拴录．ϕ1016mm×21mm X70 感应加热弯管煨弯裂纹分析[J]．石油工业技术监督，2003，

19(5)：7－9.
[5]王桐瑞．高频感应加热弯管机弯管工艺参数与弯管质量的关系[J]．石油机械，1993，10：9.
[6]李金凤，吕拴录．感应加热弯管煨弯裂纹分析[C]//中国金属学会第十二届分析测试学术年会．中国金属学会，2004.
[7]陈诚．钢板移动式感应加热水火弯板工艺的研究[D]．大连：大连理工大学，2015.
[8]刘迎来，许彦，王高峰，等．中俄东线－45℃低温环境油气管道工程用X80钢级ϕ1422mm×33.8mm感应加热弯管研发[J]．焊管，2019，42(7)：48－54.
[9]刘迎来，李平全．西气东输管道工程用高强度感应加热弯管的选材研究[J]．石油工程建设，2005，31(2)：52－55.
[10]张伟福，高建忠，王长安，等．川气东送管道工程用国产X70钢级直缝埋弧焊管的性能分析[J]．钢管，2011，40(2)：50－53.
[11]巩忠旺，赵志伟，陈跃华，等．中俄东线工程用ϕ1422mm X80钢级感应加热弯管研发[J]．钢管，2020，49(3)：25－29.
[12]尹文明，雷庆，赵志伟，等．土耳其TANAP工程用感应加热弯管制造标准及技术难点[J]．焊管，2017，40(8)：61－64.
[13]杜伟，王长安，程敦华，等．川气东送ϕ1016mm×26.2mm感应加热弯管性能分析[C]// 中国金属学会轧钢学会钢管学术委员会五届五次年会．中国金属学会，2009.
[14]赵波，王旭，王瑾，等．中俄东线－45℃低温环境用X80钢级ϕ1422mm×33.8mm感应加热弯管研发[J]．焊管，2021，44(8)：23－29，35.
[15]巨龙钢管有限公司－45℃环境用ϕ1422mmX80钢级弯管中标中俄东线天然气管道工程项目[J]．钢管．2019(2).
[16]赵志伟，吴亚军，安晓军．中俄东线－45℃低温环境用X80M钢级ϕ1400mm三通的研发[J]．焊管，2021，44(3)：1－6.
[17]张振永，刘军．中俄东线D1422mm管道线路工程建设关键技术[C]//2018北京国际油气管道论坛，2018.
[18]李烨铮．X80感应加热弯管制造工艺技术研究[D]．天津：天津大学，2014.
[19]田新新，曹峰，杨专钊，等．L360无缝感应加热弯管拉伸试验中屈服强度偏低的原因分析[J]．新技术新工艺，2010(5)：100－102.
[20]张振祥．碳钢抗拉强度大于屈服强度的原因分析[J]．金属世界，2014(3)：30－32.
[21]肖雪琴，徐梅，刘琼，等．低合金高强度大规格H型钢屈服强度偏低原因分析与改进[J]．理化检验：物理分册，2014，50(8)：606－609.
[22]申庆波，李俊杰，张胜．松下万宝SS400抗拉强度偏低原因分析[J]．梅山科技，2021(2)：49－50.
[23]赵天力，万长杰，张胜利．35CrMo钢棒料抗拉强度偏低的原因分析[J]．济源职业技术学院学报，2012，11(4)：29－31.
[24]刘迎来，许彦，王高峰，等．小口径感应加热弯管低应力脆断原因分析及控制措施研究[C]//2015年全国失效分析学术会议，2015.
[25]罗华权，张丽娜，仝珂，等．感应加热弯管屈服强度和抗拉强度偏低原因分析[J]．焊管，2017，40(11)：37－46.
[26]黄禄璐，张行刚，张建军．无缝钢管屈服强度偏低原因分析[J]．包钢科技，2017，43(1)：58－61.
[27]尹成先，刘伟，冯耀荣，等．高强度感应加热弯管抗氢致开裂试验研究[J]．焊管，2003，26(1)：

27－29.
[28]许贵芝．俄罗斯干线输气管道用三通连接管的制造与分析[J]．焊管，2011，34(6)：62－65
[29]轩福贞，李培宁，涂善东．复杂载荷下管道三通的塑性极限载荷[J]．机械强度，2003，25(6)：646－650.
[30]轩福贞，刘长军，李培宁．内压下焊制管道三通塑性极限载荷有限元分析[J]．化工设备与管道，2001，38(2)：45－51.
[31]轩福贞，刘长军，李培宁．面内弯矩下焊制管道三通的塑性极限载荷[J]．动力工程，2002，22(1)：1622－1626.
[32]轩福贞，刘长军，李培宁．焊制管道三通塑性极限载荷弯矩的计算方法[J]．油气储运，2001，20(6)：10－15.
[33]轩福贞，李培宁．管道三通塑性极限压力及其影响因素分析[J]．油气储运，2000，19(10)：26－31，57.
[34]马季红，魏化中，武汉工程大学机电工程学院，等．底部减薄燃气管道三通的塑性极限载荷分析[C]//中国化工学会化工机械年会．中国化工学会，2008.
[35]刘小丽．基于 VC 和 APDL 含双点缺陷三通塑性极限载荷有限元分析[A]，2009.

第5章　高钢级管道环焊缝质量可靠性

导读

近年来，国内高钢级管道在运行过程中暴露出一些新的技术问题，甚至出现一些安全隐患和事故；2020年2月12日，加拿大能源局发布SA2020-01号公告，公告称发现加拿大之外的多起事故与高强钢环焊缝(焊缝及热影响区)失效有关；使得业内对高钢级管道的适用性提出质疑。由此，组织国内各方力量对我国目前已投运的X65、X70和X80管道的实际应用情况进行全面回顾，结合环焊缝安全隐患排查发现的问题，从钢管材料、焊接材料、焊接方法、焊接施工、检验运行等各个环节进行全面梳理、进行系统分析，研究X65、X70和X80典型管道环焊缝的质量可靠性，识别环焊缝在实际运行中的潜在风险，为X65、X70和X80在役管道运行管理，以及后期长输天然气管道建设提供技术支撑和决策依据。

5.1　环焊缝缺欠及焊接工艺差异

5.1.1　环焊缝缺欠

1. 缺欠总体情况

环焊缝中的不连续性、不均匀性及其他不健全性等的欠缺，都称为焊接缺欠。根据缺欠的性质、特征，将其分类分为：圆缺、条缺、未熔合、未焊透、内凹、咬边及其他。GB/T 50818、SY/T 4109等无损检测标准均明确了各类环焊缝缺欠的容限标准，超出标准容限的缺欠称为缺陷。焊接缺欠的存在，使环焊缝的质量下降、服役能力变差。通过对高钢级管道环焊缝缺欠统计分析，能够反映环焊缝整体质量水平，为油气管道工程完整性管理与环焊缝质量提升提供参考。

以我国X65、X70和X80钢典型代表工程管道环焊缝射线检测数据为依托，分析我国油气管道环焊缝缺欠特征，掌握环焊缝整体质量特征。纳入环焊缝缺欠情况分析的无损检测数据见表5-1，各钢级环焊缝分类缺欠统计情况见图5-1~图5-3。

表 5-1　环焊缝缺欠统计样本收集情况

序号	X65	X70	X80	合计
样本数	6051	22146	24889	53086

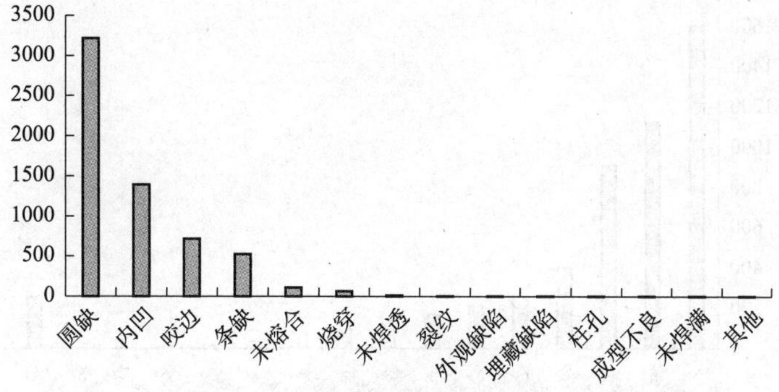

图 5-1　X65 钢环焊缝缺陷情况

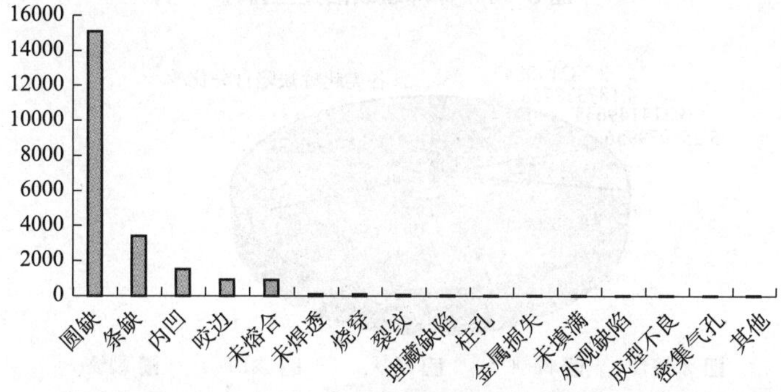

图 5-2　X70 钢环焊缝缺陷情况

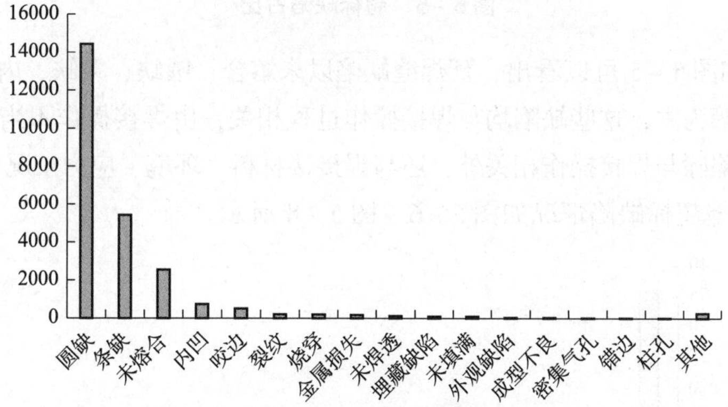

图 5-3　X80 钢环焊缝缺陷情况

从图 5-1～图 5-3 可以看出，各钢级管道环焊缝缺陷种类和排序相似，均以焊接缺陷为主，其中以圆缺出现频次最高，其次是条缺、内凹、未熔合、埋藏缺陷(未明确缺陷类型的，可能为气孔、夹渣、未熔合、咬边等)等缺陷。上述结果进一步验证了近年来业内对高钢级管道环焊缝缺陷形成原因和失效原因的相关推理。

2. 超标缺陷情况

表5-1环焊缝缺欠样本收集中的超标缺欠(缺陷)总体情况如图5-4所示，各类缺陷占比如图5-5所示。

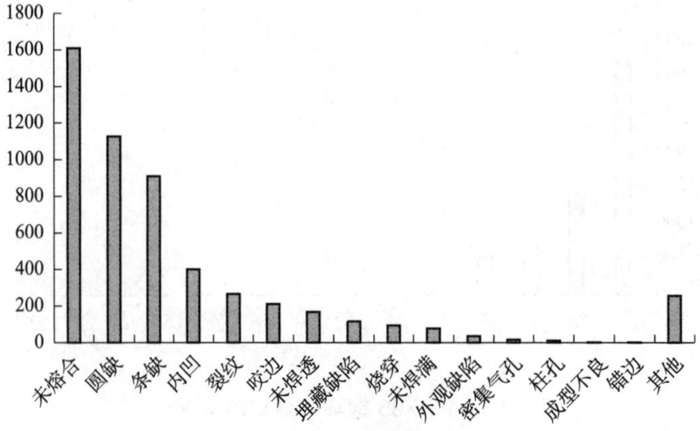

图5-4　环焊缝缺陷类型排序

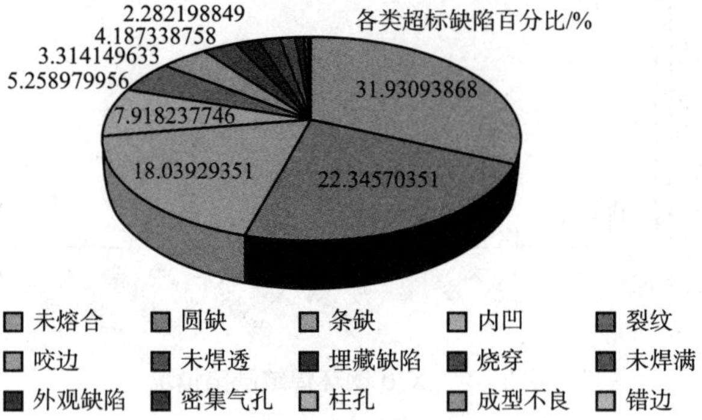

图5-5　超标缺陷占比

由图5-4和图5-5可以看出，环焊缝缺陷以未熔合、圆缺、条缺、内凹、咬边、未焊透、烧穿、夹渣等为主，这些缺陷均与焊接操作过程相关，由焊接操作不当导致；其次是裂纹缺陷，这类缺陷除与焊接操作相关外，还与焊接接材料、环境、应力工况等多因素相关。

各钢级环焊缝超标缺陷情况如图5-6~图5-8所示。

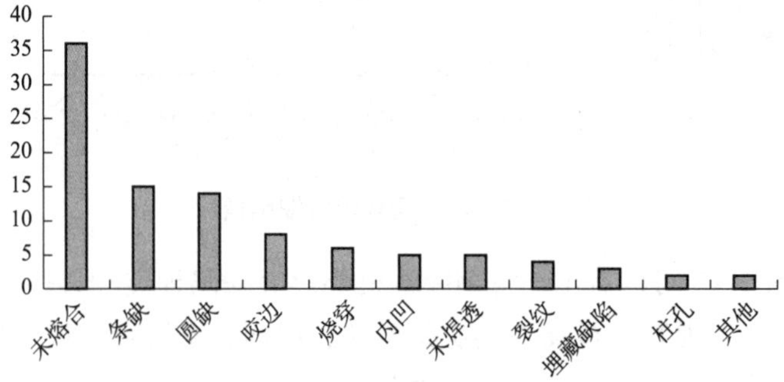

图5-6　X65钢环焊缝超标缺陷情况

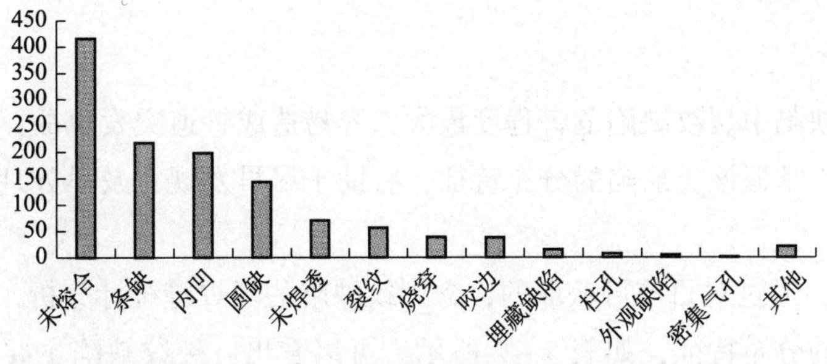

图5－7　X70钢环焊缝超标缺陷情况

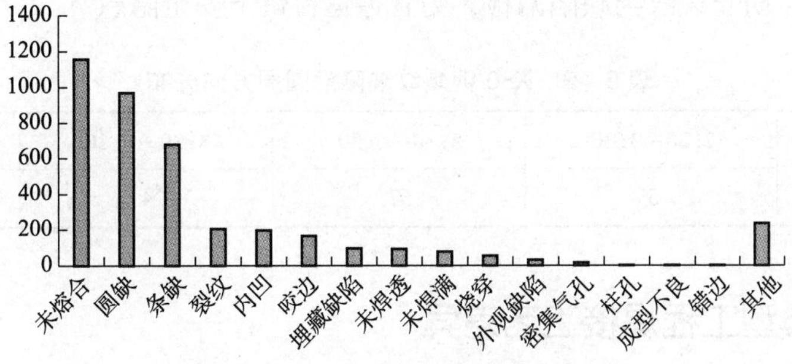

图5－8　X80钢环焊缝超标缺陷情况

各钢级超标缺陷类型具有相似性，以未熔合为首，其次是条缺、圆缺、内凹、咬边、未焊透、烧穿等焊接类缺欠，此外相比于X65钢，X70与X80钢环焊缝裂纹缺陷比例显著上升，且具有随着钢级上升比例增加的趋势。

以管顶为0:00点，环焊缝圆周方向各钟点位置缺陷分布情况如图5－9所示。

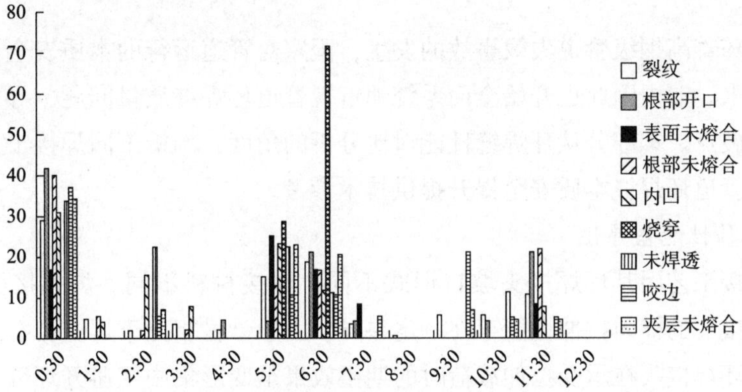

图5－9　环焊缝圆周方向各钟点位置缺陷情况统计结果

由图5－9可以看出，各类焊接缺陷主要集中在立焊位置和仰焊位置，这一特征与环焊缝受力状态相关，一般6:00位置是容易出现应力集中的位置；其次与焊接操作有关，6:00与12:00一般是焊接的起弧和收弧处，起弧收弧的过程中焊接参数瞬时异常，容易导致焊接缺陷；另外，6:00位置多数情况下焊接施工操作难度大，焊接质量控制难度大。

3. 裂纹缺陷

环焊缝各类缺陷中裂纹缺陷危害程度最大，容易造成管道突发事故，也是标准中严禁出现的一类缺陷，掌握该类缺陷的分布特征，有助于尽早发现，及早处理，预防失效事故发生。

以 X80 为例，通过对目前可获取的，含裂纹缺陷的环焊缝统计分析，发现环焊缝裂纹缺陷沿圆周方向的分布特征，如表 5 - 2 所示。可以看出，裂纹缺陷主要集中在管顶的平焊位置和管底的仰焊位置。因此，需要在新建管道与在役管道环焊缝无损检测中重点关注平焊与仰焊位置，防止裂纹类缺陷漏检，为管道运行留下安全隐患。

表 5 - 2　X80 钢裂纹缺陷沿圆周方向分布

裂纹	2:30—3:30	5:30—6:30	8:30—9:30	11:30—12:30
	5	57	4	71

5.1.2　典型工程焊接工艺差异

近几十年，随着管道工程建设的大发展，我国油气管道焊接技术经历了从手工焊到半自动焊和自动焊的技术进步。目前广泛应用的焊接法主要有焊条电弧焊(SMAW)、气体保护药芯焊丝半自动焊(FCAW - G)、熔化极气体保护焊(GMAW)、钨极氩弧焊(GTAW)。自 20 世纪末、21 世纪初开始广泛推广应用的自保护药芯焊丝半自动焊(FCAW - S)因在高钢级管道应用中暴露的韧性不稳定的问题已逐渐退出高钢级管道工程建设的舞台。

近几年，随着高钢级管道失效事故的发生，国家对管道运行的本质安全和完整性管理提出了更高要求。业内因此也开始全面系统地审视管道环焊缝质量问题，寻找环焊缝质量提升的技术突破点。本部分从环焊缝性能对比分析的角度，剖析不同焊接工艺工程应用的效果差异，为管道环焊缝本质安全提升提供技术参考。

1. 焊缝拉伸性能差异化

不同的焊接工艺因其环焊接头坡口形式不同、焊接材料不同、焊接接头几何形貌不同，导致环焊接头的横向拉伸性能存在一定差异。由于母材相比于焊缝具有更高的抗轴向变形能力，对环焊接头在承受拉伸载荷时的期望效果是变形集中区避开焊缝，断裂发生在母材处。相比而言，拉伸断裂位置在焊缝的管道较断裂位置在母材的焊缝具有更好的轴向承载能力。

以 X70 钢和 X80 钢典型代表工程不同焊接工艺评定的拉伸试样断裂位置作为衡量指标，表征焊缝拉伸性能差异化，如图 5 - 10 所示。可以看出，拉伸试样断在焊缝的比例由高到低排序为：FCAW - S(半自动焊) > SMAW(手工焊) > FCAW - G(组合自动焊) > GMAW(自动焊)。这说明同等情况下，GMAW 工艺焊接接头具有更高的轴向承载能力，

FCAW－S 工艺焊接轴向承载能力相对较低。

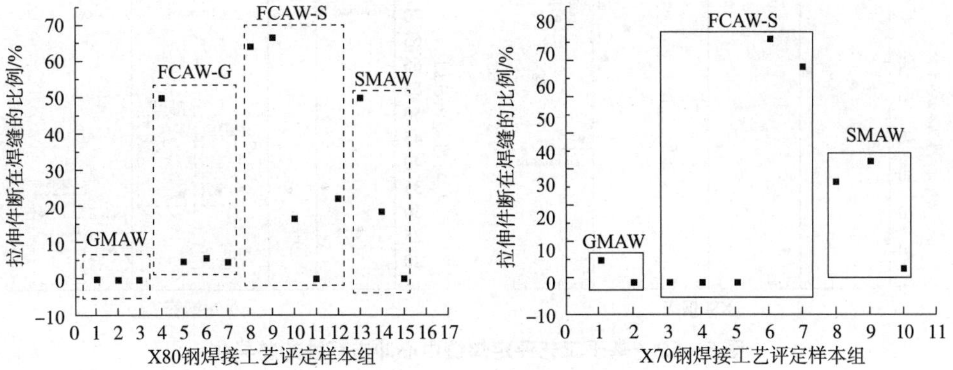

图5－10 基于工艺评定的焊缝强度差异化

图5－11 所示为基于典型代表工程的现场口检测数据的拉伸试样断裂位置的分析结果，同样可以得出半自动焊焊缝拉伸件断在焊缝的比例高于自动焊的结论。

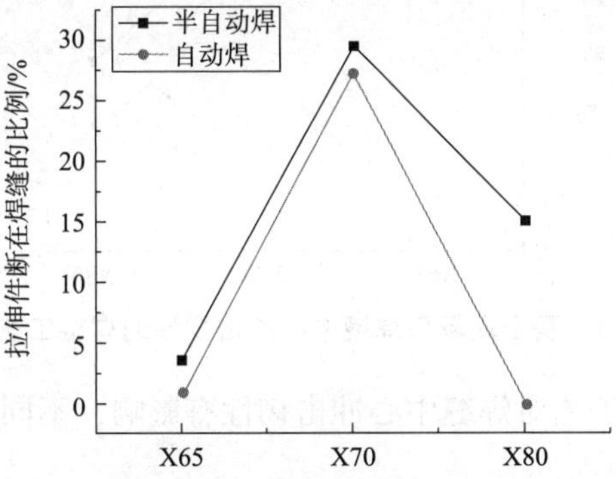

图5－11 基于现场口焊缝强度的焊接工艺差异化

以上结果说明，焊接工艺对焊缝强度有影响，不同的工艺焊接的接头承载能力不同。

2. 焊缝中心韧性差异化

焊接接头韧性是衡量其抗断裂能力的重要技术指标，焊缝韧性越高，抗断裂能力也越高，焊缝韧性越稳定，管道抗断裂能力可靠性也越高。不同的焊接工艺因其焊接热输入差异及焊材差异等原因，导致焊缝韧性特点不同。

基于典型代表工程焊接工艺评定数据的焊缝冲击韧性离散程度差异化如图5－12 所示。可以看出，半自动焊焊缝中心韧性离散程度较其他焊接工艺明显。

图5－13 所示为基于现场口检验数据的焊缝中心冲击韧性统计分析结果，同样可以看出半自动焊焊缝中心韧性离散程度高于自动焊。

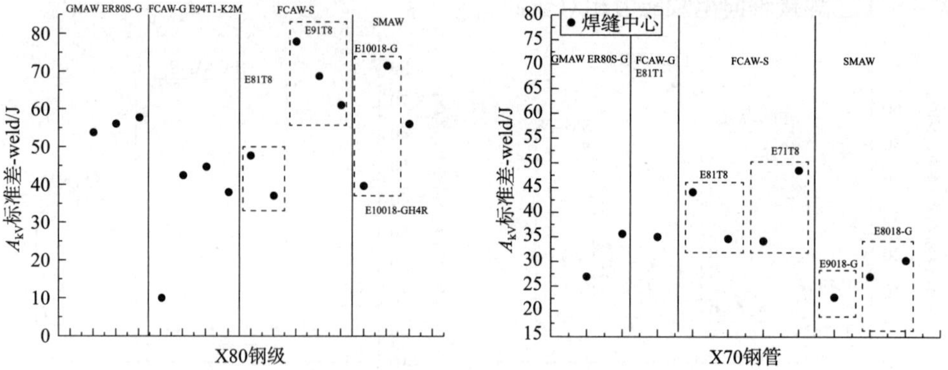

图 5－12　基于工艺评定焊缝中心冲击韧性的差异化

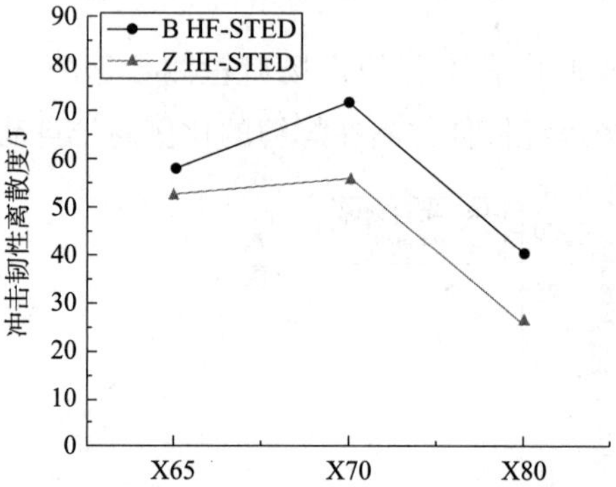

图 5－13　基于现场口焊缝中心冲击韧性的焊接工艺差异化

以上结果说明，焊接工艺对焊缝中心冲击韧性有影响，不同焊接工艺的焊缝中心冲击韧性的稳定性不同。

3. 热影响区韧性差异化

基于典型代表工程焊接工艺评定数据的焊缝热影响区冲击韧性离散程度差异化如图 5－14 所示。可以看出，自保护药芯焊丝半自动焊与焊条电弧焊的环焊缝热区韧性离散程度较自动焊明显。

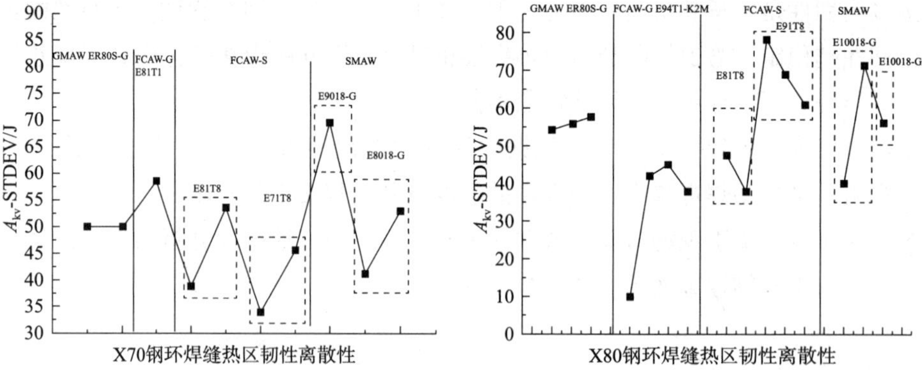

图 5－14　基于工艺评定焊缝热区冲击韧性的差异化

图 5－15 所示为基于现场口检验数据的焊缝热影响区冲击韧性统计分析结果，同样可以看出半自动焊热影响区韧性离散程度高于自动焊。

以上结果说明，焊接工艺对焊缝热影响区冲击韧性有影响，不同焊接工艺的焊缝热影响区冲击韧性的稳定性不同。

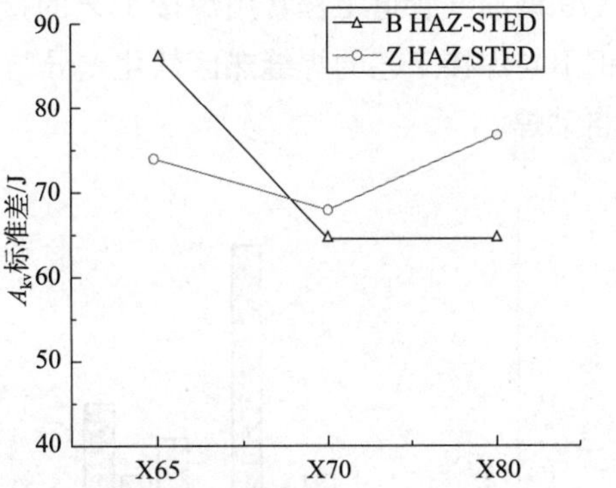

图 5－15　基于现场口焊缝热区冲击韧性的差异化

4. 热影响区软化差异化

近些年来，随着高钢级管线钢的工程应用，发现环焊缝热影响区存在一定程度的软化现象，同时，在国内外的相关研究中也发现，热区软化容易导致环焊缝在承受外部载荷时在热区软化带发生应变集中，导致焊缝失效。因此，引起业内对环焊缝热影响区软化问题的关注。

我国 X80 钢油气管道工程常用焊接工艺的接头热区软化特征如图 5－16 所示。可以看出，X80 钢不同焊接工艺的焊缝热区软化情况由高到低排序为：手工焊 > 半自动焊 > 自动焊。

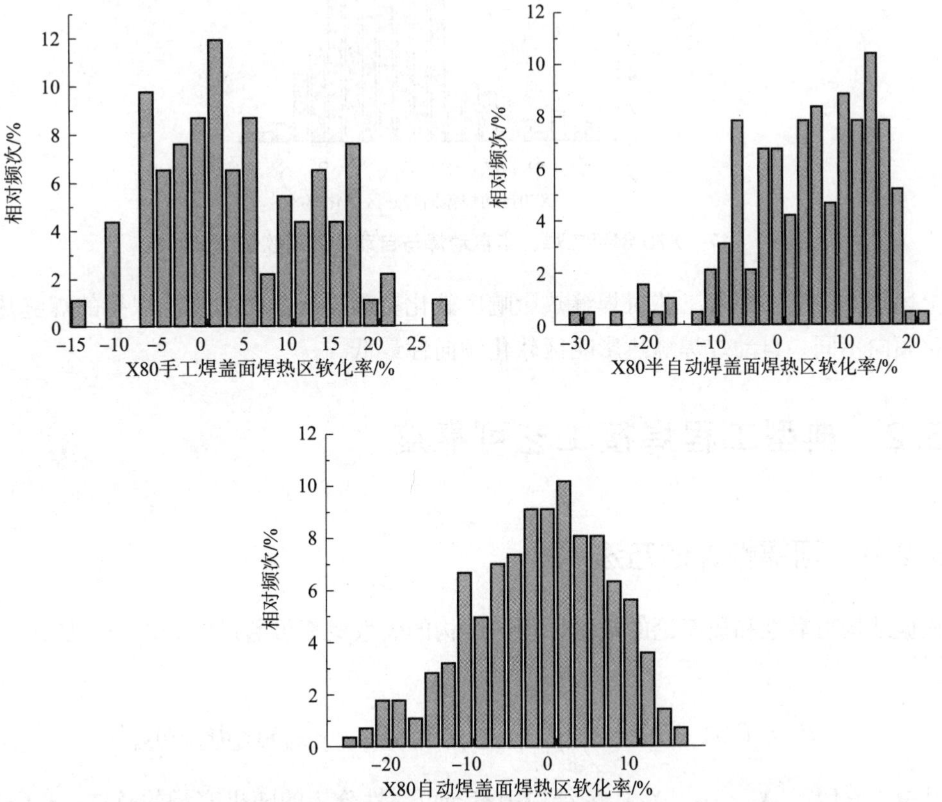

图 5－16　X80 钢手工焊、半自动焊与自动焊焊缝软化情况对比

X70 钢油气管道工程常用焊接工艺的接头热区软化特征如图 5－17 所示。可以看出，X70 钢不同焊接工艺的焊缝热区软化差异与 X80 钢相似，由高到低排序为半自动焊 > 手工焊 > 自动焊。

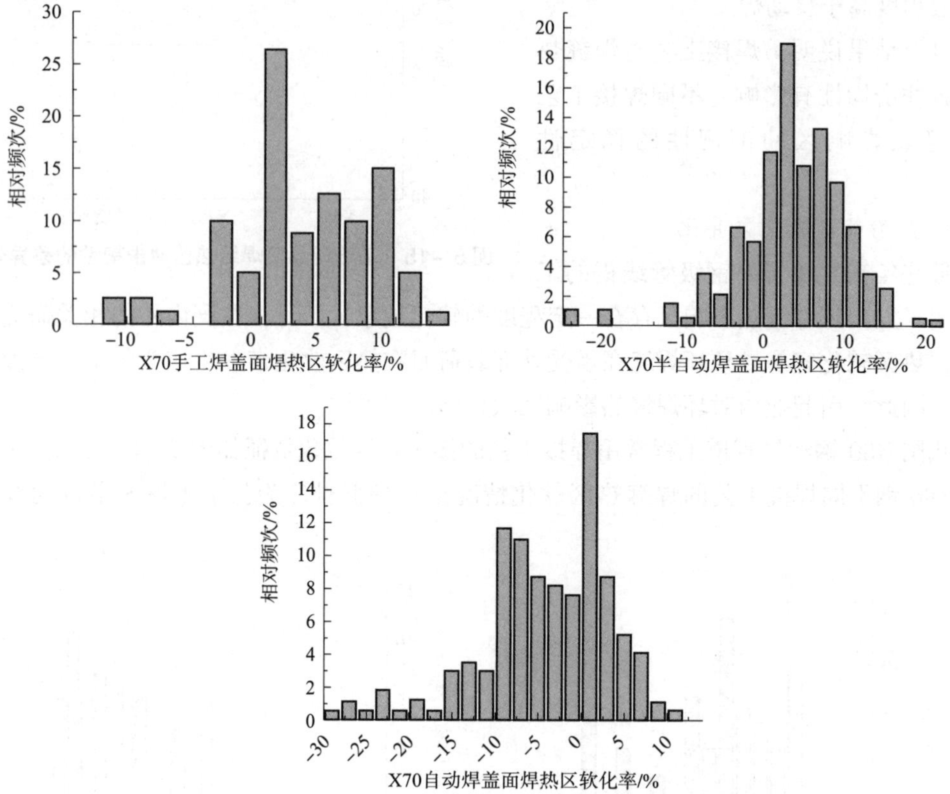

图 5－17　X70 钢手工焊、半自动焊与自动焊焊缝软化情况对比

上述结果说明，焊接工艺对焊缝热影响区软化有影响，不同的工艺焊接的焊缝热影响区软化倾向不同。自动焊焊缝热影响区软化倾向性最低。

5.2　典型工程焊接工艺可靠度

5.2.1　可靠性评估方法

根据结构可靠性和概率论的基本原理，结构的失效概率可通过积分求得，如式(5－1)所示：

$$P_f = P(Z < 0) = \int\int_{Z<0}\cdots\int f_{X_1X_2\cdots X_n}(x_1, x_2, \cdots, x_n)\mathrm{d}x_1\mathrm{d}x_2\cdots\mathrm{d}x_n \tag{5-1}$$

其中 $X = [X_1, X_2, \cdots, X_n]^{\mathrm{T}}$ 为结构中参与可靠性分析的随机变量的总体，$f_X(x)$为概率密度函数，$Z = G(x)$是功能函数。由于直接应用数值积分法计算结构失效概率比较困难，目前多采用直接法进行计算，直接法包括近似解析法和数值模拟法。其中，近似解析法多采用一次二阶矩法，数值模拟法为蒙特卡罗法(Monte Carlo)。因蒙特卡罗直接法更适用于非线性程度较高的极限状态函数的可靠性分析。本部分仅介绍基于蒙特卡罗直接法的典型工程焊接工艺可靠度。

5.2.2　环焊缝性能参数分布函数

1. 性能参数分布函数

(1) X80 环焊缝性能参数分布函数

1) 缺陷高度

以中缅天然气管道干线、西气东输二线干线、西气东输三线干线、西气东输三线中靖联络线、伊霍输气管道、中贵线干线等典型管道工程为代表，基于上述典型工程的环焊缝无损检测数据分析环焊缝缺陷的统计分布特征。

X80 典型代表工程环焊缺陷高度的统计分布特征如表 5-3 和图 5-18、图 5-19 所示。

表 5-3　X80 典型代表工程环焊缝缺陷高度分布函数

样本	单位	样本数量	分布类型	均值	标准偏差	COV	分布参数 1	分布参数 2
总样本	mm	3190	对数正态	2.5381	1.5836	0.6239	0.7755	0.5584
不合格样本	mm	2760	对数正态	2.6397	1.4453	0.5475	0.8344	0.5312

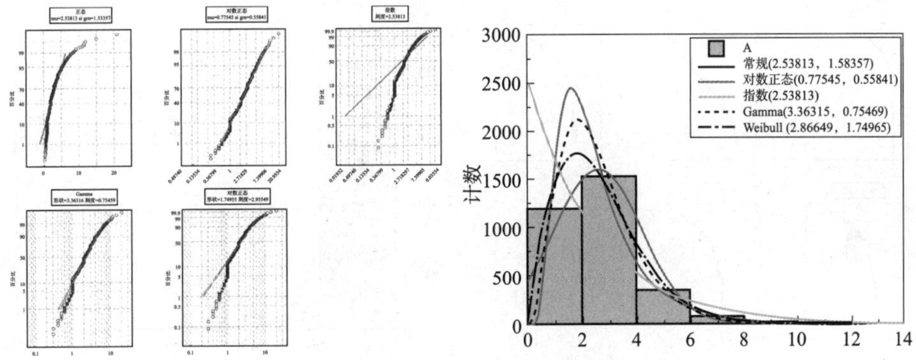

图 5-18　X80 管道环焊缝总样本缺陷高度分布函数

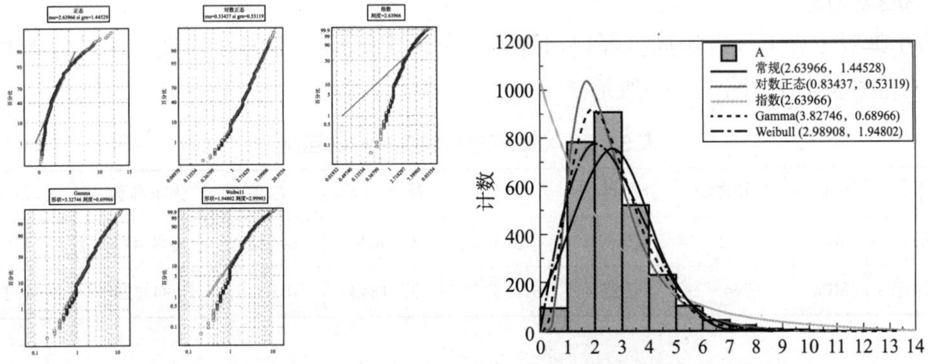

图 5-19　X80 环焊缝无损检测不合格样本缺陷高度分布函数

2)缺陷长度

X80 典型工程环焊缝缺陷长度的统计分布特征如表 5 -4 和图 5 -20、图 5 -21 所示。

表 5 -4　X80 典型代表工程环焊缝缺陷长度分布函数

样本	单位	样本数量	分布类型	均值	标准偏差	COV	分布参数 1	分布参数 2
总样本	mm	33271	对数正态	21. 2072	62. 4607	2. 9453	1. 9373	1. 2973
不合格样本	mm	8800	对数正态	57. 5796	103. 4203	1. 7961	3. 3289	1. 1184

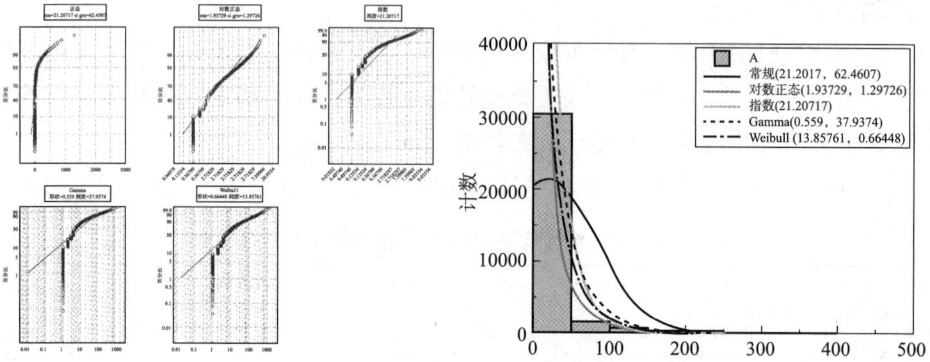

图 5 -20　X80 典型代表工程管道环焊缝总样本缺陷长度分布函数

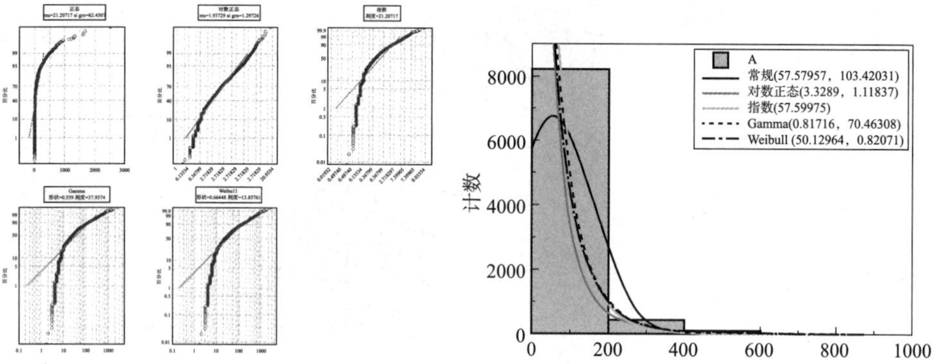

图 5 -21　X80 典型代表工程管道环焊缝缺陷长度分布函数

3)抗拉强度

X80 典型代表工程现场抽检焊口与焊接工艺评定焊口环焊缝拉伸强度统计分布特征如表 5 -5 和图 5 -22、图 5 -23 所示。

表 5 -5　X80 管道抗拉强度分布函数

样本	单位	样本数量	分布类型	均值	标准偏差	COV	分布参数 1	分布参数 2
现场口	MPa	2672	正态	698. 4779	31. 9642	0. 0458	698. 4779	31. 9642
工艺评定	MPa	744	正态	694. 3239	37. 1843	0. 0536	694. 3239	37. 1843

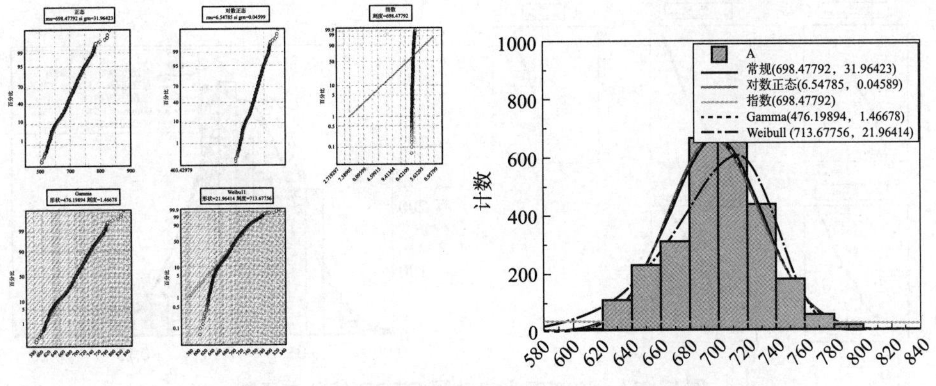

图5-22 X80管道现场口抗拉强度分布函数

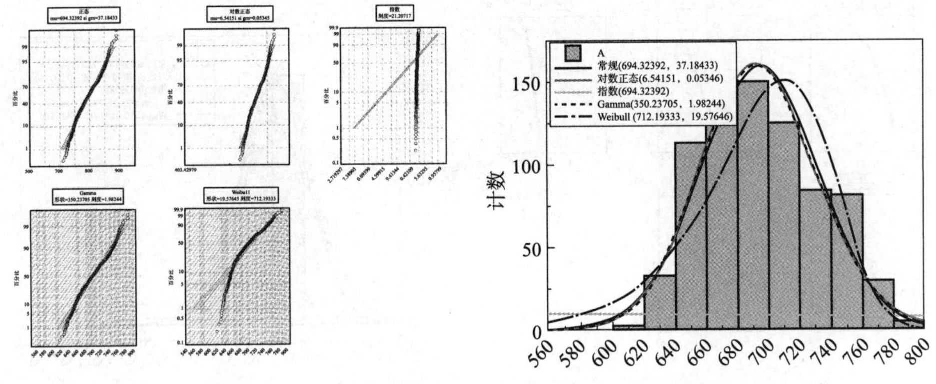

图5-23 X80管道工艺评定焊口抗拉强度分布函数

4）CTOD

因断裂评估中直接采用的数据是断裂韧性参量CTOD，而工程数据一般仅有夏比冲击吸收功，因此，需要在评估中将工程的数据CVN转换为断裂韧性数据CTOD。目前API 579及BS 7910等规范中均有夏比冲击吸收功CVN与CTOD转换的经验公式。

将X80典型代表工程现场抽检焊口检验数据与焊接工艺评定获得的焊接接头夏比冲击吸收功CVN通过经验公式转换，获得焊接环焊缝断裂韧性CTOD统计分布特征如表5-6和图5-24、图5-25及图5-26所示。

表5-6 X80管道环焊缝CTOD值分布函数

变量	单位	样本数量	分布类型	均值	标准偏差	COV	分布参数1	分布参数2
半自动焊	mm	2606	Weibull	0.0861	0.0286	0.3322	3.2793	0.0959
自动焊	mm	1794	对数正态	0.0991	0.0211	0.2129	-2.3329	0.2072
手工焊	mm	210	对数正态	0.0876	0.0418	0.4772	-2.4383	0.5704

自动焊：西二线、陕京四线、新气项目、中俄东线
半自动焊：西二线、陕京四线、新气项目、中俄东线
手工焊：西二线、陕京四线、新气项目、中俄东线

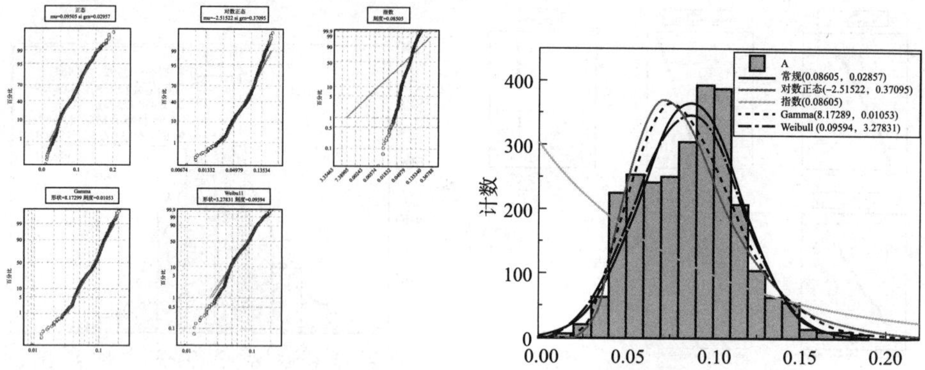

图 5－24　X80 钢半自动焊 CTOD 值分布函数

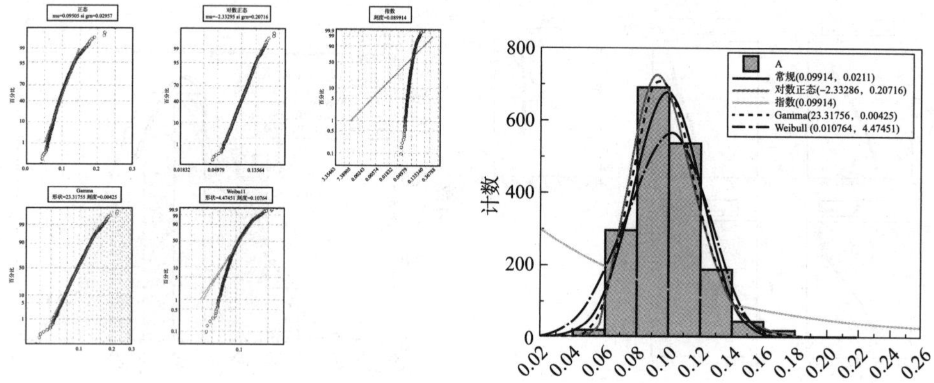

图 5－25　X80 钢自动焊 CTOD 值分布函数

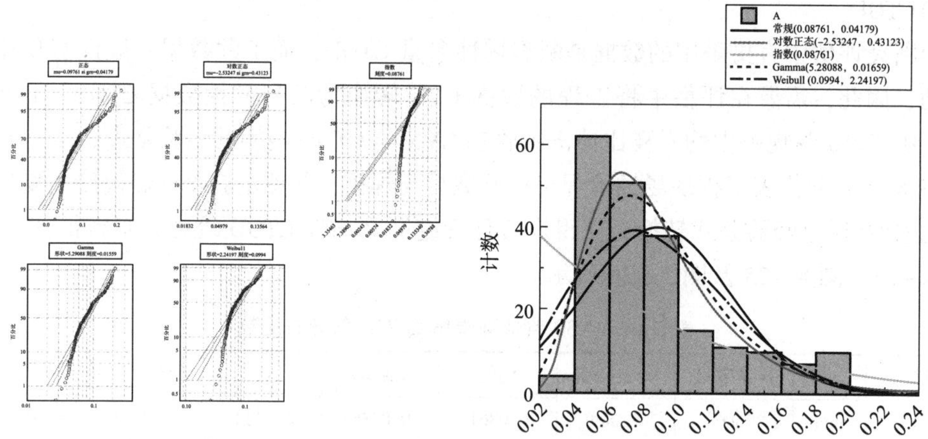

图 5－26　X80 钢手工焊 CTOD 值分布函数

（2）X70 环焊缝参数分布函数分析

同样以我国 X70 钢典型管道工程为代表，依托其环焊缝无损检测数据、现场百口磨合期抽检焊口的性能分析数据、焊接工艺评定的焊缝性能数据，分析环焊缝可靠性评价的性能统计分布特征。

1)高度

X70 管道典型代表工程的环焊缝缺陷高度统计分布特征如表 5 -7 和图 5 -27、图 5 -28 所示。

表 5 -7 X70 管道环焊缝缺陷高度分布函数

样本	单位	样本量	分布类型	均值	标准偏差	COV	分布参数 1	分布参数 2
总样本	mm	846	对数正态	1. 7844	1. 4703	0. 8240	0. 3746	0. 5702
不合格	mm	379	对数正态	2. 2706	1. 5556	0. 6851	0. 6199	0. 6410

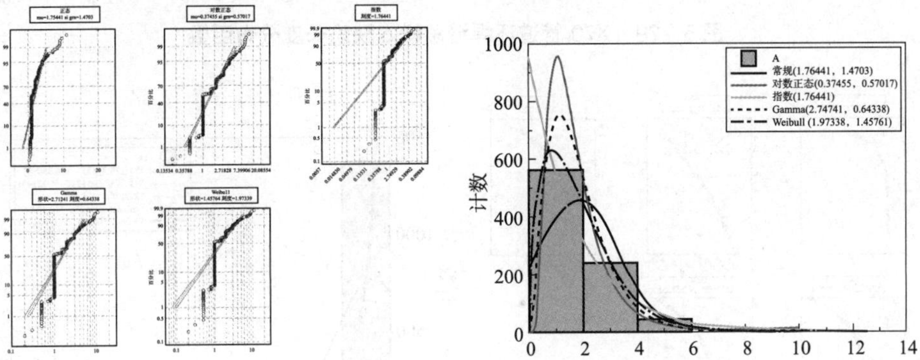

图 5 -27 X70 管道环焊缝总样本缺陷高度分布函数

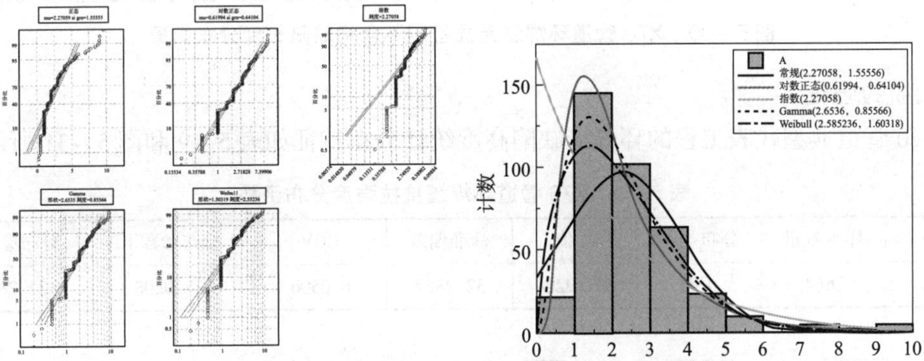

图 5 -28 X70 管道环焊缝无损检测不合格样本缺陷高度分布函数

2)长度

X70 管道典型代表工程的环焊缝缺陷高度统计分布特征如表 5 -8 和图 5 -29、图 5 -30 所示。

表 5 -8 X70 管道环焊缝缺陷长度分布函数

样本	单位	样本量	分布类型	均值	标准偏差	COV	分布参数 1	分布参数 2
总样本	mm	22164	对数正态	10. 0861	47. 2280	4. 68	1. 12684	0. 14518
不合格样本	mm	1506	对数正态	78. 3167	156. 9810	2. 00	3. 5130	1. 2214

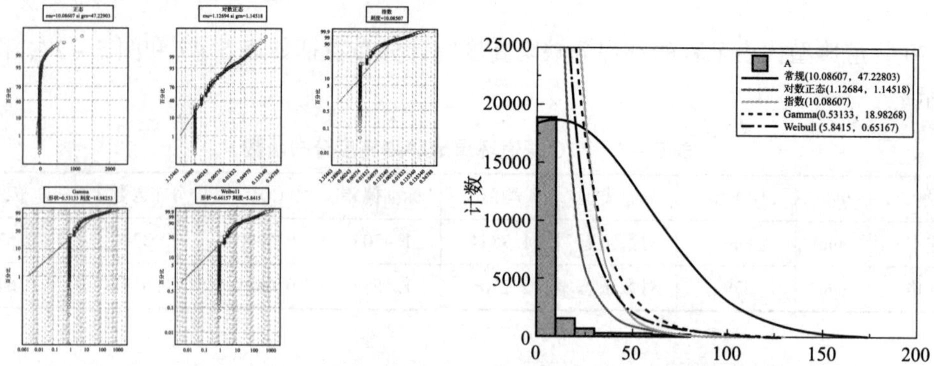

图 5 -29　X70 管道环焊缝总样本缺陷长度分布函数

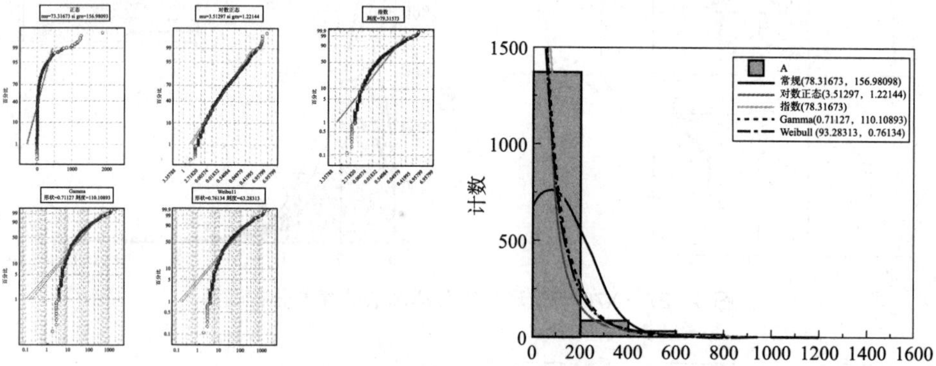

图 5 -30　X70 管道环焊缝无损检测不合格缺陷长度分布函数

3)抗拉强度

X70 管道典型代表工程的环焊缝缺陷高度统计分布特征如表 5 -9 和图 5 -31 所示。

表 5 -9　X70 管道环焊缝抗拉强度分布函数

单位	样本数量	分布类型	均值	标准偏差	COV	分布参数 1	分布参数 2
MPa	2664	正态	637. 9208	32. 2827	0. 0506	637. 9208	32. 2827

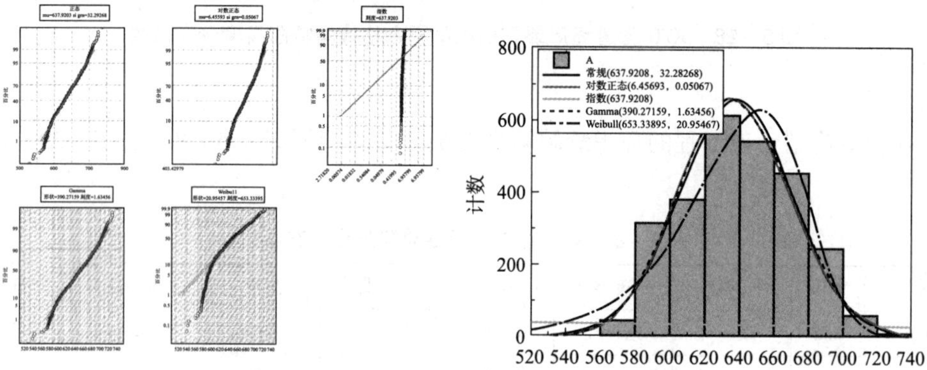

图 5 -31　X70 管道环焊缝抗拉强度分布函数

4）CTOD

X70 管道典型代表工程的环焊缝缺陷高度统计分布特征如表 5 - 10 和图 5 - 32 ~ 图 5 - 34 所示。

表 5 - 10 X70 管道环焊缝 CTOD 分布函数

变量	单位	样本数量	分布类型	均值	标准偏差	COV	分布参数 1	分布参数 2
半自动焊	mm	2855	对数正态	0. 1136	0. 0686	0. 6039	-2. 3107	0. 6005
自动焊	mm	1170	对数正态	0. 1075	0. 0499	0. 4642	-2. 3279	0. 4425
手工焊	mm	108	对数正态	0. 1086	0. 0407	0. 3748	-2. 2826	0. 3518

自动焊：新气项目、中俄东线

半自动焊：新气项目、中俄东线

手工焊：新气项目、中俄东线

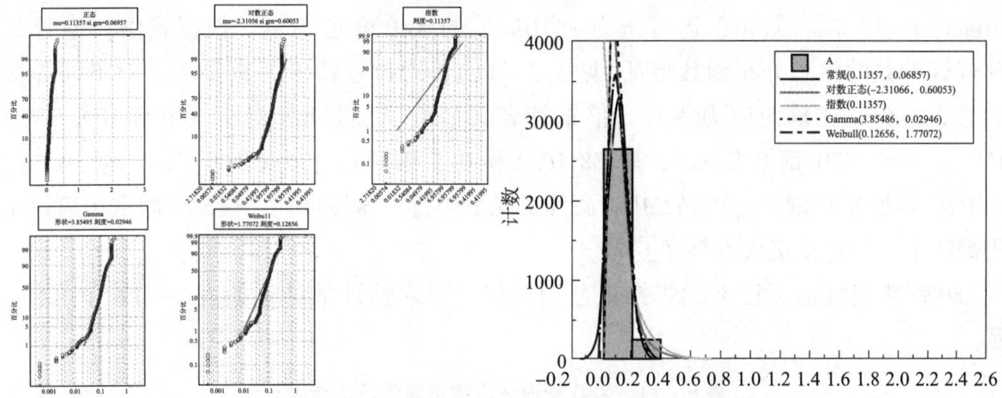

图 5 - 32 X70 管道半自动焊 CTOD 分布函数

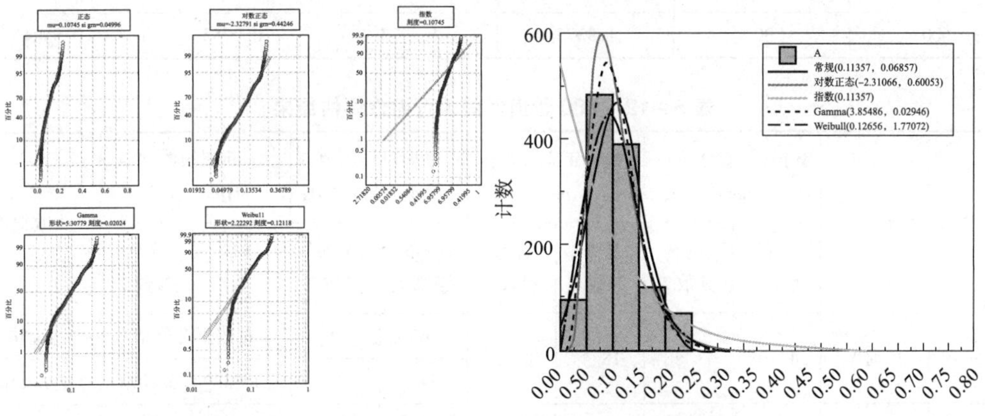

图 5 - 33 X70 管道自动焊 CTOD 分布函数

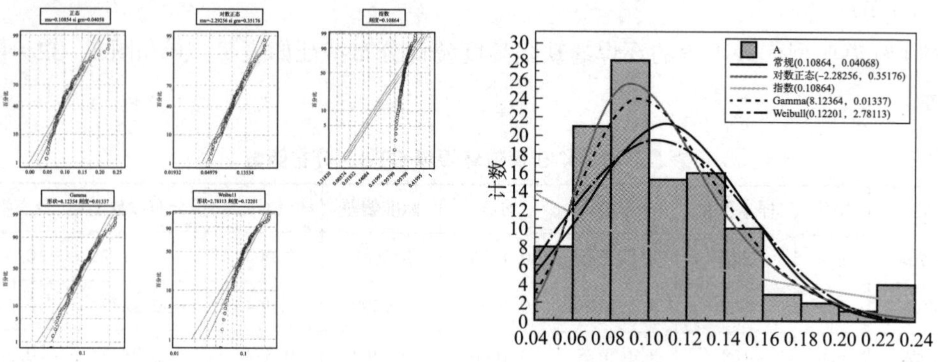

图 5－34　X70 管道手工焊 CTOD 分布函数

5.2.3　环焊缝可靠性评估分析

分别以 D = 1219mm，t = 18.4mm 规格，运行压力为 10MPa 的 X80 管道和 D = 1016mm，t = 15.7mm 规格，运行压力为 10MPa 的 X80 管道为例，根据我国典型管道工程环焊缝参数的状态分布函数特征(见表 5－11)，通过蒙特卡罗直接法，对不同焊接工艺的环焊接头，在轴向应力为 0.8 倍钢管名义最低屈服强度(对于 X80 钢 0.8 $SMYS$ = 444MPa，对于 X70 钢 0.8 $SMYS$ = 388MPa)和 0.5 倍环向应力(对于 X80 钢，$0.5\sigma_h \approx$ 166MPa；对于 X70 钢，$\sigma_h \approx$ 162MPa)两种工况下进行可靠性评估，借此反映我国管道工程常用焊接工艺的焊接接头可靠度差异。

X80 钢典型管道工程不同焊接工艺的环焊缝可靠性评估结果如表 5－12 和图 5－35 所示。

表 5－11　X80 管道环焊缝可靠性评估参数

屈服强度(正态分布)/MPa		缺陷长度(对数正态分布)/mm		缺陷高度(对数正态分布)/mm	
分布参数 1	分布参数 2	分布参数 1	分布参数 2	分布参数 1	分布参数 2
600	30	1.9373	1.2973	0.7755	0.5584

表 5－12　X80 管道环焊缝可靠性评估结果

算例编号	焊接工艺	管径(正态分布)/mm		壁厚(正态分布)/mm		轴向设计压力(正态分布)/MPa		断裂韧性/MPa · m$^{1/2}$		失效概率
		分布参数 1	分布参数 2	分布参数 1	分布参数 2	分布参数 1	分布参数 2	分布参数 1	分布参数 2	
1	自动焊	1219	1.8	18.4	0.55	166	0	对数正态分布		2.8×10^{-7}
2						444	0	－2.3329	0.2072	7.226×10^{-4}
3	半自动焊	1219	1.8	18.4	0.55	166	0	Weibull 分布		2.21×10^{-6}
4						444	0	3.2793	0.0959	2.755×10^{-3}

续表

算例编号	焊接工艺	管径（正态分布）		壁厚（正态分布）		轴向设计压力（正态分布）		断裂韧性		失效概率
		分布参数1	分布参数2	分布参数1	分布参数2	分布参数1	分布参数2	分布参数1	分布参数2	
5	手工焊	1219	1.8	18.4	0.55	166	0	对数正态分布		1.21×10^{-6}
6						444	0	-2.4383	0.5704	2.771×10^{-3}

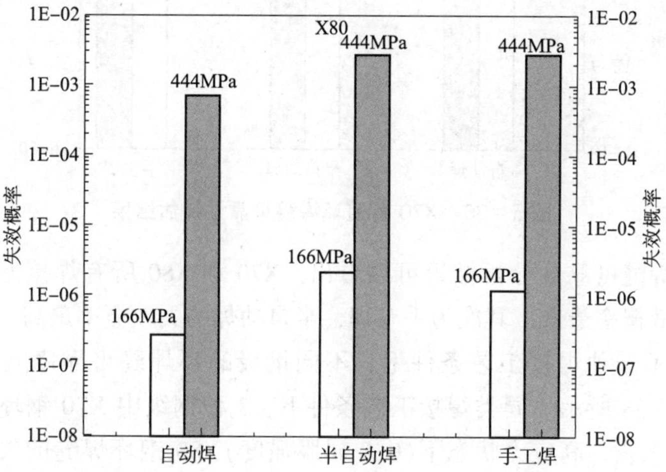

图5-35 X80管道环焊缝可靠性评估结果

X70管道环焊缝可靠性评估参数如表5-13所示。X70钢典型管道工程不同焊接工艺的环焊缝可靠性评估结果如表5-14和图5-36所示。

表5-13 X70管道环焊缝可靠性评估参数

屈服强度(正态分布)/MPa		缺陷长度(对数正态分布)/mm		缺陷高度(对数正态分布)/mm	
分布参数1	分布参数2	分布参数1	分布参数2	分布参数1	分布参数2
549	31	1.12684	0.14518	0.3746	0.5702

表5-14 X70管道环焊缝可靠性评估结果

算例编号	焊接工艺	管径(正态分布)/mm		壁厚(正态分布)/mm		轴向设计压力(正态分布)/MPa		断裂韧性/J		失效概率
		分布参数1	分布参数2	分布参数1	分布参数2	分布参数1	分布参数2	分布参数1	分布参数2	
7	自动焊	1016	1.5	15.7	0.53	162	0	对数正态分布		$<1\times10^{-8}$
8						388	0	-2.3279	0.4425	$<1\times10^{-8}$
9	半自动焊	1016	1.5	15.7	0.53	162	0	对数正态分布		$<1\times10^{-8}$
10						388	0	-2.3107	0.6005	3×10^{-6}
11	手工焊	1016	1.5	15.7	0.53	162	0	对数正态分布		$<1\times10^{-8}$
12						388	0	-2.5710	0.357	2.33×10^{-6}

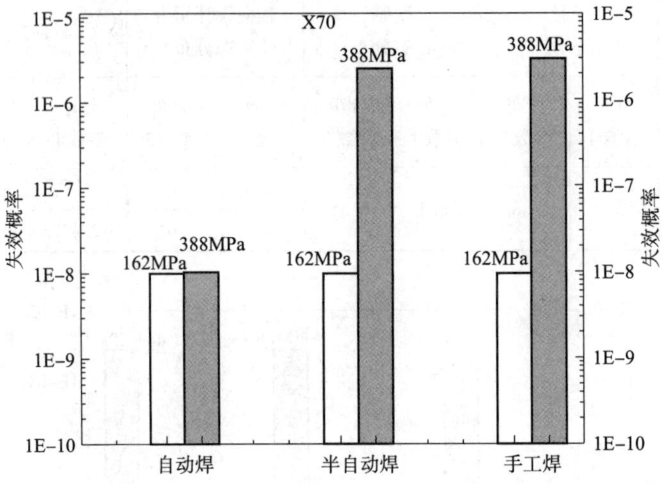

图 5-36　X70 管道环焊缝可靠性评估结果

从示例的环焊缝可靠性分析结果可以看出，X70 和 X80 所有焊接方式失效概率对比中，自动焊的失效概率最低，其次为手工焊，半自动焊的失效概率最高。

示例还反映了同种焊接工艺条件下，不同钢级的环焊缝可靠度差异，具体情况如图 5-37 和图 5-38 所示。同类焊接工艺条件下，3 种钢级中 X70 钢环焊缝的失效概率最低。同类焊接工艺，高应力状态下(0.8 屈服强度)X80 钢环焊缝的失效概率最大，其次为 X65 环焊缝，X70 环焊缝失效概率最低。同类焊接工艺，中等应力状态下(弯头应力状态下)X65 钢环焊缝的失效概率最大，其次为 X80 环焊缝，X70 环焊缝失效概率最低。

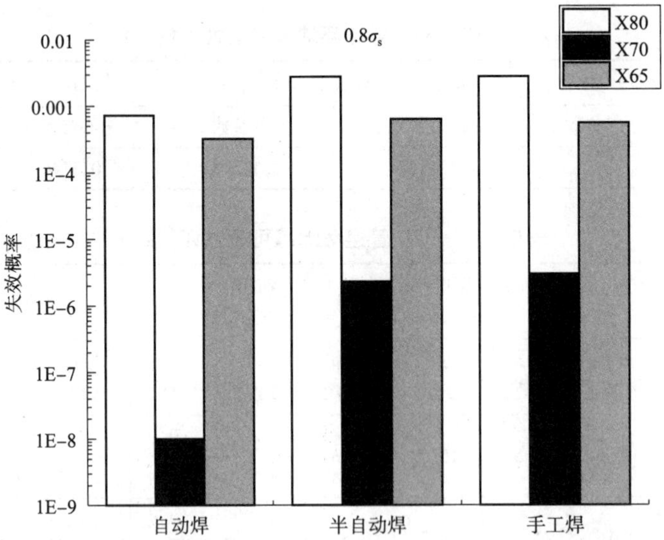

图 5-37　管道环焊缝承受 0.8σ_s 轴向应力条件下可靠度对比

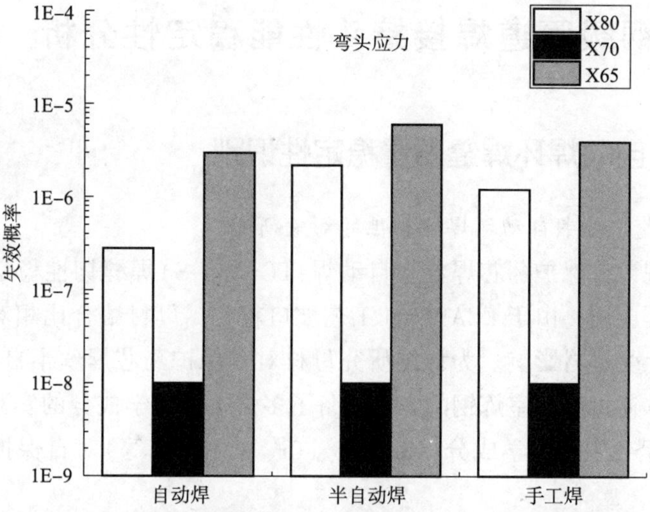

图 5－38　非约束管道环焊缝承受约束 0.5σ_s 轴向应力条件下可靠度对比

根据管道可靠性设计方法研究成果，油气管道不同安全等级情况下的可靠性要求指标见表 5－15。对于一类地区 X80 钢级 D1219 ×18.4mm、X70 钢级 1016 ×15.7mm 和 X65 钢级 D813 ×12.5mm 三种规格的输气管道，极限状态(爆破)的可靠性目标为 1～3 × 10^{-4}。通过示例可以看出，在当前我国油气管道常用的焊接工艺水平和正常服役应力条件下，不同钢级的环焊缝服役可靠性均能够满足 3 级安全水平(1～3 × 10^{-6})的要求，具有较高的安全性。但在高应力状态(0.8σ_s)下，X80、X65 两种钢级的环焊缝可靠性都不能满足 1 级安全水平(1～3 × 10^{-4})的要求。就钢级比较而言，X70 的安全裕度较高，X80 安全裕度最低。

表 5－15　油气管道可靠性要求指标

极限状态	介质	安全等级				
		1	2	3	4	5
最终极限状态(LULS)	气	1 ×10^{-4}～3 ×10^{-4}	1 ×10^{-5}～3 ×10^{-5}	1 ×10^{-6}～3 ×10^{-6}	1 ×10^{-7}～3 ×10^{-7}	1 ×10^{-8}～3 ×10^{-8}
	油	1 ×10^{-4}～3 ×10^{-4}	1 ×10^{-5}～3 ×10^{-5}	1 ×10^{-6}～3 ×10^{-6}		
泄漏极限状态(LLS)	气	1－10^{-4}				
	油	1 ×10^{-4}～3 ×10^{-4}				
适用极限状态(SLS)	气/油	1－10^{-1}				

因此，关注管道高应力状态对于预防管道环焊缝失效具有重要意义。油气管道建设及运维中应关注管道高应力状态相关过程包括：施工过程中的管道下沟、管道“碰死口”组对焊接，管道运营过程中的管道占压、地质位移、地质沉降等。

5.3 高钢级管道焊接接头性能稳定性分析

5.3.1 半自动焊环焊缝质量稳定性识别

1. *母材化学成分对半自动环焊缝韧性的影响研究*

工程实践发现，自保护药芯焊丝半自动焊(FCAW－S)焊缝韧性稳定性差，制约其在高钢级管道的工程应用。由于FCAW－S工艺坡口较宽，母材熔合比相对高，因此焊缝中心韧性一定程度上受母材影响。为详细研究母材对自保护药芯焊丝半自动焊韧性的影响，作者所在研发团队通过实验室炼钢的方式制备了多炉不同化学成分的实验钢，系统研究高等级的X80管线钢各主要化学成分(Nb、Mo、Cr、V和Mn等)对自保护焊缝显微组织和力学性能的影响。

(1)Nb含量对环焊缝组织和性能的影响

表5－16所示为实验室冶炼的6炉不同Nb含量的实验钢板，以此研究X80管线钢中Nb含量对自保护环焊缝显微组织和冲击性能的影响。

表5－16 不同Nb含量的X80实验钢板 %

编号	C	Cr	Cu	Mn	Mo	Nb	Ni	P	S	Si	Ti	C_{eq}
1	0.047	0.214	0.20	1.76	0.25	0	0.2	0.0055	0.0032	0.19	0.013	0.460
2	0.053	0.213	0.21	1.78	0.251	0.047	0.21	0.0061	0.0034	0.2	0.013	0.470
3	0.051	0.21	0.21	1.79	0.255	0.062	0.21	0.0048	0.0034	0.19	0.01	0.470
4	0.051	0.207	0.21	1.84	0.256	0.073	0.21	0.0053	0.0037	0.2	0.011	0.478
5	0.056	0.18	0.22	1.81	0.258	0.084	0.22	0.0067	0.0035	0.2	0.012	0.475
6	0.055	0.206	0.21	1.82	0.253	0.089	0.21	0.0058	0.0042	0.19	0.01	0.478

不同Nb含量钢板采用FCAW－S工艺制备焊接接头的焊缝中心－20℃夏比冲击试验结果见图5－39和图5－40，其中图5－39所示为不同Nb含量钢板FCAW－S焊缝试样冲击韧性均值差异性，图5－40所示为不同Nb含量钢板FCAW－S焊缝试样单值差异性。如图5－39所示，随着母材Nb含量的增加，焊缝平均冲击吸收功呈逐渐下降趋势，平均冲击吸收功均保持在80J以上。同时，如图5－40所示，焊缝冲击韧性整体表现出较大的不稳定性，波动范围在60～90J。

不添加Nb的母材钢板焊缝冲击吸收功同样具有一定的离散性，但是冲击韧性单个最低值在70J以上，当钢板中Nb含量增加到0.07%以上时，焊缝开始出现低于60J的单值，继续增加钢板中的Nb含量，出现较低单值的频率增加。结合相关研究结论，综合考虑当前管线钢的工程生产实际，建议X80管线钢Nb含量不宜超过0.08%。

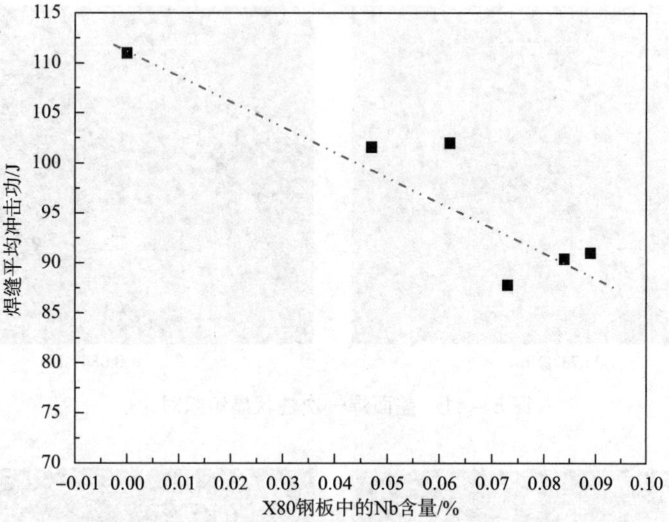

图5－39　母材Nb含量对焊缝平均冲击吸收功的影响

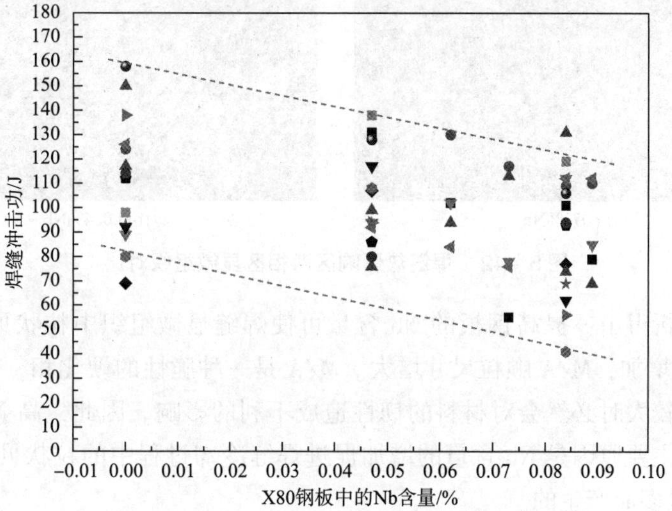

图5－40　钢板Nb含量对焊缝冲击吸收功影响

图5－41所示为2种典型Nb含量实验钢焊缝盖面焊道的一次柱状晶组织特征。可以看出，当Nb含量为0.073%时，显微组织以板条贝氏体为主，局部区域开始出现粒状贝氏体组织，并含有一定数量的M/A岛；当母材中的Nb含量增加到0.084%时，稀释到焊缝中心的Nb含量达到0.015%以上，柱状晶显微组织中出现大量的粒状贝氏体组织，体积分数达到50%左右，同时组织中的M/A岛数量急剧增加至28%左右，M/A颗粒尺寸也明显粗化。由此可见，钢板中Nb含量的增加促进焊缝中粒状贝氏体和M/A岛形成。

图5－42所示为2种不同Nb含量实验钢FCAW－S焊缝热影响区两相区显微组织特征。2种实验钢板焊接热影响区两相区显微组织类型差别不大，但M/A岛的数量随着钢板Nb含量的升高呈增加趋势，0.084%Nb实验钢焊缝热影响区两相区中的M/A岛体积分数高达46%。

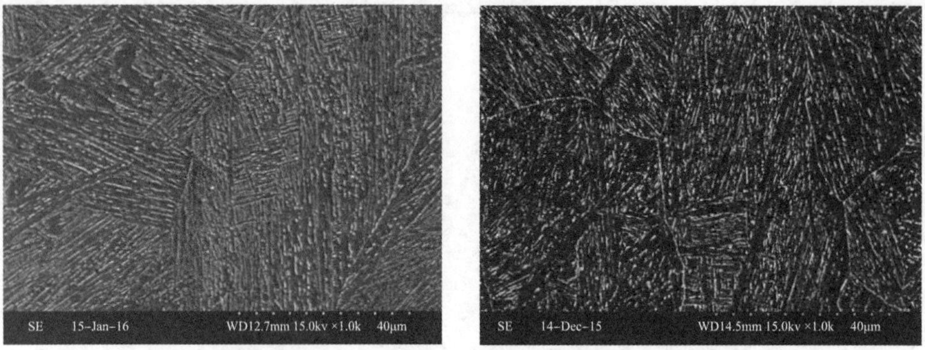

(a)0.073%Nb (d)0.084%Nb

图 5－41　盖面焊一次柱状晶组织对比

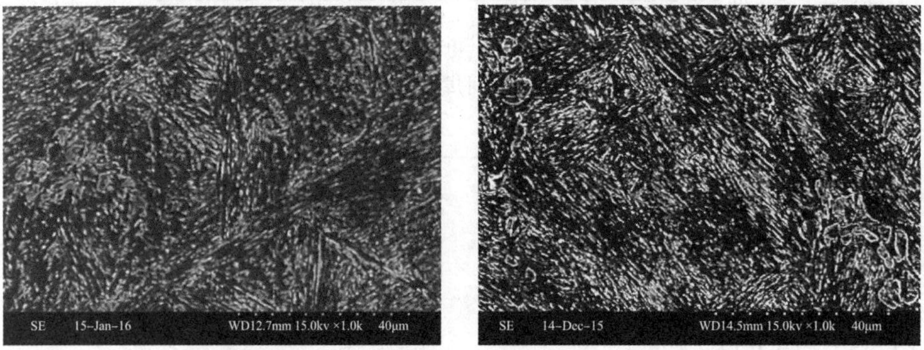

(a)0.073%Nb (b)0.084%Nb

图 5－42　焊缝热影响区两相区显微组织对比

综合以上分析得出：提高钢板的 Nb 含量可使焊缝显微组织中粒状贝氏体比例增加，M/A 岛体积分数增加，M/A 颗粒尺寸增大。M/A 是一种脆性的硬化相，当组织中的 M/A 数量较多、尺寸较大时必然会对材料的韧性造成不利的影响。因此，高 Nb 实验钢板焊缝韧性水平降低的主要原因是 Nb 含量的增加促进焊缝冷却过程中的粒状贝氏体相变，从而导致 M/A 数量过多而产生的。

(2)管线钢中 Mn 含量对环焊缝组织性能的影响

为解决 X80 管道 FCAW－S 环焊缝的韧性波动难题，不少厂家在生产 X80 管线钢的过程中，曾经将 Mn 含量从原来 X80 经典成分的 1.8% 降低到 1.6% 甚至更低，导致钢板性能尤其是强度难以满足技术指标要求。作者带领研发团队通过实验室冶炼的方式，设计生产两种不同 Mn 含量的实验钢板，研究母材钢板中的 Mn 含量对焊缝冲击韧性的影响。生产的实验钢板化学成分如表 5－17 所示。

表 5－17　不同 Mn 含量的 X80 实验钢板　%

编号	C	Cr	Cu	Mn	Mo	Nb	Ni	P	S	Si	Ti	C_{eq}
9	0.052	0.219	0.22	1.6	0.253	0.081	0.21	0.0064	0.0034	0.19	0.011	0.441
10	0.056	0.18	0.22	1.81	0.258	0.084	0.22	0.0067	0.0035	0.2	0.012	0.475

如图5-43所示，1.6% Mn和1.8% Mn的X80钢板采用FCAW-S工艺焊接后，焊缝中心冲击韧性并未表现出较大变化，韧性波动范围在40~130J。图5-44所示为1.6% Mn和1.8% Mn钢板对应的FCAW-S盖面焊道一次凝固组织的SEM特征。可以看出，二者的显微组织类型均为板条贝氏体，板条束间弥散分布着一些细小的M/A小岛，显微组织也未表现出明显不同。焊缝粗晶区、细晶区等其他各区域的显微组织在SEM分析中均未发现存在显著区别。

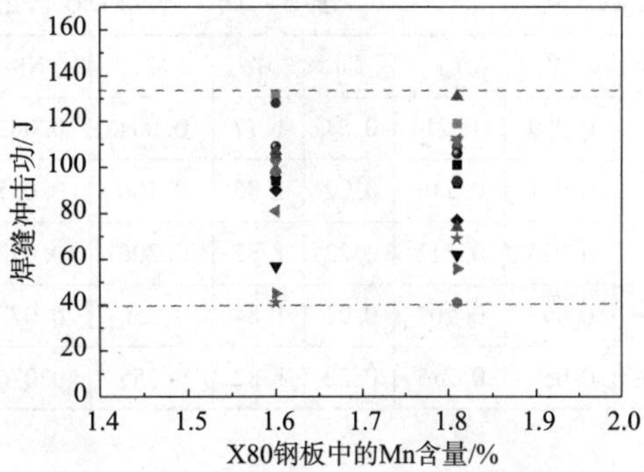

图5-43　X80钢板Mn含量对自保护环焊缝冲击韧性的影响

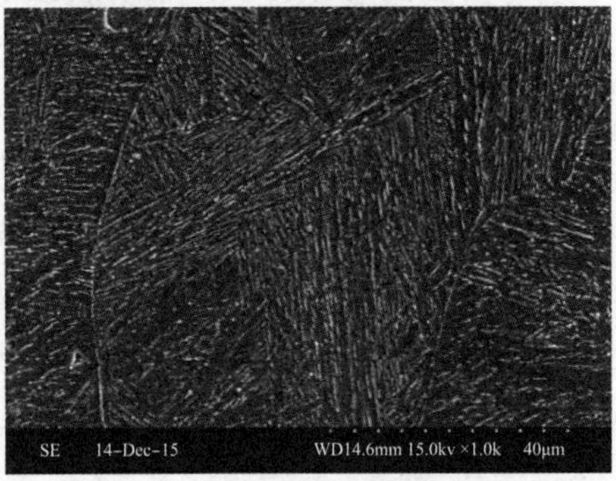

(a)1.6%Mn

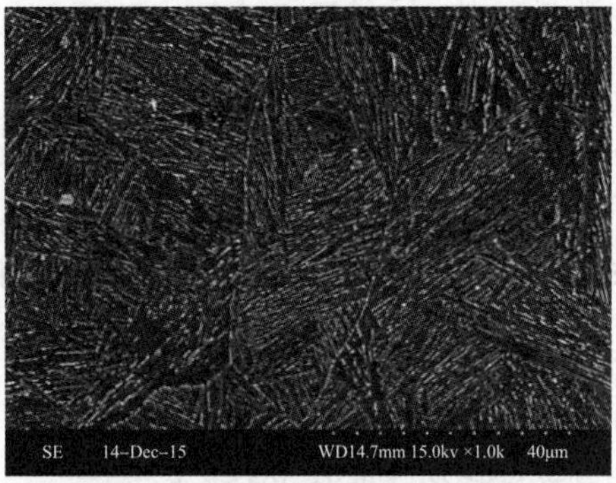

(b)1.8%Mn

图5-44　两种Mn含量钢板焊缝柱状晶区的SEM照片

一般而言，X80管线钢的Mn含量为1.6%~1.8%，焊接过程中，母材中的Mn会少量稀释到焊缝中，当母材中的Mn含量从1.8%降低到1.6%时，即使按照30%的稀释率也只能使焊缝中Mn含量降低0.06%，而自保护药芯焊丝熔敷金属的Mn含量为1.3%~1.7%，减少的0.06%的Mn含量相对于焊缝金属中的总Mn含量而言影响甚微，故而不会对焊缝的组织和性能造成显著影响。

综上所述，X80钢自保护药芯焊丝半自动环焊缝对母材钢板中Mn含量的变化不敏感，为保证X80管线钢板/带的力学性能，母材Mn含量控制在1.7%~1.8%水平是比较合适的。

(3)X80管线钢中Mo含量对环焊缝组织性能的影响

Mo是一种典型的促进粒状贝氏体相变的元素，焊缝中的贝氏体形态及其分布直接影响焊缝金属的性能。为研究X80管线钢中Mo含量对自保护环焊缝冲击韧性的影响，实验室冶炼了5炉不同Mo含量的实验钢板成分如表5-18所示。

表 5-18 不同 Mo 含量 X80 实验钢板的化学成分 %

编号	C	Cr	Cu	Mn	Mo	Nb	Ni	P	S	Si	Ti	C_{eq}
11	0.059	0.21	0.21	1.77	0.004	0.082	0.21	0.0051	0.0039	0.25	0.014	0.425
13	0.051	0.216	0.22	1.85	0.106	0.055	0.21	0.0051	0.0035	0.18	0.011	0.452
14	0.053	0.212	0.22	1.82	0.206	0.073	0.21	0.0051	0.0033	0.2	0.012	0.468
15	0.051	0.207	0.21	1.84	0.256	0.073	0.21	0.0053	0.0037	0.2	0.011	0.478
16	0.058	0.215	0.22	1.82	0.355	0.076	0.23	0.0058	0.0037	0.2	0.012	0.505

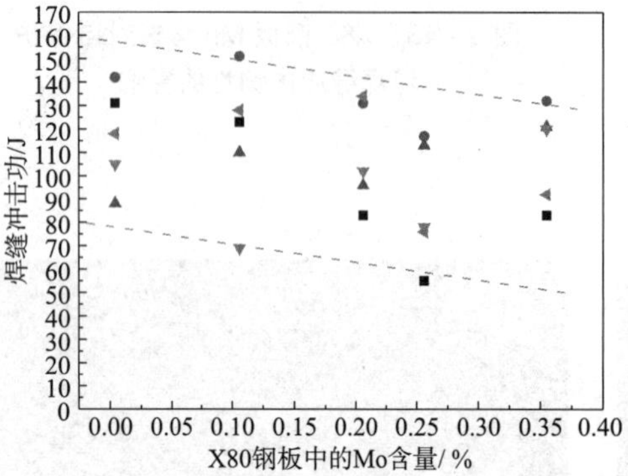

图 5-45 母材钢板中 Mo 含量对焊缝冲击韧性的影响

几种不同 Mo 含量钢板 FCAW-S 工艺焊接的焊缝中心夏比冲击韧性试验结果如图 5-45 所示。可以看出，不同 Mo 含量钢板相应的焊缝冲击韧性均存在较大波动，波动范围在 50~80J。同时，自保护药芯焊丝半自动焊焊缝冲击韧性与母材中的 Mo 含量存在一定关系，即随着母材 Mo 含量增加，焊缝冲击韧性整体呈下降趋势。当母材中未添加 Mo 时，焊缝冲击韧性最低值为 87J，平均值为 120J；当母材中的 Mo 含量增加至 0.25%，焊缝冲击韧性开始出现低于 60J 的单值，此时冲击韧性平均值降低至 90J 水平。

图 5-46 所示为 Mo 含量为 0.106% 和 0.256% 两种实验钢板 FCAW-S 焊接工艺制备的焊缝盖面焊道处的一次凝固柱状晶组织。可以看出，Mo 含量较低焊缝中的柱状晶组织为典型的板条贝氏体组织，板条束间分布着细小的 M/A 颗粒，经统计显示，此时 M/A 岛体积分数约为 9.2%，M/A 岛平均尺寸仅为 1.12μm；而 Mo 含量较高的焊缝凝固组织虽然也是板条贝氏体组织，但组织明显粗化，板条束相对较粗，且板条间的 M/A 岛数量较多，平均体积分数达到 22%，同时 M/A 岛尺寸较大，平均尺寸约为 2μm。

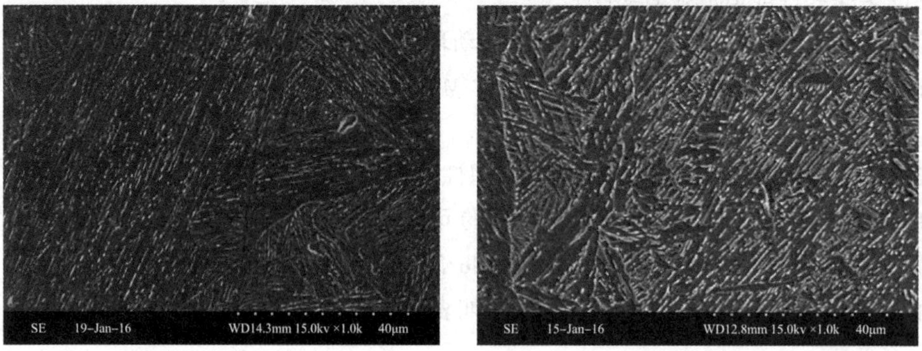

(a)0.106% Mo (b)0.256% Mo

图 5-46 盖面焊的一次凝固组织对比

图5－47所示为两种不同Mo含量钢板对应焊缝的细晶区扫描电镜下的显微特征。细晶区是在下一焊道焊接热循环的作用下，峰值温度稍高于A_3、奥氏体晶粒较细的区域冷却至室温形成的。由于相变前的奥氏体晶粒较细，冷却过程中稳定性较差，发生相变的温度较高，因此，两种实验钢焊缝细晶区的组织类型均为粒状贝氏体组织。但二者组织中的M/A岛颗粒表现出较大的差别：0.106% Mo含量钢板焊缝热影响区的细晶区M/A岛分布比较弥散，数量较少，平均体积分数约10.2%，M/A岛颗粒尺寸为1μm左右；而0.256% Mo含量的实验钢焊缝热影响区细晶区内存在大量的块状M/A岛，其体积分数约23%，平均颗粒尺寸约1.79μm。

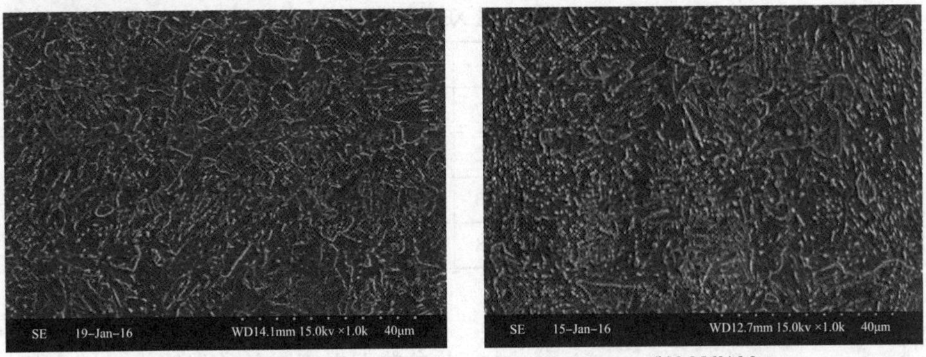

(a)0.106% Mo　　(b)0.256% Mo

图5－47　两种不同Mo含量钢板焊缝热区的细晶区SEM照片对比

焊缝热影响区中的两相区是整个焊缝中M/A岛数量最多、尺寸最大、组织最不均匀的区域，因此该区域的焊缝冲击韧性最差。图5－48所示为两种不同Mo含量钢板焊缝两相区的SEM组织照片。可以看出，两种实验钢焊缝热影响区的两相区M/A数量均达到40%以上，并且大都呈集聚状态，显微组织非常不均匀。两种Mo含量实验钢该区域内的显微组织之间未见明显区别。

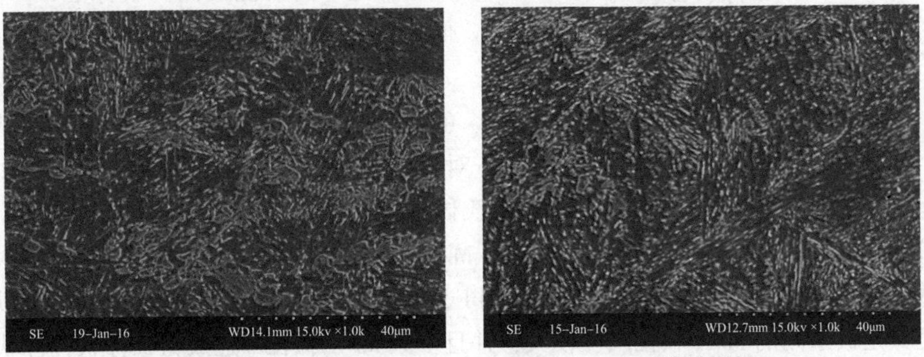

(a)0.106% Mo　　(b)0.256% Mo

图5－48　两种不同Mo含量钢板焊缝热区的两相区SEM照片对比

从不同Mo含量钢板焊缝凝固组织及热影响区各微区的组织与性能特征可知：钢板Mo含量的增加促进焊缝显微组织中粒状贝氏体的生成，使M/A岛体积分数增加、平均颗粒尺寸增大，导致焊缝韧性水平降低。因此，为减小自保护药芯焊丝半自动焊环焊缝韧性波动，降低其存在不满足技术指标要求的风险，X80 钢的 Mo 含量不宜超过 0.25%，同时综合考虑 Mo 对母材钢板及其埋弧焊热影响粗晶区具有强韧化作用，建议 X80 管线钢板/带中的 Mo 含量宜控制在 0.10% ~0.25%。

(4) X80 管线钢中 Cr 含量对环焊缝组织性能的影响

Cr 是 X80 管线钢成分中另一种常见的合金元素，作者带领团队在实验室采用真空炉冶炼 4 炉不同 Cr 含量的实验钢，并在实验室轧机上轧制成工程应用中最普遍的 18.4mm 厚度规格的钢板，研究 X80 钢板母材中 Cr 含量对自保护环焊缝显微组织和冲击韧性的影响。不同 Cr 含量的实验钢化学成分如表 5 – 19 所示。

表 5 – 19　不同 Cr 含量 X80 实验钢板的化学成分　%

编号	C	Cr	Cu	Mn	Mo	Nb	Ni	P	S	Si	Ti	C_{eq}
17	0.05	0.027	0.22	1.83	0.253	0.067	0.21	0.0061	0.0044	0.2	0.012	0.439
18	0.05	0.115	0.21	1.85	0.253	0.082	0.21	0.0058	0.0039	0.2	0.011	0.460
19	0.051	0.207	0.21	1.84	0.256	0.073	0.21	0.0053	0.0037	0.2	0.011	0.478
20	0.051	0.296	0.21	1.84	0.257	0.078	0.21	0.0061	0.0042	0.2	0.011	0.496

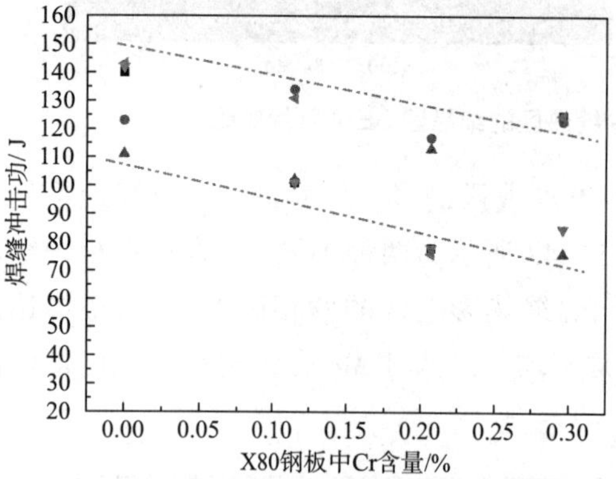

图 5 – 49　X80 母材钢板中 Cr 含量对自保护焊缝冲击韧性的影响

4 种实验钢板在同一 FCAW – S 焊接工艺参数下焊接制备的焊缝中心冲击韧性结果如图 5 – 49 所示。可以看出，随着钢板中 Cr 含量的增加，焊缝冲击韧性逐渐下降，母材未添加 Cr 时，FCAW – S 焊缝中心冲击韧性均保持在 110 ~ 150J，单值比较稳定，波动范围较小；当母材中的 Cr 含量增加至 0.2% 以上时，焊缝冲击韧性下降至 70 ~ 120J，已接近焊缝冲击韧性最低验收标准(单个值最低 60J、平均值最低 80J)。

4 种 Cr 含量钢板焊缝中比较有代表性的两种成分实验钢的 SEM 特征对比情况如图 5 – 50 所示。可以清楚地看出合金元素 Cr 对显微组织的影响，虽然两种实验钢 FCAW – S 焊缝盖面焊道的一次凝固组织均为板条贝氏体组织，但是不加 Cr 的实验钢中板条贝氏体组织较细，板条束平均尺寸较小，板条间的 M/A 岛平均颗粒尺寸仅有 0.8μm，M/A 岛体积分数约为 14.3%；而添加 0.3% Cr 实验钢 FCAW – S 焊缝柱状晶区的板条贝氏体明显粗化，尤其是板条间的 M/A 颗粒尺寸较大，并且多数 M/A 颗粒都连成粗长杆状，杆状 M/A 的平均长度达到 3.0μm，柱状晶区的 M/A 平均体积分数约为 32.5%。

两种不同 Cr 含量的实验钢板 FCAW – S 焊缝粗晶区的 SEM 特征如图 5 – 51 所示。可以看出，不添加 Cr 的实验钢焊缝粗晶区的组织类型仍然全部保持为板条贝氏体组织，而 Cr 含量为 0.3% 的实验钢焊缝粗晶区组织为板条贝氏体和粒状贝氏体的混合组织。相比于不加 Cr 的实验钢，Cr 含量为 0.3% 的实验钢焊缝粗晶区中 M/A 体积分数达到 34% 左右，且 M/A 颗粒明粗化。可见，在熔池冷却过程中，Cr 能够明显促进粒状贝氏体相变的发生，扩大粒状贝氏体的转变范围，不利于得到 M/A 细化的板条贝氏体组织。

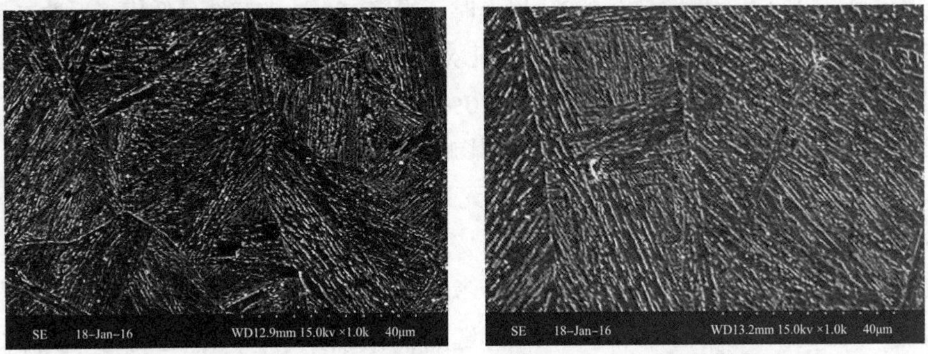

(a)0% Cr　　(b)0.296% Cr

图 5-50　不加 Cr 和加 Cr 两种实验钢板焊缝柱状晶区的显微组织照片

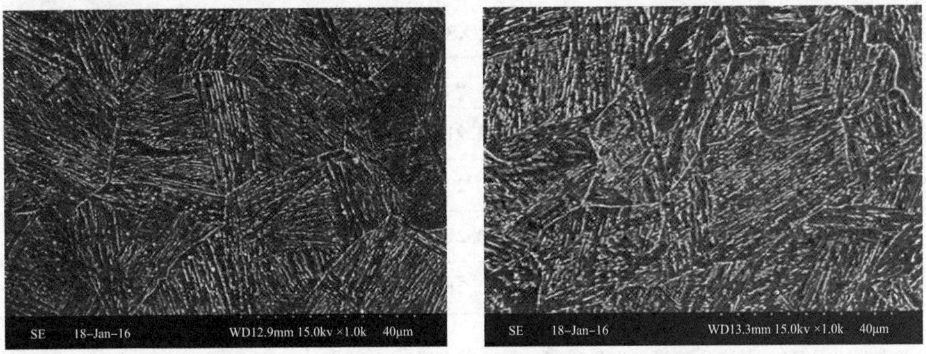

(a)0% Cr　　(b)0.296% Cr

图 5-51　两种实验钢板焊缝粗晶区显微组织照片

不含 Cr 和含 0.3% Cr 的两种实验钢 FCAW-S 焊缝热影响区两相区的 SEM 特征如图 5-52 所示。可以看出，二者的热影响区两相区组织中均含有大量的 M/A 颗粒，呈不均匀集聚状或链状分布，M/A 体积分数在 35% ~50% 范围。并且该区域的 M/A 形状为块状或不规则状居多。上述两种成分实验钢焊缝的显微组织在焊接两相区未呈现出较明显的区别。

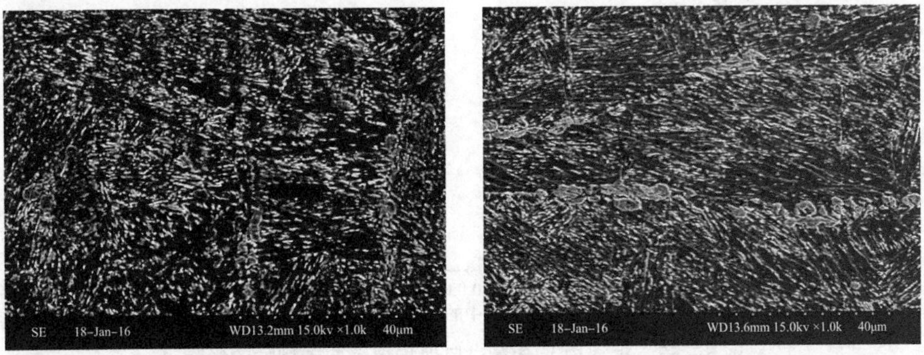

(a)0% Cr　　(b)0.296% Cr

图 5-52　两种实验钢板焊缝两相区显微组织照片

上述结果表明，母材钢板中的 Cr 含量能明显提高显微组织中的粒状贝氏体比例，使 M/A 体积分数增加，尺寸增大，因此对自保护药芯焊丝半自动焊焊缝的冲击韧性产生一定程度影响，尤其当 Cr 含量增加至 0.2% 以上时，焊缝中心冲击韧性最低值接近冲击韧性的标准验收下限值(80J)。鉴于此，建议在保证 X80 管线钢板/带自身性能满足技术条件要求的基础上，母材钢板 Cr 含量的最佳值为 0.10% ≤Cr≤0.25%。

(5)管线钢中 V 含量对环焊组织性能的影响

V 是一种能显著提高材料淬透性的合金元素，一些管线钢生产厂家在生产 X80 热轧卷板时为提高钢带强度，通常在钢中加入 0.01% ~0.03% 的 V。同时，V 又是一种强氮化物形成元素，为降低焊缝中过饱和的自由 N，考虑在母材钢板/带中加入适量的 V，以期稀释到焊缝中的 V 能够在熔池冷却过程或在焊缝热影响区内析出 VN，起到进一步降低焊缝自由 N 的作用。通过 4 炉不同 V 含量的实验钢板，研究 X80 管线钢中 V 含量对自保护环焊缝冲击韧性的影响，试验钢的化学成分如表 5－20 所示。

表 5－20　不同 V 含量 X80 实验钢板的化学成分　%

编号	C	Cr	Cu	Mn	Mo	Nb	Ni	P	S	Si	Ti	V	C_{eq}
21	0.051	0.207	0.21	1.84	0.256	0.073	0.21	0.0053	0.0037	0.2	0.011	0	0.478
22	0.049	0.21	0.21	1.76	0.250	0.052	0.20	0.0053	0.0041	0.19	0.011	0.025	0.466
23	0.054	0.207	0.21	1.82	0.255	0.056	0.21	0.0053	0.0038	0.19	0.011	0.047	0.487
24	0.053	0.211	0.21	1.77	0.25	0.054	0.21	0.0058	0.0041	0.19	0.0097	0.071	0.482

实验钢板采用相同的焊接工艺参数制备的焊接试板的焊缝中心冲击实验结构如图 5－53 所示，其中实验温度为 －20℃。实验焊缝冲击韧性波动幅度较大，冲击吸收功均处在 40～150J，波动范围达到 100J 以上；另外，随着母材钢板中 V 含量的增加，焊缝冲击吸收功变化并不明显，平均冲击吸收功均保持在 100J 左右，但是 4 组实验焊缝均有低于 60J 的单个低值出现。由此可见，自保护焊缝金属冲击韧性对母材钢板中的含 V 量不敏感。

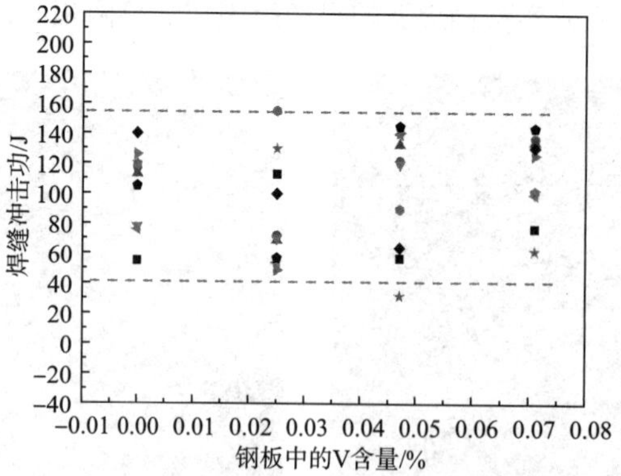

图 5－53　钢板中 V 含量对自保护焊缝冲击韧性的影响

两种不同V含量试验钢板FCAW－S焊缝盖面焊道的一次凝固柱状晶组织SEM特征如图5－54所示。可以看出，0.025%V和0.071%V的钢板焊接后焊缝柱状晶区的组织类型均为板条贝氏体组织，细小的M/A颗粒弥散地分布于板条贝氏体的板条束之间。由此可见，V含量对柱状晶区显微组织影响不大。

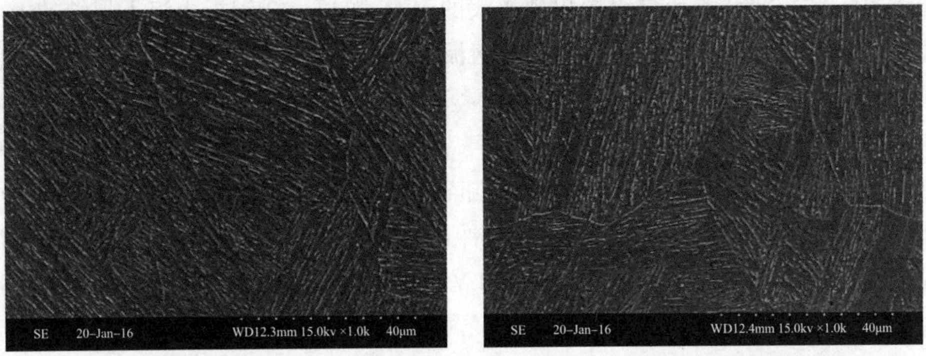

(a)0.025%V (b)0.071%V

图5－54 两种不同V含量实验钢板焊缝柱状晶区显微组织照片

两种不同V含量试验钢板FCAW－S焊缝细晶区SEM特征如图5－55所示，两种实验钢焊缝细晶区组织均为粒状贝氏体和板条贝氏体的混合组织。M/A岛体积分数均在10%～15%，M/A颗粒尺寸均匀、细化，平均尺寸在1.0～1.5μm。

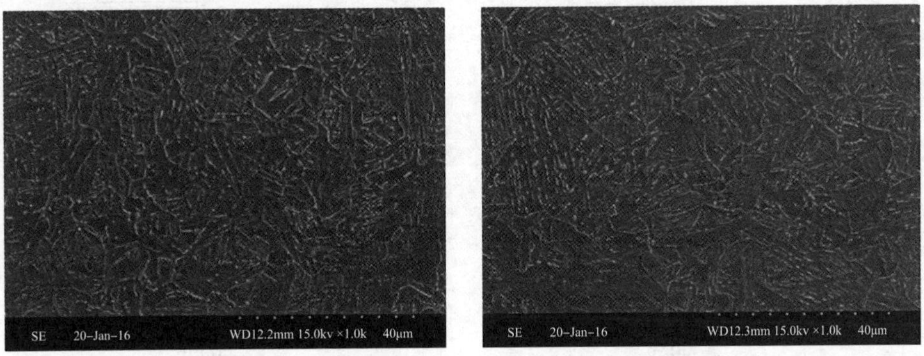

(a)0.025%V (b)0.071%V

图5－55 两种不同V含量实验钢板焊缝细晶区显微组织照片

结果表明：Nb、Mo、Cr等合金元素的存在，促进显微组织中粒状贝氏体的出现，扩大粒状贝氏体的形成范围。而V提高奥氏体淬透性的效果比较明显，提高钢板V含量时，即使在焊缝细晶区仍然有50%左右的板条贝氏体存在。因此，焊缝中加入V不会导致粒状贝氏体比例增加，也不会导致M/A数量增加、颗粒粗化。

上述V对冲击韧性及焊缝显微组织影响的结果表明，钢板中加入V有利于焊缝中得到大量的板条贝氏体组织，不会导致M/A的粗化而引起韧性下降；钢板中V含量对焊缝自由氮的影响规律不明显。

(6)X80管线钢合金元素对焊缝组织性能影响小结

1)焊接熔化时，溶入熔池的母材合金元素会在熔池凝固冷却过程中对相变产生一定程度的影响，按照对相变影响的类型大体分为三类：①Nb、Mo 和 Cr 对焊缝相变影响的机理基本相同，这三种元素均为促进贝氏体相变的元素，在冷却相变过程中扩大粒状贝氏体的形成区间，导致焊缝中出现大量粒状贝氏体组织，M/A 数量增加，颗粒尺寸增大，按照三者对贝氏体相变的影响程度排序 Nb > Mo > Cr；②母材钢板中溶入焊缝的少量 V 能够促进板条贝氏体相变，避免焊缝中出现粗大的 M/A 颗粒；③钢板中溶入焊缝的 Mn 只占焊缝总 Mn 量的极少一部分，不会因母材钢板 Mn 含量的变化对焊缝显微组织产生较大的影响。

2）各实验钢焊缝冲击韧性测试结果表明，按照母材合金元素对焊缝冲击韧性的影响程度将合金元素分为两类：①Nb、Mo 和 Cr，随着母材中 3 种元素含量的增加，焊缝冲击韧性呈下降趋势，在其含量较高时，增加焊缝冲击韧性降低到 60J 以下的风险，因此需要对这些元素的上限加以限定；②钢板中 Mn 和 V 含量的变化对自保护焊缝冲击韧性影响不明显。

2. 主要管道工程的成分离散性特征及风险识别

X70 卷板对应主要管道工程的合金成分和力学性能的正态分布曲线如图 5 – 56 所示。可以看出，相比于西二线工程前期，为节省成本，西二线工程后期通过提高 Nb 和 Cr 的含量，从而降低 Mo 含量。此外，西二线后期的 Nb、Cr 和 Mo 成分离散性较大，相应的其韧性离散性也较大。

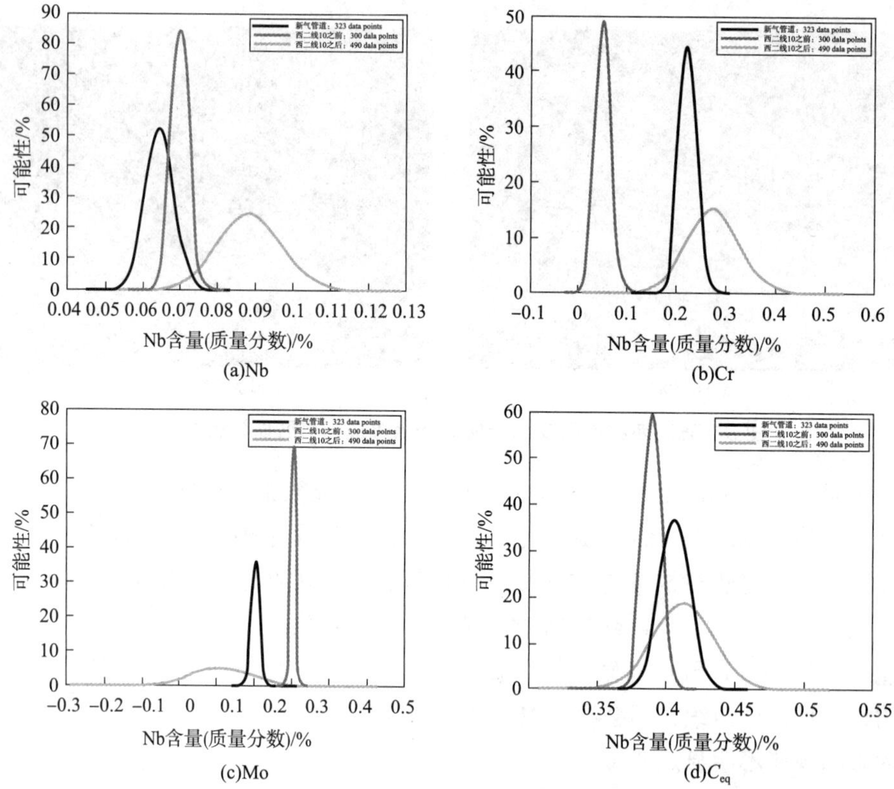

图 5 – 56　主要管道工程化学成分和力学性能的正态分布曲线（卷板 X70）

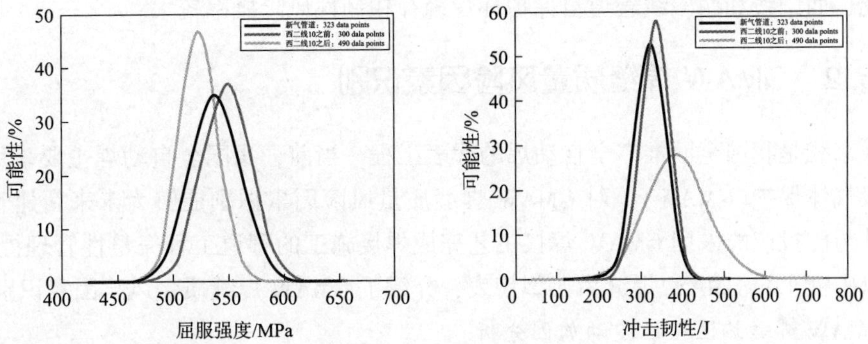

图 5－56 主要管道工程化学成分和力学性能的正态分布曲线（卷板 X70）（续）

典型管道工程用 X80 卷板的合金化学成分和接头韧性的正态分布曲线如图 5－57 所示。可以看出，与西二线相比，西三线的合金成分进一步降低，成分离散性也较大，并且西三线的 P_{cm} 值偏高。此外，西三线的焊缝韧性和热影响区韧性离散程度均较大。

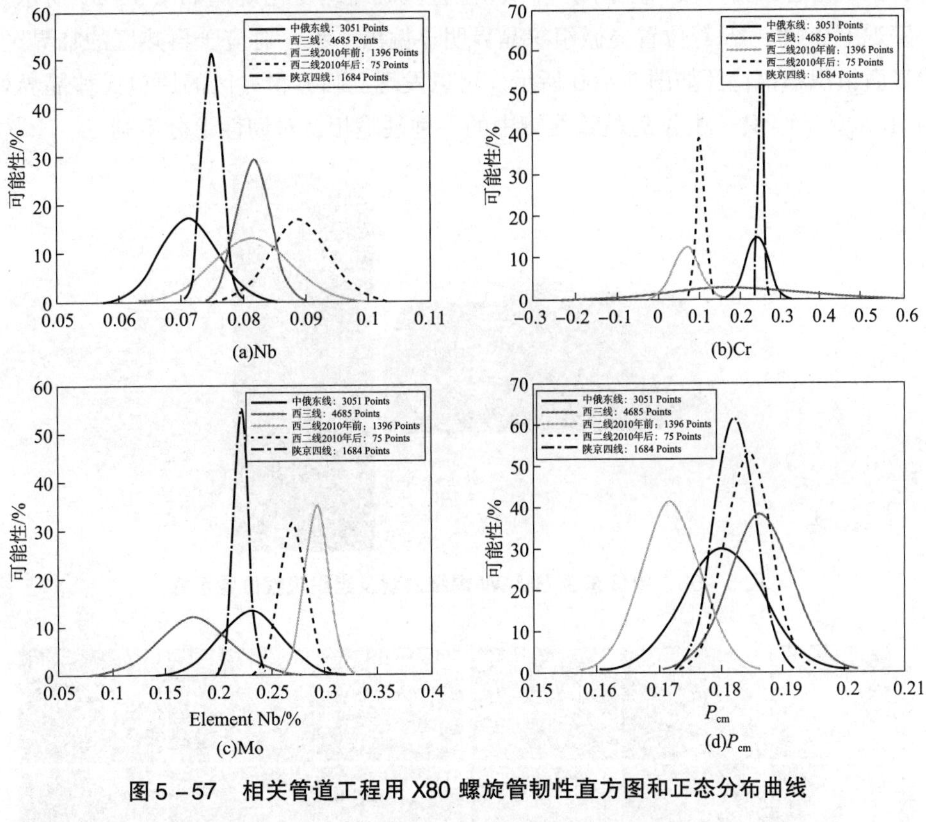

图 5－57 相关管道工程用 X80 螺旋管韧性直方图和正态分布曲线

典型管道工程的化学成分统计分析结果表明：西二线前期（2010 年前）供货的 X80 中 Mo 含量较高，西二线后期（2010 年后）中 Nb 含量达到 0.09% 以上，西三线项目的 P_{cm} 值偏高。结合母材对自保护环焊缝韧性影响结果：Nb、Mo 和 Cr 均为促进贝氏体相变的元素，导致焊缝中 M/A 数量增加，颗粒尺寸增大。随着母材中这些元素含量的增加，焊缝冲击韧性出现下降趋势。

因此，西二线和西三线管道自保护环焊缝存在韧性风险概率较大。

5.3.2 GMAW 焊缝质量风险因素识别

中俄东线是我国全面推广全自动焊的代表工程，当前，我国全自动焊主要采用的工艺是熔化极气体保护(GMAW)，对 GMAW 焊缝质量风险因素识别能够为未来新建管道焊接质量提升与已投产的采用 GMAW 焊接工艺完成焊接施工的管道工程完整性管理提供指导。本部分以中俄东线 GMAW 焊缝为典型代表，介绍了 GMAW 焊缝质量风险因素识别情况。

1. GMAW 焊缝热区韧性波动原因分析

中俄东线中段百口磨合期发现个别的冲击韧性不合格焊口，以此为样本进行相关研究。GMAW 焊接接头的宏观形貌如图 5－58 所示。可以看出，GMAW 焊缝与其他管道工程常用焊接工艺的焊接接头相同，均为多层多道的特征，但焊缝的坡口角度明显较半自动焊小。受焊缝多层多道焊接过程的影响，焊接接头熔合线附近组织也呈多个再热区的周期性循环特征。熔合线自外坡口至内坡口不同位置微观组织变化规律如图 5－59 所示。可以看出，感观上 2、8、15 等位置显微组织晶界明显偏黑、粗，对应于再热区的临界区位置。该位置显微组织扫描特征如图 5－60 所示。可以发现，临界粗晶区的原奥氏体晶界处出现大量的 M/A 岛链组织，M/A 岛是管线钢中的一种硬脆相，对韧性十分不利。

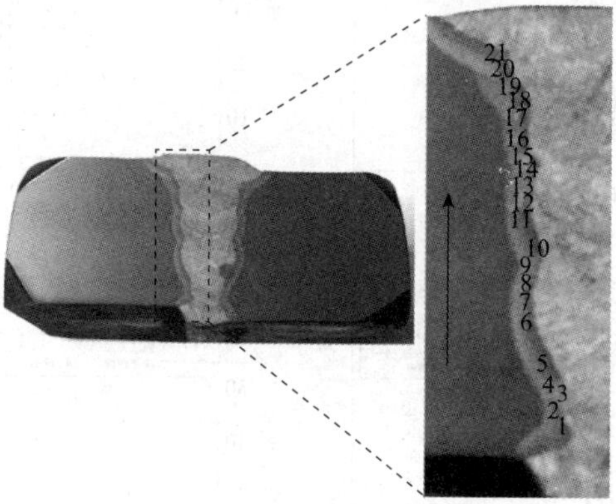

图 5－58　中俄东线 GMAW 焊缝宏观及组织观察位置示意

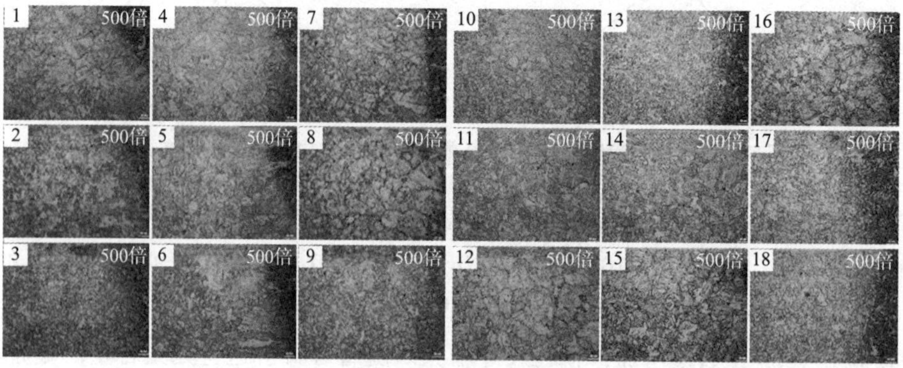

图 5－59　中俄东线 GMAW 焊缝热区的显微组织照片

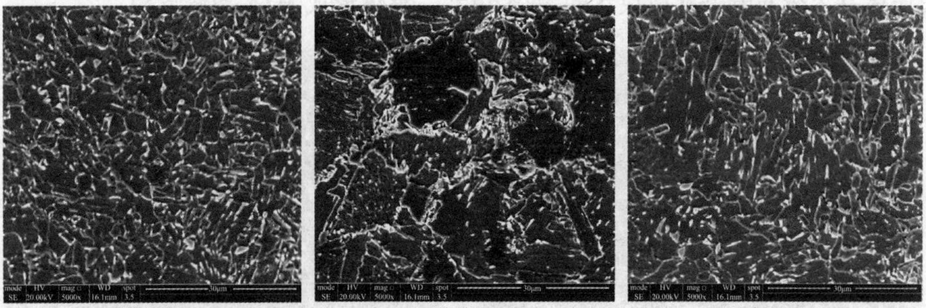

再热细晶区　　再热临界区　　再热高温回火区

图 5－60　中俄东线 GMAW 焊缝热区的显微组织高倍照片

2. 碳当量对热区冲击韧性的影响

M/A 组元为针状铁素体组织不可避免的伴生相，同时也是一种硬化相和脆化相，大量的 M/A 组元会恶化材料韧性。熔合线附近 M/A 组元的形成主要受母材化学成分和焊接工艺的影响，通过 3 炉不同碳当量的实验钢板，研究碳当量对 X80 钢 GMAW 焊缝热影响区 M/A 的影响，试验钢的化学成分如表 5－21 所示。

表 5－21　不同碳当量实验钢板的化学成分　　%

编号	C	Si	Mn	Mo	Ni	Cr	Cu	Nb	V	Ti	Al	P	S	C_{eq}
1#	0.04	0.21	1.58	0.1	0.189	0.162	0.145	0.052	0.002	0.015	0.028	0.01	0.004	0.38
2#	0.055	0.20	1.75	0.24	0.22	0.25	—	0.075	0.022	0.015	—	—	—	0.46
3#	0.058	0.28	2.02	0.28	0.27	0.28	0.28	0.091	—	0.016	0.026	0.008	0.002	0.54

通过焊接热模拟方法来初步探讨碳当量对 GMAW 焊缝热区脆化的影响机制。模拟二次焊接热循环的热模拟工艺如图 5－61(a)所示，三种不同碳当量实验钢在不同二次热循环峰值温度下的冲击韧性如图 5－61(b)所示。可以看出，位于再热临界区的温度范围的区域内出现明显的脆化坑，说明碳当量对再热区的韧性有很大影响。再热临界区也称为临界粗晶区，其微观组织如图 5－62 所示，与现场口焊接接头的再热临界区显微组织相似，

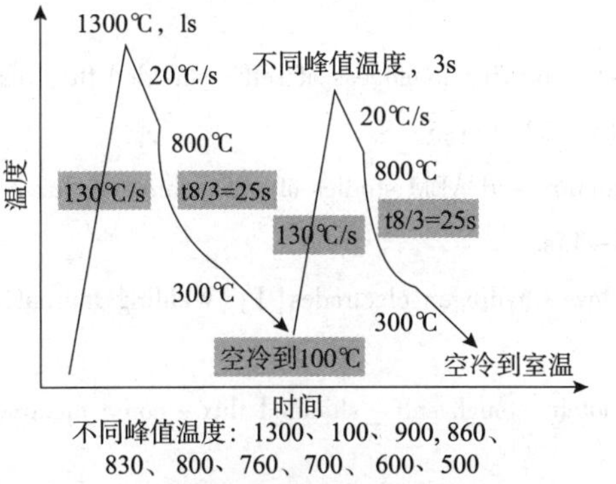

(a)焊接二次热循环热模拟工艺

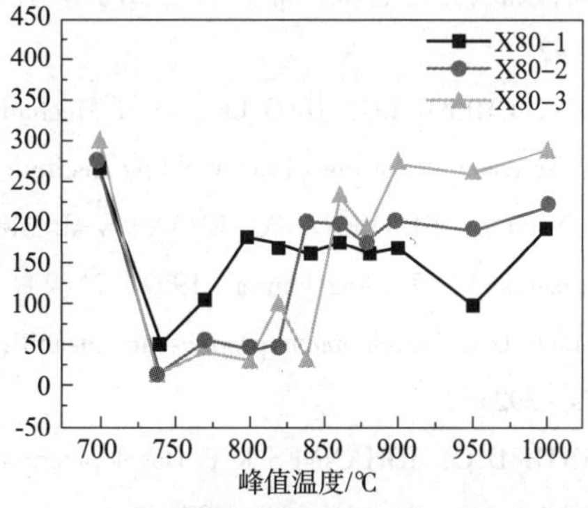

(b)不同峰值温度冲击韧性

图 5－61　碳当量对热影响区冲击韧性的影响

沿着奥氏体晶界分布着条状或块状的 M/A 组元，整体形成 M/A 岛链形貌。

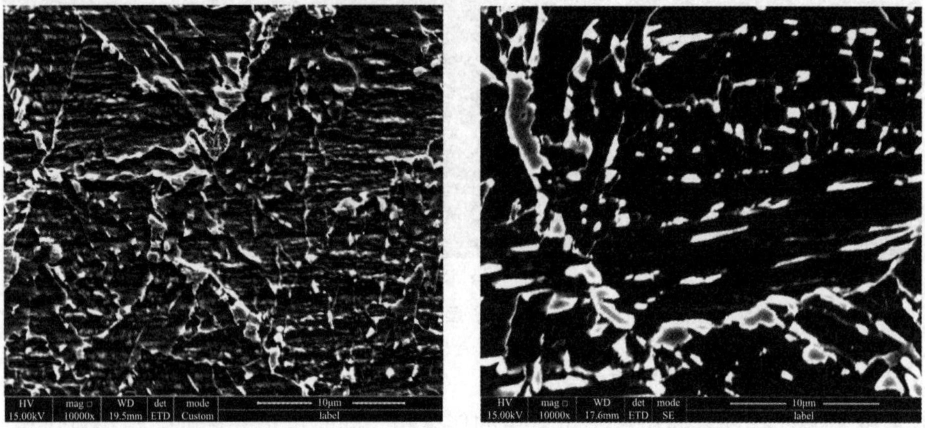

C_{eq}=0.38　　　　C_{eq}=0.54

图 5-62　不同碳当量临界粗晶区的 SEM 照片

参考文献

[1]陈伯蠡．金属焊接性基础[M]．北京：机械工业出版社，1983.

[2]魏琪，胡强，蒋建敏，等．铝对自保护药芯焊丝性能的影响．焊接学报[J]，2002，21(2)：10－13.

[3]WEGZYN J. Porosity and toughness of self－shielded flux－cored wire weld metal[J]. Welding International, 1992，(9)：677－682.

[4]QUINTANA M A.，MCLANE J，BABU S S.，et al. Inclusion formation in self－shielded flux cored arc weld [J]. Welding Journal，2001，80(4)：98－105.

[5]BABU S S，DAVID S A，QUINTANA M A. modeling microstructure development in self－shield flux cored arc welds[J]. Welding Journal，2001，80(4)：91s～97s.

[6]ZHANG Z，Chen BG，ZHANG WY. Investigation on mechanism of fixing nitrogen in self－shielded flux cored arc welding[J]. China Welding，1997，1：28－33.

[7]胡强，魏琪，蒋建敏，等．稀土元素对自保护药芯焊丝的影响[J]．焊接学报，2001，22(2)：39－42.

[8]LI ZX，CHENG BG，JING LH，et al. Mechanism of improving toughness of self－shielded flux cored wire [J]. Transactions of the China Welding Institute，2001，22(4)：5－8.

[9]SOUNI M E，BEAVEN P A，EVANS G M. Microstructure and AEM studies of self－shielded flux cored arc weldments[J]. Welding Journa，1992，71(2)：35s～45s.

[10]SMITH D C. Development propties and usability of low－hydrogen electrodes[J]. Welding Journal，1959，37s～392s.

[11]SMITH D C，JOHANNES K P. Development of a notch－tough self－shielded flux－cored electrode[J]. Welding Journal，1968(3)：207－214.

[12]KOTECHI D J，AMLL R A. A toughness study of steel weld metal from self － shielded flux－cored electrodes－part1[J]. Welding Journal，1970(4)：157s～165s.

[13] KOTECHI D J, MOLL R A. A toughness study of steel weld metal from self - shielded flux - cored electrodes - part2[J]. 1972(3): 138s ~ 155s.

[14] 周志良. 多层自保护药芯焊丝电弧焊焊缝组织和性能[J]. 大连铁道学院学报, 1997, 18(3): 41 - 45, 56.

[15] 喻萍, 潘川, 薛锦. 铝对自保护药芯焊丝焊缝组织及力学性能的影响[J]. 西安交通大学学报, 2004, 38(9): 951 - 954.

[16] GONZALEZ J G, TORGA G. Nitrogen in weld metal deposited by flux cored arc welding[J]. Welding Research Council Bulletin, 1991 - 1992, 369: 98 - 112.

[17] FARIBA Sheykh Jaberi, KOKABI A H. Influence of nickel and manganese on microstructure and mechanical properties of shielded metal arc - welded API - X80 steel[J]. Journal of Materials Engineering and Performance, 2012, 21(7): 1447 - 1454.

[18] BABU S S, DAVID S A. inclusion formation and microstructure evolution in low alloy steel welds[J]. ISIJ International, 2002, 42(12): 1344 - 1353.

[19] TSAI C L, FENG Z L. A computational analysis of thermal and mechanical conditions for weld metal solidification cracking[J]. Welding Research Abroad, 1996, 42(1): 24 - 41.

[20] NAOMICHI M, HIROYUKI H. Mechanism of notch toughness improvement in ti - b bearing weld metals[J]. International Institution of Welding, 1981, 9(3): 1196 - 1201.

[21] RICKS R A, HOWELL P R, BARRITTE G S. The nature of acicular ferrite in HSLA steel weld metals[J]. Journal of Material Science, 1982, 17(3): 732 - 740.

[22] COURT S A. Weld metal microstructure in carbon manganese deposits. proc of the international conference on quality and reliability in welding[C]//Beijing: Welding Institute, China Mechanical Engineering Society, 1984: 45 - 51.

[23] 胡强, 熊第京, 史耀武. 微量元素对自保护药芯焊丝熔敷金属韧性的影响[J]. 焊接, 2000(2): 15 - 18.

[24] 张占伟, 李午申, 薛振奎, 等. 自保护药芯焊丝熔敷金属中 O、N 的控制及其对显微组织和韧性的影响[J]. 天津大学学报, 2010, 43(2): 186 - 189.

[25] YU P, LU XS, PAN C, et al. Formation mechanism of inclusion in self - shielded flux cored arc weld[J]. J. I ron & Steel Res. Int., 2005, 12(1): 58 - 62.

[26] 张小立, 庄传晶, 吉玲康, 等. EBSD 及其在钢铁领域中的应用[J]. 材料导报, 2006, 20(11): 96 - 99.

[27] 黄曼平, 尤显卿, 张成军, 等. 电冶熔铸 WC /钢复合材料表面激光重熔工艺[J]. 金属热处理, 2008, 33(9): 19 - 23.

[28] 于启湛. 钢的焊接脆化[M]. 北京: 机械工业出版社, 1992.

[29] RAMIREZ J E. 高强钢焊缝金属的化学成分和组织及非金属夹杂物[J]. 世界钢铁, 2009(3): 49 - 59.

[30] 朱健超, 叶麟发, 高能先, 等. 碳钢多层焊焊缝低温冲击出现低值的直接原因[J]. 华南理工大学学报, 1994, 22(1): 89 - 99.

[31] LAKOMSKI V J, GRIGORENKO G M. Absorption of hydrogen and nitrogen by the metal during arc welding[J]. Automitic Welding, 1964, 17(11): 1 - 9.

[32] HUANG XF. Principle of iron and steel metallurgy[M]. Beijing: Metallurgical Industry Press, 1995.

[33]范玉然，汪凤，张希悉．影响自保护药芯焊丝焊缝韧性因素[J]．电焊机，2014，44(11)：47－51.
[34]《合金钢》编写组．合金钢[M]．北京：机械工业出版社，1978.
[35]KO TECHI D J. self－shielded flux－cored electrode[D]. Cranfield：Cranfield Insitute of Technology，1970.
[36]喻萍，田志凌，潘川，等．自保护药芯焊丝焊缝中的气体[J]．焊接学报，2007，28(2)：67－74.
[37]B. И. 雅沃依斯基．炼钢炉熔池中的气体[M]．阎庆甲译．北京：重工业出版社，1955.
[38]Ю. И. 奥斯特罗什科．锂的化学与工艺学[M]．曾华先译．北京：中国工业出版社，1965.
[39]张占伟．X80 管线钢用自保护药芯焊丝的研究[D]．天津：天津大学，2009.
[40]粱英教，车荫昌．无机热力学数据手册[M]．沈阳：东北大学出版社，1993.

第6章 高钢级管道线路可靠性设计技术

导 读

当前国内高钢级大口径管道可选用的钢级一般包括X65、X70和X80三种，三种钢级对于同一管径和压力而言，因其强度不同，所选用的壁厚有所不同。另外，三种钢级无论是国家标准还是实物水平，其力学性能的窗口和波动范围有所不同。在目前管道工程中，如何选用具体钢级，主要是基于管道用钢量和钢管费用比选，未量化考虑不同钢级因壁厚和力学性能不同，带来的管道工程建设和运行维护费用，以及不同钢级管道因失效概率不同带来的潜在损失费用方面的差异，这就导致无法客观真实地从全生命周期的角度来衡量采用何种钢级最为合适。为解决此问题，利用国内构建的天然气管道可靠性设计方法，在统计分析不同钢级钢管实物性能的基础上，构建了管道全生命周期的费用模型，利用该模型可定量地计算分析不同钢级管道的全生命周期费用情况，为今后高钢级大口径管道的钢级选用比选提供了一种新的方法。

6.1 基于可靠性的管道设计

6.1.1 国内基于可靠性管道设计方法的研发背景

目前国内、外陆上管道基本采用基于应力的设计方法，这种方法将材料、制造、施工、运行等方面的不确定性，即可靠度，集中在统一的安全系数中，也就是设计系数。这个系数的确定是根据设计人员的经验和对失效风险的定性评估结果，而且为已有的规范，甚至为法律、法规所采纳。这种方法具有直观、简单、便于应用等优点，但是随着人们对材料的认识、失效机理的理解日益加深和管道服役环境的日趋复杂，其局限性也逐渐显露。具体如下。

1）安全系数的确定不能反映管材性能水平，其有效性也无法证实和量化；

2）不能体现管道运营维护技术和运行作业的进步；

3）不能适应复杂的服役环境，如地震、冻土地区、滑坡等地段的设计；

4）不利于技术进步，即超出经验范围的技术难以说明其可靠度等。

随着国内天然气骨干管道的大量建设，需要进一步提高输送效率。国内外研究及经验表明，提高输送效率的主要途径包括：①提高钢级至 X90/X100；②提高输气管道设计系数；③使用 D1422 大口径输送管道。这些新材料、新方案的出现势必带来材料、设计、施工及运行上的可靠性问题，如国内、外开发 X100 钢材中发现其管体屈强比高、管体性能不均匀，使用的可靠度将降低，采用基于应力的设计方法，不能回答新材料使用的可靠度问题。

中俄东线管道年输量达到 380 亿 m^3/a，经过前期研究，认为最经济、可行的方案为 D1422mm、X80、12MPa，但对于 D1422mm 管道，国内没有建设运行经验，现有的标准是否适用？按照现有标准管道建成后的可靠度如何？类似问题均无从回答。为从根本上科学解答这些问题，需要开发一种新的设计和评估方法，为此从 2012 年开始，国内开展了天然气管道基于可靠性的设计和评价方研究。

6.1.2 什么是基于可靠性的管道设计和评价方法

输气管道建设后一般埋地运行，主要荷载是管道内压和周围土壤荷载，当然也有温差应力和第三方挖掘碰撞等荷载，管道材料本身具有一定的强度和韧性，可以提供抵抗管道破坏的能力。管道在不同荷载和抗力下，会发生不同的失效行为，如管道内压过大，管道壁厚和承压能力不足就会发生管道爆裂，管道受地灾滑坡牵拉，如环焊缝抗拉能力不足，焊缝处就会拉断裂等。因此，国外发展出极限状态设计方法，极限状态是指管道结构刚好满足特定设计和运行要求的临界状态，这种方法是针对管道实际的失效模式而进行的设计。天然气管道的极限状态一般分为：

- 极端极限状态——破裂；
- 服役极限状态——变形等影响正常的运行；
- 泄漏极限状态——小孔泄漏。

极限状态设计方法通过识别可能的极限状态，建立对应的极限状态方程和设计的准则，从而保证所设计管道的安全可靠和经济有效。由于此方法能反映出管道的实际环境、管材的性能、失效模式、运行要求等优点，已逐步为管道行业所接受。如 1996 年版的 DNV 海底管道规范就开始使用，陆上管道 CSA Z662－03 版引入了此方法，ISO 16708—2006 对基于可靠性的极限状态设计方法的内容、流程等均进行系统的规定等。

极限状态设计方法分为确定性设计和概率设计两种。确定性设计方法是荷载及抗力系数法(LRFD)；概率设计方法是基于可靠度的设计和评价方法(RBDA)。图 6－1 所示为两种方法的设计流程。

基于可靠性的设计和评价方法的实质是对设计的不确定因素进行定量分析，并利用分析结果来计算安全概率，以评价特定的设计，该方法优点如下：

(1)针对管道实际的失效形式进行设计，避免采用不合理或过于保守的设计标准；

(2)可保证一致的安全度。避免了采用同一安全系数导致的不同管道风险水平的不一致或不明确；

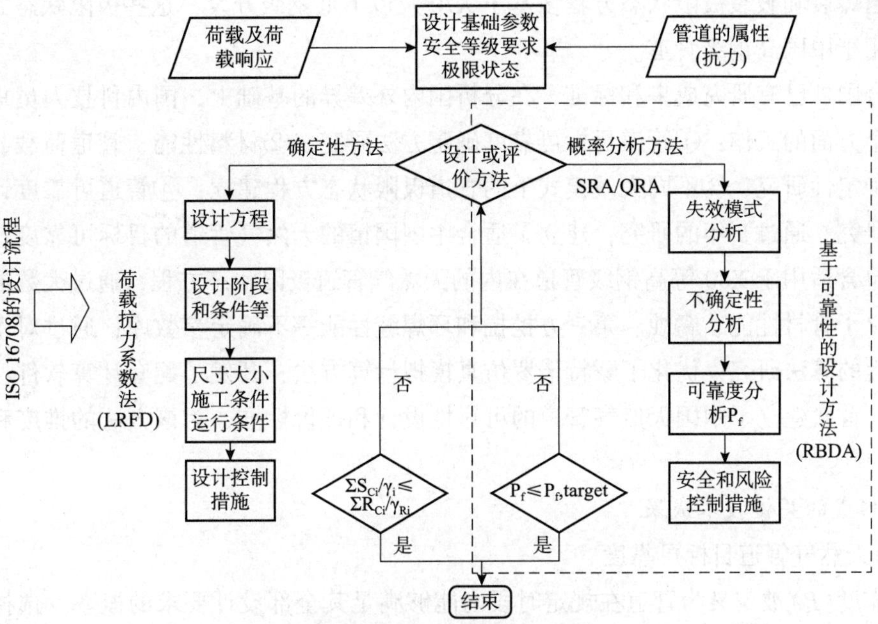

图 6－1 极限状态方法流程

(3)节省投资。能有针对性地采取措施，避免功能冗余或不足，即以最小的成本达到既定的安全目标；

(4)适用于解决新的问题，如高钢级管道的应用、提高设计系数、新的环境条件等；

(5)能够实现设计与运行操作的整合。

6.1.3 国内开发的可靠性设计和评价方法

1. 开展的主要工作

20 世纪 90 年代，国外即开展了大量的基于可靠性管道设计和方法评价研究，取得的成果相继纳入一些标准中。如 2006 年，ISO(国际标准化组织)在其发布的标准 ISO 16708—2006 Petroleum and Natural Gas Industries—Pipeline Transportation Systems—Reliability - based Limit State Methods《石油和天然气工业—管道传输系统—基于可靠性的极限状态法》中正式阐述油气管道可靠性设计方法；2007 年，加拿大标准协会发布 CSA Z662—2007 Oil and Gas Pipeline System《油气管道系统》，在该标准的附录 O 中表述基于可靠性的陆上非含硫天然气输送管道设计与评估方法。此外，挪威船级社 DNV - OS - F101—2013 Submarine Pipeline Systems《海底管线系统》也加入管道可靠性设计内容。CSA Z662—2007 给出了天然气管道基于可靠性设计和评价的一些基本流程、管道极限状态和状态方程，以及管道在材料、腐蚀和第三方挖掘方面的不确定性参数，同时也明确天然气管道的目标可靠度，但该成果是基于北美天然气管道的建设和运行维护水平研究建立的。中国和北美地形地貌、人口密度差异较大，管道材料、施工和运行维护水平也存在诸多不同，如中国新建的 X80 高钢级管道较多，在整个管道系统中占比较大，北美高钢级管道占比较少，CSA Z662—2007

中的管道爆裂和破裂极限状态方程多基于 X70 及以下低钢级开发，这些极限状态方程不便直接应用于中国高钢级管道。

结合国外已有研究成果和标准，在分析国内外差异的基础上，国内科技人员重点开展以下几个方面的工作：①管道目标可靠度确定方法研究；②材料性能、管道荷载、运行参数等不确定性研究；③不同失效模式下的管道极限状态方程建立；④管道可靠度计算模型及方法研究。通过 5 年的研究，建立了适合中国国情的天然气管道的目标可靠度；构建或修订了包含适用于 X80 等高钢级管道在内的天然气管道极限状态方程；通过大数据统计分析，建立了管材性能、腐蚀、第三方挖掘和环焊缝性能等不确定参数库；通过对不同极限状态方程的算法研究，优化了蒙特卡罗仿真模拟计算方法，开发了配套计算软件；基于上述成果，首次建立了中国天然气管道的可靠性设计和评价标准，为该方法的推广和应用奠定基础。

2. 形成的关键技术成果

(1)天然气管道目标可靠度

可靠度(R)被定义为管道在规定时段内能够满足其全部设计要求的概率。选择怎样的时段将其用作定义可靠性的基础只是一个单位的问题，对最终的结果不会造成重大影响。此时段通常会取为 1 年。可靠性与相同时段内的失效概率(P_f)二者之间的关系是：

$$R = 1 - P_f \tag{6-1}$$

例如，如果因腐蚀而导致的失效概率为 10^{-4}/km·a，那么管道相对于腐蚀的可靠性就是$(1-10^{-4})$/km·a 或 0.9999/km·a。R 与 P_f 之间这种简单的一对一关系表明，只要知道其中之一，也就意味着知道了另一个。实际上，P_f 是自载荷与抗力的概率分布计算的，而 R 则是使用上式自 P_f 计算的。由于可靠性通常非常接近于 1.0，以简分数形式很难区分其值(如 0.9999 或 0.99999)。因此，我们习惯于计算和使用失效概率作为可靠性的指标(例如，如果失效概率为 10^{-5}/km·a，那么其可靠性将表示为$(1-10^{-5})$/km·a 而不是 0.99999/km·a)。

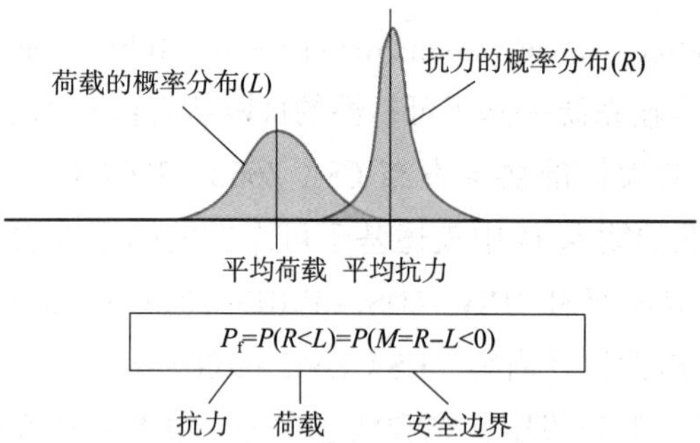

图 6-2 载荷效应与抗力分布示意

图 6-2 所示为对应于某给定结构件之载荷效应和抗力的概率分布。可以看出，抗力的分布通常会高于载荷效应，但是两分布曲线有着小部分的重叠。其重叠部分就表示载荷效应超过其抗力，从而导致超过某极限状态(失效)的情况。

失效概率取决于两分布之间的重叠度，而重叠度则是如下之变量的函数。从式(6-1)可以看出，要确定管道的目标靠靠度，首先要确定管道的最大允许失效概率。

采用基于风险的方法可以保证管道各个部分的风险一致。根据风险的定义，风险 r 等于失效概率和失效后果的乘积，如式(6－2)所示：

$$r = p \times c \tag{6-2}$$

式中：p 为管道每千米每年的失效概率；c 为失效后果的度量。

例如，c 可以用每次失效的死亡数量来表示，在这种情况下，r 就用每千米每年的死亡人数来表示。根据式(6－2)，最大允许失效概率 p_{max} 为：

$$p_{max} = r_{max}/c \tag{6-3}$$

可靠度 R_T，定义为每千米管道不会失效的年概率，可如式(6－4)计算：

$$R_T = 1 - p_{max} = 1 - r_{max}/c \tag{6-4}$$

等式(6－4)和式(6－3)表明，目标可靠度是失效后果 c 和年最大允许风险水平 r_{max} 的函数。因此，建立目标可靠度首先要确定后果模型和最大允许风险水平(可接受风险水平)。

为确定国内天然气管道的风险水平，调研收集中国国内 3.7×10^4km 已建天然气管道基础数据，根据压力、管径、钢材等级、各地区等级管段长度确定了 148 种场景(国内天然气管道典型压力、典型钢级和典型管径的组合)。每种场景，都根据实际场景的腐蚀和设备撞击情况，修正了失效计算模型。在失效后果计算过程中，选取约 2×10^4km 不同地区等级管段，统计了各地区等级的平均人口密度。

基于中国国内在役管道 148 种场景，计算天然气管道社会风险，并与中国石油石化行业的整体风险水平，以及国外研究和标准做比对，进而确定中国天然气管道的整体社会风险水平为 2.0×10^{-5} 人/(a · km)，如表 6－1 所示。

表 6－1 不同数据来源管道社会风险水平值

数据来源	天然气管道社会风险水平值/[人/(a · km)]
国内 148 种工况计算值	2.24×10^{-5}
中国石油石化行业	2.04×10^{-5}
国际管道研究协会	1.6×10^{-5}
ISO 16708 标准	2.0×10^{-5}

参照国外 CSA Z662—2007 Oil and Gas Pipeline System，ISO 16708—2006 Petroleum and Natural Gas Industries—Pipeline Transportation Systems—Reliability－based Limit State Methods 标准，并结合国家安全生产管理相关要求，中国天然气管道个体风险可接受标准确定为：一级地区 10^{-4}/a，二级地区 10^{-5}/a、三四级地区 10^{-6}/a。

极端极限状态是导致出现泄漏并产生重大安全危险的极限状态。为确定该极限状态下管道的目标可靠度，图 6－3 结合基于固定期望社会风险、基于规避社会风险和基于个体风险的可靠性目标。根据图 6－3，推荐的最终目标可靠性 R_T 可以利用式(6－5)计算：

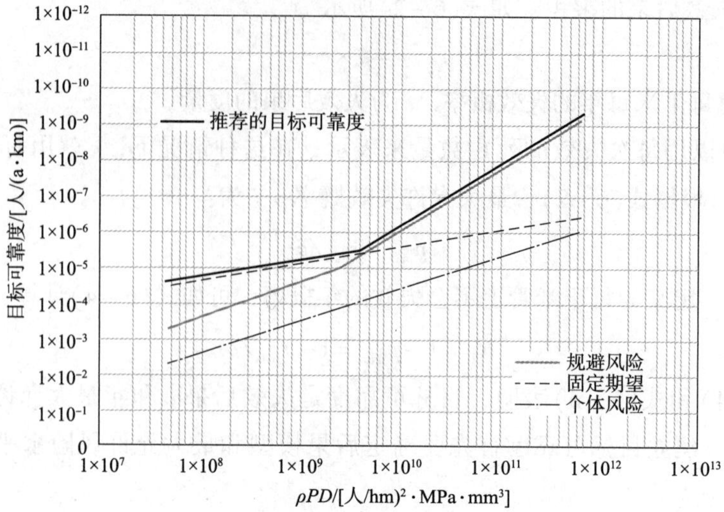

图6-3 根据3个判据得到的可靠性目标

$$R_{\mathrm{T}}=\begin{cases}1-\dfrac{775}{(pD^3)^{0.63}}; & \rho=0\\ 1-\dfrac{9.96}{(\rho pD^3)^{0.59}}; & \rho pD^3\leqslant 4.7\times10^9\\ 1-\dfrac{9.3\times10^{10}}{(\rho pD^3)^{1.65}}; & \rho pD^3>4.7\times10^9\end{cases} \tag{6-5}$$

式中：ρ 为人口密度，人/hm²；p 为设计压力，MPa；D 为管外径，mm。

泄漏极限状态为导致出现泄漏，但不会产生重大安全危害的极限状态。参考 ASME B31.8—2010 Gas Transmission and Distribution Piping Systems《气体输送和分配管道系统》生命周期小泄漏率 1.5×10^{-3}次/(a·km)，以及国内外的统计历史数据，确定泄漏极限状态最大容许失效概率为 1×10^{-3}次/(a·km)。

服役极限状态定义为不满足设计或服务要求，但不会导致出现泄漏的极限状态，包括屈服、椭圆化、凹痕和过度塑性变形。参考标准 ISO 16708—2006 等，确定服役极限状态最大容许失效概率为 1×10^{-2}次/(a·km)。

(2)管道极限状态方程

针对不同极限状态相关参数的特点，分析其承受的主要荷载和提供抗力情况，建立极限状态函数表达式。根据建立的表达式，对管道的抗力模型进行筛选，找出适合的已有模型进行对比分析。对比分析中要综合考虑模型表达形式、所需参数、模型精度及方便工程应用等因素，确定一种最为合适的模型，并基于采用的模型通过模型校订，取得模型偏差系数，最后构建极限状态方程。

针对中国天然气管道实际工况，经相关研究分析，直接采纳、修订和新建了不同失效模式下的管道极限状态方程共计21种，如表6-2所示。

表 6-2 不同失效模式下的管道极限状态方程

阶段	极限状态方程	方程情况
施工	试压引起的管道屈服	直接采用
	试压引起的管道过度塑形变形	直接采用
	无缺陷管道屈服	
	无缺陷管道破裂	
	腐蚀引起的小孔泄漏	
	腐蚀引起的非透壁缺陷爆裂	
	腐蚀引起的管道破裂	
	制管焊缝缺陷引起的小孔泄漏	
	制管焊缝缺陷引起的非透壁管道爆裂	
	制管焊缝缺陷引起的管道破裂	
	管道受限热膨胀造成的管道局部屈曲	
运行	管体及焊缝缺陷疲劳荷载下的增长模型	修订
	地震波下的管道应变需求计算方程	
	断裂带情况下的管道应变需求计算方程	
	采空沉陷情况下的管道应变需求计算方程	新建
	冻土地区情况下的管道应变需求计算方程	
	地面移动引起的管道压缩极限应变能力方程	
	地面移动引起的管道拉伸极限应变能力方程	
	第三方机械挖掘造成的管道刺穿泄漏	
	第三方机械挖掘造成的管道凹坑或划痕泄漏、破裂	
	第三方机械挖掘造成的管道破裂	

为说明极限状态的修订方法，以高钢级管道腐蚀引起的非透壁缺陷爆裂极限状态方程为例进行分析。国内外学者认为，对于 X70 钢，现有模型已经过试验验证；而对于 X80 及以上高钢级，现有模型是否合适还有待于进一步验证。研究中收集了 50 组 X80、X100 高钢级腐蚀试验数据，利用收集的 50 组数据对 ASME B31G MO、PCORRC、LPC、CFER 4 种模型进行对比，具体结果见表 6-3。通过 4 种模型比较，认为 LPC 模型相对准确，对 X80 及以上钢级，推荐采用 LPC 模型。

表 6-3 X80 及以上钢级 4 个模型的偏差情况

项目	试验破裂压力 p_r/预测破裂压力 p_c			
	ASME B31G MO	PCORRC	LPC	CFER
平均值	0.90	0.64	1.07	1.20
标准偏差	0.156	0.221	0.092	0.091

确定在采用 LPC 基本模型的基础上，利用 50 组数据进行处理分析，得到 X80 及以上钢级的非透壁缺陷爆裂极限状态方程为：

$$g = p_r - p = B_1 p_b + (1 - B_1) p_0 - B_2 \sigma_u - p \tag{6-6}$$

$$p_b = \frac{2\sigma_u t}{D_0}\left[\frac{1 - d/t}{1 - (d/tQ)}\right] \tag{6-7}$$

$$p_0 = \frac{1.8\sigma_u t}{D} \tag{6-8}$$

$$Q = \sqrt{1 + 0.31\left(\frac{L}{\sqrt{D_0 t}}\right)^2} \tag{6-9}$$

式中：P_b 为腐蚀管道的预测失效压力，MPa；σ_u 为管道抗拉强度，MPa；t 为管壁厚度，mm；D_0 为管道平均直径，mm；d 为平均腐蚀深度，mm；L 为最大缺陷长度，mm；B_1、B_2 为模型修正系数，其中 B_1 为1.036；B_2 均值为 -0.00169，标准偏差为0.00163(正态分布)。

(3)不确定性参数库构建

管道的极限状态方程中涉及较多的参数，如前面所述的非透壁缺陷爆裂极限状态方程中，有管道内压这种荷载类参数，也有抗拉强度这种管道性能参数，还有管道直径、壁厚和缺陷长度、深度等尺寸类参数，这些参数多少都带有一定的波动性，或者叫作不确定性，如钢管的抗拉强度，通过大量的样本统计，是呈一定的正态分布。在管道可靠性计算中，需要得到这些不确定参数的分布类型和特征参数，如不同钢级的钢管强度分布等。

对于管道的荷载参数，首先通过对国内外资料和文献的收集得到管道主要部位的压力数值。其次对管道安全运行产生最大威胁的第三方活动进行统计分析，得出第三方开挖施工中使用的挖掘机设备占统计事故的70%。因此以挖掘机为重点，通过调研挖掘机设备参数，对挖掘机操作重量、铲斗挖掘力数据进行回归分析，建立了适用于中国的挖掘机作用力计算模型。

对于钢管机械特性参数，在研究过程中，基于从国内十余家管厂收集的数据，对不同钢级钢管的机械性能指标进行了大量统计分析。使用 SPSS 和 Matlab 对统计数据样本量、最大值、最小值、平均值、标准差、离散系数和分布类型等进行分析确定。同时，为计算管道在地面位移情况下的管道拉伸断裂和压缩屈曲失效概率，还对管道不同焊接方式环焊缝的力学性能参数进行统计。除上述外，还对钢管的几何参数和缺陷特征(包括管体不完整度、制管焊缝缺陷、环焊缝缺陷、管体凹坑—划痕、管道外部腐蚀等)进行调研和统计分析，分别得出适用于中国的数据类型和分布特征。

不同钢级在不同环境下的腐蚀速率是可靠性计算所需的一个重要参数。为获得腐蚀速率等不确定性参数，基于国内外文献资料、标准、购买的国家材料环境腐蚀站数据资料，以及收集的国内6000km已有管道的内检测数据和室内开展的对X80、X90钢管加速腐蚀试验等，综合确定外部腐蚀参数及分布类型，如外腐蚀缺陷深度方向腐蚀速率，见表6-4。

表6-4 外腐蚀缺陷深度方向腐蚀速率

变量	钢级	分布类型	平均值	标准偏差
强度腐蚀(视电阻率)/($mm \cdot a^{-1}$)	X80	Weibull 分布	0.16	0.12
	X70	Weibull 分布	0.21	0.18
	X65	Weibull 分布	0.33	0.08
	X60	Weibull 分布	0.30	0.14
	X52	Weibull 分布	0.30	0.15

续表

变量	钢级	分布类型	平均值	标准偏差
中度腐蚀(视电阻率)/(mm·a^{-1})	X80	Weibull 分布	0.10	0.15
	X70	Weibull 分布	0.17	0.17
	X65	Weibull 分布	0.16	0.15
	X60	Weibull 分布	0.15	0.20
	X52	Weibull 分布	0.16	0.04
低度腐蚀(视电阻率)/(mm·a^{-1})	X80	Weibull 分布	0.06	0.03
	X70	Weibull 分布	0.06	0.03
	X65	Weibull 分布	0.06	0.03
	X60	Weibull 分布	0.06	0.03
	X52	Weibull 分布	0.06	0.03

(4)管道可靠度计算方法

管道可靠度的计算在不同情况下需要考虑的极限状态不同，每个方程涉及众多参数，其中大部分参数又是服从一定概率分布的随机变量。通过对 FOSM(一次二阶矩法)、SORM(二次二阶矩法)，以及蒙特卡罗，重要性抽样和拉丁超立方抽样等方法的研究，最终选取蒙特卡罗模拟作为基本计算方法。为提升算法效率和精度，构建优化的失效概率算法流程(见图6-4)，并在计算中对抽样数据拟合和计算结果处理做大量优化，开发 PRAD。

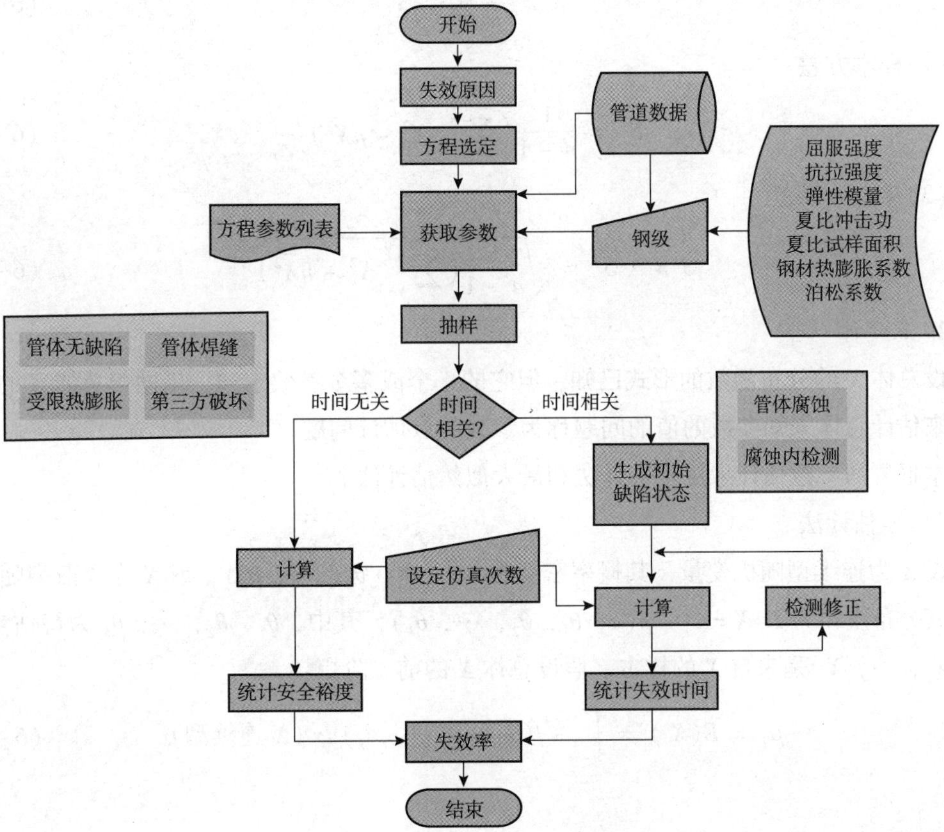

图6-4 管段失效概率计算流程

6.2 X65、X70、X80 高钢级钢管的性能统计

6.2.1 数据统计方法

由于管道性能的不均匀性，在不同钢管或者同一钢管的不同位置测定的管材性能呈现差异性，难以通过某一具体数据准确表达管道的实际性能。为解决这个问题，可采用数据统计分析的方法，以概率分布的方式表达管道的性能。

样本是进行统计推断的依据。在应用时，往往不是直接使用样本本身，而是针对不同的问题构造样本的适当函数，利用这些样本的函数进行统计推断。

1. 样本统计量

设 X_1，X_2，…，X_n 是来自总体 X 的一个样本，$g(X_1, X_2, \cdots, X_n)$ 是 X_1，X_2，…，X_n 的函数，若 g 中不含未知参数，则称 $g(X_1, X_2, \cdots, X_n)$ 是一统计量。

下面列出几个常用的统计量：

(1)样本平均值

$$\overline{X} = \frac{1}{n}\sum_{i=1}^{n} X_i \tag{6-10}$$

(2)样本方差

$$S^2 = \frac{1}{n-1}\left(\sum_{i=1}^{n} X_i^2 - n\overline{X}^2\right) \tag{6-11}$$

(3)样本标准差

$$S = \sqrt{S^2} = \sqrt{\frac{1}{n-1}\left(\sum_{i=1}^{n} X_i^2 - n\overline{X}^2\right)} \tag{6-12}$$

2. 点估计

设总体 X 的分布函数的形式已知，但它的一个或多个参数未知，借助于总体 X 的一个样本来估计总体未知参数的值的问题称为参数的点估计问题。

本报告的参数估计采用矩估计法和最大似然估计法。

(1)矩估计法

设 X 为连续型随机变量，其概率密度为 $f(x; \theta_1, \theta_2, \cdots, \theta_k)$，或 X 为离散型随机变量，其分布规律为 $P\{X=x\} = p(x; \theta_1, \theta_2, \cdots, \theta_k)$，其中，$\theta_1$，$\theta_2$，…，$\theta_k$ 为待估参数，X_1，X_2，…，X_n 是来自 X 的样本。假设总体 X 的前 k 阶矩：

$$\mu_l = E(X^l) = \int_{-\infty}^{\infty} x^l f(x;\theta_1,\theta_2,\cdots,\theta_k)\,dx \ (X\ \text{连续型}) \tag{6-13}$$

或

$$\mu_l = E(X^l) = \sum_{x \in R_x} x^l p(x;\theta_1,\theta_2,\cdots,\theta_k)\ (X\text{离散型}) \tag{6-14}$$

$$l=1,\ 2,\ \cdots,\ k$$

(其中 R_x 是 X 可能取值的范围)存在。一般来说，它们是 θ_1，θ_2，…，θ_k 的函数。基于样本矩：

$$A_l = \frac{1}{n}\sum_{i=1}^{n} X_i \tag{6-15}$$

依概率收敛于相应的总体矩 $\mu_l(l=1,\ 2,\ \cdots k)$，样本矩的连续函数依概率收敛于相应的总体矩的连续函数，则用样本矩作为相应的总体矩的估计量，而以样本矩的连续函数作为相应的总体矩的连续函数的估计量。这种估计方法称为矩估计法。

(2)最大似然估计法

若总体 X 属连续型，其概率密度 $f(x;\ \theta)$，$\theta \in \Theta$ 的形式已知，θ 为待估参数，Θ 是 θ 可能取值的范围。设 X_1，X_2，…，X_n 是来自 X 的样本，则 X_1，X_2，…，X_n 的联合密度为：

$$\Pi_{i=1}^{n} X_i f(x;\ \theta) \tag{6-16}$$

设 x_1，x_2，…，x_n 是相应于样本 X_1，X_2，…，X_n 的一个样本值，则随机点(X_1，X_2，…，X_n)落在点(x_1，x_2，…，x_n)的邻域(边长分别为 dx_1，dx_2，…，dx_n 的 n 维立方体)内的概率近似为：

$$\Pi_{i=1}^{n} X_i f(x;\ \theta)dx_i \tag{6-17}$$

其值随 θ 的取值而变化。

与离散型的情况一样，取 θ 的估计值$\hat{\theta}$使概率(使 1.2 ~5)取到最大值，但因子 $\Pi_{i=1}^{n} dx_i$ 不随 θ 而变化，故只需考虑函数：

$$L(\theta) = L(x_1,\ x_2,\ \cdots,\ x_n;\ \theta) = \Pi_{i=1}^{n} X_i f(x;\ \theta) \tag{6-18}$$

的最大值。这里 $L(\theta)$ 称为样本的似然函数。

若

$$L(\theta) = L(x_1,\ x_2,\ \cdots,\ x_n;\ \theta) = \max_{\theta \in \Theta} L(x_1,\ x_2,\ \cdots,\ x_n;\ \theta) \tag{6-19}$$

则称$\hat{\theta}(X_1,\ X_2,\ \cdots,\ X_n)$为 θ 的最大似然估计量。

3. 管材性能常用分布函数

不确定性参数的分布函数有多种，包括正态分布、对数正态分布、威布尔分布、指数分布和 Gamma 分布等，根据《天然气管道基于可靠性的设计和评价方法研究》等课题经验，钢管与环焊缝性能多服从正态分布。

正态分布的概率密度函数为：

$$f(x) = \frac{1}{\sqrt{2\pi}\sigma} e^{-\frac{(x-\mu)^2}{2\sigma^2}} \tag{6-20}$$

μ 和 σ^2 为正态分布的两个参数，其最大自然估计量分别为：

$$\hat{\mu} = \frac{1}{n}\sum_{i=1}^{n} X_i = \overline{X} \tag{6-21}$$

$$\hat{\sigma^2} = \frac{1}{n}\sum_{i=1}^{n}(X_i - \overline{X})^2 \tag{6-22}$$

正态分布的概率密度函数如图 6－5 所示。

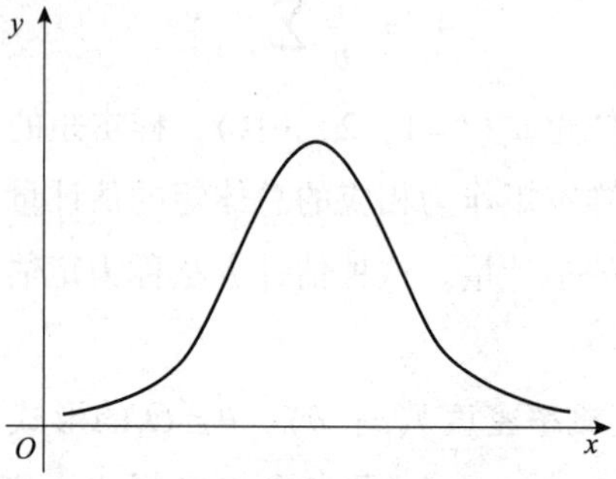

图 6－5　正态分布概率密度曲线

6.2.2　直缝管管体性能统计

1. 统计样本量情况

收集直缝钢管管体性能样本数据一共 27644 组，其中包括 X65 钢级直缝钢管管体性能数据 1986 组(见表 6－5)、X70 钢级直缝钢管管体性能数据 8484 组(见表 6－6)和 X80 钢级直缝钢管管体性能数据 17174 组(见表 6－7)。

表 6－5　X65 直缝钢管管体性能数据

项目	钢级	管径/mm	壁厚/mm	样本数	同一管径样本数
锦郑	X65	559	8.7	83	92
			11.9	9	
吴昆管道三期	X65	610	17.5	21	103
粤北	L450	610	12.7	14	
			15.9	4	
锦郑	X65	610	9.5	42	
			11.9	8	
陕京三线	X65	610	11.9	14	
萧山—义乌管道二期	L450	660	11.9	2	116
锦郑	X65	660	10.3	97	
			12.7	17	

续表

项目	钢级	管径/mm	壁厚/mm	样本数	同一管径样本数
董家港	L450	711	13.0	5	34
哈纳斯	L450	711	9.5	9	
			10.3	7	
			12.7	2	
山东港	L450	711	11.9	5	
			22.2	2	
			17.5	4	
日照—濮阳—洛阳原油管道	L450	762	11.1	55	640
			12.7	435	
			15.9	115	
			17.6	35	
丽水—龙游及三门嵊州	L450	813	11.9	21	1001
			14.3	81	
吴昆管道三期	X65	813	23.8	30	
萧山—义乌管道	L450	813	14.3	113	
济淄	L450	813	19.1	4	
丽水龙游	L450	813	11.9	13	
			14.3	11	
神木	L450	813	12.5	4	
			16.0	15	
			17.5	4	
中俄原油(漠大段)	X65	813	14.3	118	
			16.0	587	
合计	—	—	—	—	1986

表6-6 X70直缝钢管管体性能数据

项目	钢级	管径/mm	壁厚/mm	样本数	同一管径样本数
海西	L485	508	8.0	10	13
			10.0	3	
中俄东线	X70	559	11.9	8	20
			14.2	12	

续表

项目	钢级	管径/mm	壁厚/mm	样本数	同一管径样本数
中俄东线	X70	711	12.5	17	22
			15.9	5	
闽粤支干线	L485	813	17.5	1048	1834
粤西	L485	813	14.3	5	
			15.9	159	
			20.6	8	
中缅原油	X70	813	9.5	16	
			11.7	24	
			14.7	52	
			17.5	403	
			21.0	100	
			28.6	19	
西三东(吉安—福州)	X70	1016	21.0	1606	6595
鄂安沧	L485	1016	21.0	251	
青宁	L485	1016	17.5	4	
陕京三线	X70	1016	17.5	417	
			21.0	975	
			26.2	25	
潜江—韶关输气管道	L485	1016	17.5	388	
			21.0	1803	
			26.2	291	
			30.4	12	
西二线	X70	1016	17.5	100	
			21.0	665	
中俄东线	X70	1016	21.0	58	
合计	—	—	—	—	8484

表6－7　X80直缝钢管管体性能数据

项目	钢级	管径/mm	壁厚/mm	样本数	同一管径样本数
中贵联络线	X80	1016	15.3	27	388
			18.4	316	
			22.9	45	

续表

项目	钢级	管径/mm	壁厚/mm	样本数	同一管径样本数
西三东(吉安—福州)	X80	1219	22.0	2966	14043
西三中（中卫—吉安）	X80	1219	18.4	1727	
			22.0	411	
			27.5	2991	
			33.0	28	
西三线（中卫—靖边）	X80	1219	22.0	291	
江苏 LNG（滨海—盱眙）	L555	1219	22.2	89	
			28.0	45	
鄂安沧	X80	1219	26.4	21	
陕京四线	X80	1219	18.4	975	
			22.0	1208	
			26.4	802	
			27.5	36	
西二线	X80	1219	18.4	143	
			19.1	65	
			22.0	1156	
中俄东线	X80	1219	18.4	191	
			22.0	139	
			27.5	755	
			30.2	3	
			33.0	1	
		1422	21.4	535	2743
			25.7	1855	
			30.8	353	
合计	—	—	—	—	17174

2. 性能统计分析

通过数据处理，得到不同钢级直缝钢管的管体性能如表 6－8 所示。

表 6－8　直缝钢管的管体性能汇总

钢级	管体性能		分布类型	均值	标准差	CV[1]
X65	屈服强度/MPa		正态分布	506.6	32.7	0.065
	抗拉强度/MPa		正态分布	610.6	29.5	0.048
	屈强比		正态分布	0.830	0.036	0.043
	冲击吸收功/J	最小值	正态分布	310.1	98.1	0.316
		平均值	正态分布	332.9	97.1	0.292
X70	屈服强度/MPa		Weibull 分布	539.6	32.6	0.060
	抗拉强度/MPa		正态分布	655.9	28.4	0.043
	屈强比		Weibull 分布	0.823	0.042	0.051
	冲击吸收功/J	最小值	正态分布	334.0	63.0	0.189
		平均值	Weibull 分布	328.5	47.2	0.144
X80	屈服强度/MPa		Weibull 分布	602.2	26.3	0.044
	抗拉强度/MPa		Weibull 分布	680.7	27.5	0.040
	屈强比		正态分布	0.885	0.026	0.029
	冲击吸收功/J	最小值	Weibull 分布	330.2	79.3	0.240
		平均值	对数正态分布	361.2	76.2	0.211

注[1]：CV 即 coefficient of variation，为变异系数，又称为离散系数，是概率分布离散程度的一个归一化量度。

对比 X65、X70 和 X80 钢级直缝管管体性能，可知：

(1) X65、X70 和 X80 钢级管体的屈服强度、抗拉强度、屈强比的离散度基本相当；

(2) X65、X70 钢级管体屈强比基本相当，X80 钢级管体屈强比要明显高于 X65、X70；

(3) X65、X70 和 X80 钢级管体的冲击吸收功值基本相当，离散度 X70 明显小于 X65 和 X80 钢级。

6.3　不同钢级的管道可靠度计算

6.3.1　可靠度的可靠度的计算方法

由前面所述可知，为求得管道的可卡度，需先求得管道的失效概率，失效概率 P_f 可表示为如下之算术表达式：

$$P_f = P(r \leqslant l) = P(m = r - l \leqslant 0) \tag{6-23}$$

式中，r 为抗力；l 为载荷效应；m 为定义为抗力与载荷效应之差的安全裕度。载荷效应与抗力的分布通常是自其他(更为基本的)变量利用分析模型估算的。例如，自峰值地面加速度估算地震载荷效应，或自屈服强度、管道直径和壁厚估算管道之耐压能力。鉴于此，安全裕度(m)可表示为能够确定载荷效应和抗力的一组 n 个基本变量的函数(用向量 $\boldsymbol{x} = x_1$，x_2，…，x_n 表示)。此函数被记为 $g(x)$，被称为是极限状态函数。上式可改写为如下形式：

$$P_f = P[m = g(x) \leqslant 0] \tag{6-24}$$

因为 $g(x)=0$ 定义了失效范围和安全范围之间的边界，因此可代表失效条件，通常被称为极限状态面。

失效概率的估算涉及对给定函数 g 和基本变量 x 的一组给定概率分布求解上述方程式。蒙特卡罗法的实质是通过大量随机试验，利用概率论解决问题的一种数值方法，基本思想是基于概率和体积间的相似性。它和仿真有细微区别。单独的仿真只是模拟一些随机的运动，其结果是不确定的；蒙特卡罗法在计算的中间过程中出现的数是随机的，但是它要解决的问题的结果却是确定的。由于在计算时，蒙特卡罗仿真需要大量的重复计算，之间没有互相关联。对于方程的计算，我们通过多线程并行计算，可以最大限度地提前计算效率。

计算的结果均用统一的一种形式存入数据库中，这样各方程的计算过程互不干涉。而且可以进行多次计算，将多次计算的结果共同用于计算失效率。

由于入库数据量非常大，所以在计算失效率时，分两类方法进行计算：一是直接统计法，将满足要求的结果个数和整个数据库量进行比较得到失效率；二是尾部数据拟合法，由于影响失效的数据主要集中在数据库的尾部，所以需要将数据库中较小的定量数据取出来，进行分布拟合后再计算失效率。整个过程如图6－6所示。

其中数据处理流程如图6－7所示。

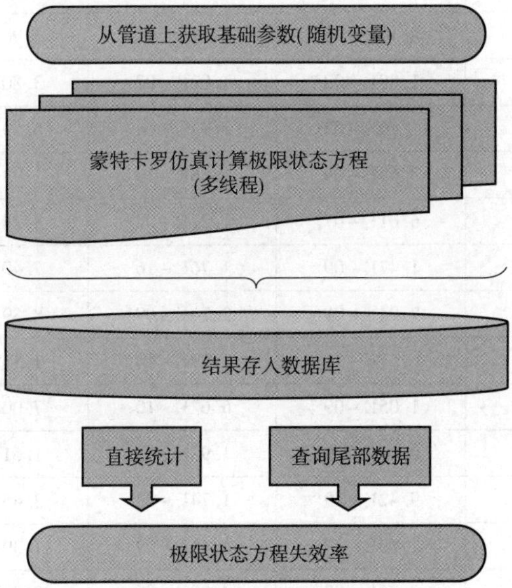

图6－6　基于数据库和多线程技术的蒙特卡罗仿真流程

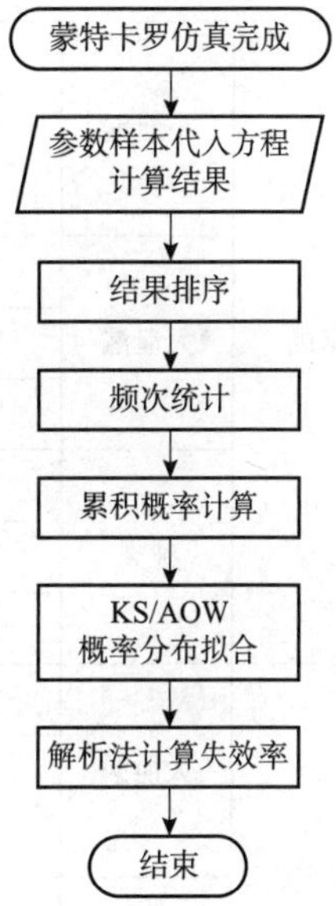

图6－7　数据库数据处理

对于每一个管段的失效概率计算，首先应通过识别确定管道涉及的极限状态，建立对应的极限状态方程和评价的准则。根据极限状态方程，获取每个极限状态方程所需要的变量参数，采用蒙特卡罗法的仿真模拟计算失效概率，需要注意的是，在计算中需要考虑极限状态是否与时间相关，对于与时间相关的极限状态方程，如腐蚀，还需要考虑缺陷的增长因素和内检测维护计划等情况，计算不同时间节点的管道失效概率。

6.3.2 不同钢级的可靠度的计算结果

采用加拿大 C－FER 公司开发的 PRISM 软件，在计算管道失效概率时，假定本工程管道的服役年限为 30 年，计算次数 1 亿次。腐蚀失效概率与时间相关，计算模型和失效概率计算还需考虑到运行期间的内检测和缺陷修补及维护的影响。在第 3 年、13 年、23 年和 30 年分别采用高精度内检测器进行检测。当检测到的剩余壁厚与标称壁厚比值不大于 50%，二级地区的计算压力与最大允许操作压力(MAOP)比值不大于 1.61，三级地区的计算失效压力与 MAOP 比值小于等于 2 时，应当对检出缺陷进行开挖与修复。管道小泄漏、大泄漏、破裂失效概率相差数量级较大，将不同的失效方式在同一图形中进行不够清晰直观，因此取各工况不同失效方式 30 年内的失效最大值作为研究数据，并且通过下式计算管道极端极限状态下总失效概率，以此开展管道可靠度对比分析工作。

$$R_{\mathrm{all}} = P_{\mathrm{LL}}\frac{7.5\times 10^{5}}{D^{3}} + P_{\mathrm{RU}} \tag{6-25}$$

式中，P_{LL}为大泄漏失效概率，次/(km·a)；P_{RU}为破裂失效概率，次/(km·a)。

以 D1016mm，10MPa 工况为例，计算不同钢级直缝管管道可靠性，结果如表 6－9 所示。

表 6－9　D1016mm，10MP 直缝钢管可靠性计算结果

30 年最大值		钢级	一级地区	二级地区	三级地区	四级地区
腐蚀	小泄漏	X65	3.10E－02	8.14E－03	1.78E－03	3.96E－04
		X70	2.93E－02	1.88E－02	1.02E－02	3.80E－03
		X80	5.94E－03	1.70E－03	3.73E－04	5.69E－05
	大泄漏	X65	9.37E－06	3.69E－09	1.56E－10	1.93E－13
		X70	1.83E－05	6.01E－07	1.27E－08	8.24E－11
		X80	1.54E－06	1.47E－09	1.76E－16	7.40E－16
	破裂	X65	9.81E－08	7.94E－09	9.73E－09	8.59E－16
		X70	1.35E－07	6.57E－11	1.59E－14	1.13E－17
		X80	4.88E－09	1.05E－09	5.62E－10	7.00E－10
第三方	大泄漏	X65	6.55E－09	9.79E－09	1.93E－08	1.61E－08
		X70	1.46E－14	9.42E－19	1.74E－23	3.46E－28
		X80	3.33E－13	1.60E－17	6.56E－29	1.39E－38
	破裂	X65	1.68E－08	2.46E－08	4.00E－08	2.93E－08
		X70	1.90E－10	6.22E－13	4.44E－14	3.32E－18
		X80	8.10E－10	6.94E－12	3.62E－16	2.54E－24
总失效概率		X65	2.08E－07	8.57E－08	1.35E－07	8.79E－08
		X70	2.22E－07	7.45E－10	1.38E－11	8.84E－14
		X80	1.14E－08	1.60E－09	8.43E－10	1.05E－09

D1016mm 管径，10MPa 压力，X65、X70 钢级和 X80 钢级直缝钢管总失效概率对比见图 6－8。

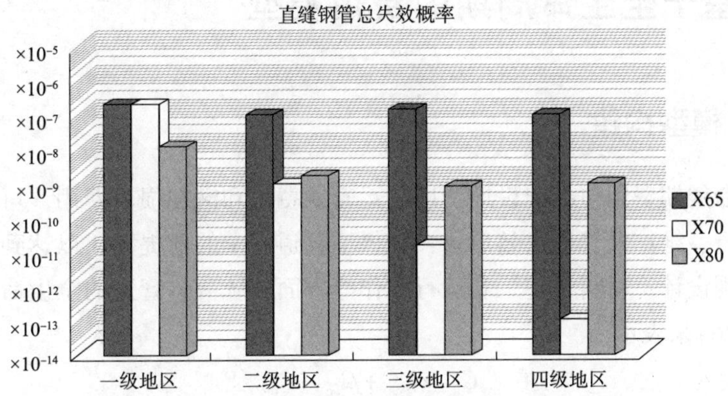

图 6－8　X65、X70 和 X80 钢级直缝钢管总失效概率

D1016mm，10MPa 直缝钢管总失效概率和最大允许失效概率对比见表 6－10。

表 6－10　D1016mm，10MPa 直缝钢管总失效概率和最大允许失效概率对比

地区等级	钢级	壁厚/mm	总失效概率	目标可靠度下的可允许失效概率	是否超出允许的失效概率
一级地区	X65	15.7	2.08E－07	2.34E－05	否
	X70	14.6	2.22E－07	2.34E－05	否
	X80	12.8	1.14E－08	2.34E－05	否
二级地区	X65	18.9	8.57E－08	4.20E－07	否
	X70	17.5	7.45E－10	4.20E－07	否
	X80	15.3	1.60E－09	4.20E－07	否
三级地区	X65	22.6	1.35E－07	1.34E－07	是
	X70	21	1.38E－11	1.34E－07	否
	X80	18.4	8.43E－10	1.34E－07	否
四级地区	X65	28.3	8.79E－08	1.05E－08	是
	X70	26.2	8.84E－14	1.05E－08	否
	X80	22.9	1.05E－09	1.05E－08	否

除一级地区外，其他地区等级的总失效概率均为 X70＜X80＜X65，其中 X65 直缝钢管总失效概率值在不同地区等级一直处于较高的状态，X80 直缝钢管总失效概率下降幅度较低，而 X70 直缝钢管总失效概率则呈现显著下降的趋势。

(1)通过对比不同工况下直缝总失效概率以及不同钢级的失效概率，并无明显规律，不同情况互有优劣。

(2)随着管径和压力提升，X65 钢级直缝部分三级和四级地区总失效概率存在超出允许范围的情况；X70 和 X80 钢级总失效概率大部分情况比允许失效概率低几个数量级；说明目前基于设计系数的设计结果无法实现等风险设计，存在安全缺欠或过于保守的现象。

6.4 基于全生命周期的费用模型

6.4.1 模型构建

管道全生命周期费用包括建设期费用、运营期费用和潜在损失费用，可以权衡管道耗材、施工、运行、维护及管道失效后果，在保证管道安全的前提下，以达到管道经济性的最优，最终实现设计、材料、施工和运行操作等方面的统一。管道的全生命周期费用的构成可用式(6－26)来表示：

$$C_{fc}=C_{cc}+C_{oc}+C_{plc} \tag{6-26}$$

式中：C_{fc}为管道全生命周期费用；C_{cc}为管道建设期费用，只考虑采购管材所需的费用；C_{oc}为管道的运行费用，包括管道的日常巡线维护费(不包括管道失效后的维抢修费和运行中断损失等)、内检测费用和站场的运行维护费，对于管道线路来讲，通常包含日常巡线费、地面标识桩的修补维护费和日常水工保护的维护费(不包括单独立项治理的地灾或大的水保修复费)等。

管道维护维修费用按照中国石油天然气集团公司中油计[2015]107 号文件中关于成本估算的参数计算。维护与修理费，指项目投产后固定资产腐蚀的大中小修理费，计算公式为：年修理费＝固定资产原值(扣除建设期利息)×修理费率(抵扣固定资产进项税不形成固定资产原值)，修理费率，原则上投产初期低，后期高，但应通过测算，并在规定的费率范围内，也可简化为每年相对固定。油气开发(含净化厂)和长输管道类。

油气田地面工程修理费率可根据开发的不同阶段取值，一般为固定资产原值(扣除建设期利息)的2.5%。长输管道一般按固定资产原值(扣除建设期利息)的2.5%。

C_{plc}为管道失效后的潜在损失费，包括运营期30年内每年总的失效(小泄漏、大泄漏、破裂)后的损失费用，包括失效事件的直接抢修费(包括设备、材料和施工费)、维抢修时的管段气体放空损失费、运行中断损失的输送收益费、失效事故引起的人员伤亡补偿费，管道失效后对环境和公司声誉的影响暂不考虑。

对于管道运营期30年内每年总的失效(小泄漏、大泄漏、破裂分开计算)后的损失费用，应分别计算各年小孔泄漏、大孔泄漏和破裂次数(失效概率乘以总公里数)，然后再计算每次失效的损失费用，见式(6－27)：

$$C=C_d+C_f+C_b+C_p \tag{6-27}$$

式中：C为管道发生1次失效(小孔泄漏、大孔泄漏和破裂)的损失，其中小孔泄漏只考虑C_d，大孔口泄漏考虑C_d、C_b和C_p；破裂要考虑C_d、C_f、C_b和C_p；C_d为管道发生1次失效时的直接维修费用；C_b为管道停输时造成的输送效益损失，大孔泄漏和破裂管道停输损失效益见式(6－28)；C_f为管道气体放空造成的损失，破裂抢修时气体放空损失计算见公式(6－29)；C_p为大孔泄漏和破裂对周围人员造成伤害补偿费用。

管道发生大孔泄漏和破裂时，要进行停输降压或停输放空，管道再进行维抢修作业，在停输期间管道的输送效益损失计算见式(6-28)：

$$C_b=[T_m/(350\times24)]\times300\times10^8\times C_t \tag{6-28}$$

式中：T_m 为维抢修时的停输时间；C_t 为输送 $1m^3$ 气体的损失效益，根据规定取 0.22 元/($10^3km\cdot m^3$)，以 3000km 管道长度为例，C_t 按照 0.33 元/m 取值考虑。

放空损失费用：与管容有关系，与放空时间无关。放空时间一般为 12h。

管道发生破裂维修时，管道内气体要进行放空，放空前先用压缩机对管道内气体进行抽气降低压力和减少放空量，假定放空前管道内压力为 4MPa，放空时管段长度按照阀站间的平均间距计算，每次放空时的放空损失费用见式(6-28)：

$$C_f=\frac{3.14\times D^2}{4}\times\frac{P}{0.1\times Z}\times L\times C_m \tag{6-28}$$

式中，D 为管道直径，m；P 为设计压力，MPa；L 为发空管段距离，m；C_m 为每立方米天然气价格，按 2.61 元/m^3 考虑；Z 为天然气压缩因子。

管道发生大孔泄漏和破裂时，将对周围的人员造成伤亡，管道每年的事故伤亡人数为大孔泄漏和破裂总失效率(大孔泄漏需要折算成破裂)与失效后果的乘积，人员伤亡补偿费用为人员伤亡人数×每个伤亡人员的补偿费用。

$$C_p=\sum[(7.5\times10^5/D^3)\times P_{LL}+P_{RU}]\times4.07\times10^{-10}\rho PD^3\times C_c \tag{6-29}$$

式中：P_{LL}为大泄漏失效概率；P_{RU}为破裂失效概率；ρ 为每公顷的人口数(1ha=1 万 m^2)；ρ 为设计压力，MPa；D 为管道直径，mm；C_c 为每个死亡人员的补偿费用。

国务院令第 493 号《生产安全事故报告和调查处理条例》规定，石油天然气管道事故的人员伤亡赔偿如下表述 $C_c=C_{c1}+C_{c2}+C_{c3}$，并以 2014 年全国 31 省区市城镇居民人均可支配收入为例说明。

(1)死亡赔偿金：$C_{c1}\geq20\times$所在地城镇居民人均可支配收入。

(2)丧葬费：$C_{c2}\geq$所在地上一年度月平均工资标准，按 6 个月总额计算。

被抚养人生活费、死亡补偿费补助等其他合理赔偿金：$C_{c3}\geq10\times$全国城镇居民人均可支配收入。

6.4.2 费用计算方法

(1)建设期费用计算

假定管道建设期费用只考虑管材费用，直缝钢管 X65 每吨价格为 7268 元，X70 每吨价格为 7600 元，X80 每吨价格为 8186 元，线路所需不同等级管线钢总质量与单价的乘积。

(2)运营期费用计算

如前文所言，运营期一年花费的费用按建设期总费用的 2.5% 来计算，其 30 年运营期内的总费用即为建设期费用的 0.75 倍。

(3)潜在损失费用计算

潜在损失费用为管道每年发生失效(失效形式包括小泄漏，大泄漏，破裂)的概率，与失效的后果(维修费用、停输损失、放空损失和人员伤害赔偿等)造成损失的乘积之和，30年运营期内每年的损失费用之和即为总的管道潜在损失费。

6.4.3 计算案例

以一条长度10km管道为例，管径*D*1016mm、设计压力10MPa，其中一级地区3.5km，二级地区4km，三级地区2km，四级地区0.5km，管道的壁厚情况见表6-11。

表6-11 管道壁厚情况

钢级	管道壁厚/mm			
	一级地区	二级地区	三级地区	四级地区
X65	15.7	18.9	22.6	28.3
X70	14.6	17.5	21	26.2
X80	12.8	15.3	18.4	22.9

通过对比可以看出，在*D*1016管道建设与运营过程中，使用较高等级管线钢可以减小其全生命周期费用(见表6-12)。

表6-12 直缝钢管全生命周期费用计算结果

钢级	建设期费用/万元	运营期费用/万元	潜在损失费用/万元	全生命周期费用/万元
X65	3442.53	2581.90	8.37	4414.44
X70	3344.83	2508.62	16.83	4293.1
X80	3161.08	2370.81	1.475	4051.99

参考文献

[1]李鹤林，吉玲康，田伟. 高钢级钢管和高压输送：我国油气输送管道的重大技术进步[J]. 中国工程科学，2010，12(5)：84-90.

[2]余志峰，张文伟，张志宏，等. 我国天然气输送管道发展方向及相关技术问题[J]. 油气储运，2012，31(5)：321-325.

[3]王健. 输油气管道水网地带漂管沉降施工[J]. 建筑工程技术与设计，2017(21)：1724.

[4]高楠. 石油天然气长输管道工程建设及设计技术展望[J]. 石油石化物资采购，2020(27)：2.

[5]周子栋，徐娜，夏政，等. 油气长输管道试压关键工序研究[J]. 管道技术与设备，2014(4)：49-51.

[6]蔡永军，蒋红艳，王继方，等. 智慧管道总体架构设计及关键技术[J]. 油气储运，2019，38(2)：121-129.

[7]葛汉林，姜芳，吴明. 油气管道带压不停输折叠式封堵技术及设备的研究设计[J]. 机械设计与制造，2014(4)：209-211.

[8]CITIC-CBMN中信微合金化技术中心. 石油天然气管道工程技术及微合金化钢(精)[M]. 北京：冶金工业出版社，2007.

[9]康勇．现代油气管道工程设计、施工技术与实例[M]．北京：化学工业出版社，2014.

[10]贾文江，李刚，芦涛．长输天然气管道换管抢修关键技术及发展趋势探讨[J]．油气田地面工程，2022，41(5)：65－68.

[11]杨云兰，李文勇，丛川波，等．外径1422mm X80管道低温整体式绝缘接头设计与制造关键技术[J]．油气储运，2020，39(3)：326－333.

[12]宋承毅．长距离油气多相混输系统工程设计[J]．天然气工业，2010，30(4)：107－110.

[13]耿立国．浅谈国际长输油气管道EPCC模式设计管理[J]．中文科技期刊数据库(全文版)工程技术，2016(8)：295.

[14]吴宏，张对红，罗金恒，等．输气管道一级地区采用0.8设计系数的可行性[J]．油气储运，2013，32(8)：799－804.

[15]李勇，宁永乔，王薛辉，等．西南油气田地面工程关键技术综述[J]．石油规划设计，2013，24(1)：1－7.

[16]马鹏，蔡晓阳，李彦阁．济南城区复杂地质情况下油气管道定向钻施工与对策[J]．非开挖技术，2021(6)：15－20.

第7章 高钢级管道工程施工关键技术

导读

基于对管道施工工序及技术措施的全面梳理，识别对管道施工质量控制及不同钢级管道施工差异性的关键环节。围绕管道组对，开展管道管墩支承不足，以及错边等工况条件下的不同钢级管道差异性及质量控制分析；围绕管道沉管下沟和管道吊管下沟，开展不同钢级管道下沟过程差异性及质量控制分析。针对不同钢级管道在防腐补口方面的差异性分析，开展了低温(200℃以下)环氧粉末及3PE防腐涂层低温涂敷工艺在X80高钢级管道应用的适用性评价，确定了适用于低温涂敷的X80钢防腐3PE防腐层的关键指标，丰富了高钢级管道3PE防腐工艺的选择路径。明确了不同无损检测方式对不同缺陷类型及不同焊接工艺的适用性；建立了不等厚焊接PAUT工艺实施指南；提出了自动焊无损检测方式的工艺方案。

7.1 高钢级管道组对过程差异性分析

长输管道事故时有发生，事故调查分析显示引起事故的主要位置在管道环焊缝，其主要因素往往是焊缝错边、不等壁厚焊接、返修焊缝不合格和其他不当焊接操作引起的，因此管道焊接问题受到越来越多的关注。随着国内长输管道不断朝着高钢级大口径发展，管道焊接技术不断发展，由原来的手工焊、半自动焊到全自动焊。全自动焊接技术的发展使得管道环焊缝焊接质量变得更可靠，但其焊接要求也相对更加严格，并且受制于全自动焊设备，对管道组对施工要求更加严格，如错边量和对口间隙的控制。

长输管道组对过程中，一般通过吊管机调整角度将待组对钢管与线路管进行对口。对口完成后通过内焊机定位，调整对口间隙、管口错边量等参数，同时调整支墩高度使管道保持相对水平，在准备工作完成后进行根焊焊接，如图7-1所示。

在施工焊接过程中，控制施加在管道环焊缝上的应力是至关重要的，包括控制施加应力和最大限度减小应力集中。对于部分完工的环焊缝，在对口器拆除后，通过吊管和下沟来重新固定时，根部焊道完成后会产生最显著的应力。因为焊缝的横截面积相对较小，管道环焊缝在这个阶段特别容易受到氢致裂纹的影响。通常在吊装和下沟过程中，未完工管道环焊缝承受的应力最大。错边、变壁厚处的焊缝及直管段与感应弯管和弯头之间的焊缝特别容易出问题，因为这些焊缝往往会产生应力集中。当管道的外形与管沟的外形不匹配

图7－1 管口组对

时，也会产生高应力。

通过有限元计算，重点分析管道根焊完成内焊机撤离后，由于管墩支承填土不足或者太松软而导致末端管道在重力作用下下沉变形的问题，如图7－2所示。由于根焊完成后尚未进行填充盖面焊接，两根线路管之间仅仅通过根焊焊层传递所受到的应力，因此，根焊焊层是这个系统中最薄弱的环节。利用数值模拟分别分析X65、X70和X80管道在管墩支撑不足工况下根焊焊缝的受力情况，判断此时根焊焊缝是否处于安全可控的状态，并计算在这种情况下允许的最大下沉位移。

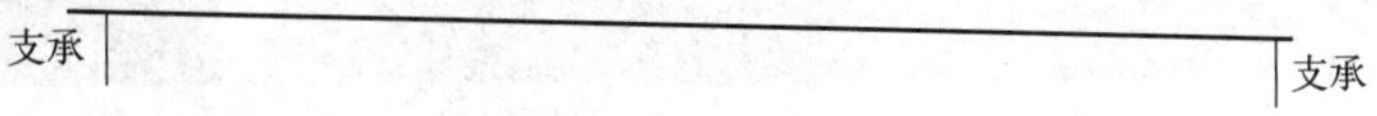

图7－2 支承不足工况示意

在长输管道设计过程中，一般大变形管道的设计才考虑管道材料进入塑性阶段后的情况，对于常规设计仅仅考虑屈服阶段的应力情况，因此分析过程均在弹性范围内进行。

7.1.1 几何模型

以设计压力12MPa、*DN*1200口径钢管为研究对象进行分析，具体设计参数见表7－1。

表7－1 管道规格参数

公称直径/mm	管子外径/mm	设计压力/MPa	屈服强度/MPa	焊缝系数	设计系数	温度系数	选用厚度/mm	钢级
*DN*1200	1219	12	555	1	0.5	1	26.4	X80
*DN*1200	1219	12	485	1	0.5	1	30.2	X70
*DN*1200	1219	12	450	1	0.5	1	32.6	X65

根据国家管网相关要求，在满足相应施工条件下，高钢级大口径管道优先选用全自动焊接。因此，管道组对坡口选择全自动焊坡口形式，以图7－3坡口为例进行分析。针对关键的对口参数，考虑对口间隙和错边量的影响，其中对口间隙取0.5mm，错边量取1.5mm。

接头设计

接头型式：对接　坡口型式：复合型，见图1
坡口面角度：β=5°±1.5° α=45°±1.5° γ=37.5°±1.59°
钝边(P)：1.3±0.3mm 背垫：无 对口间隙 (b)：0~0.5mm
拐点至内壁高度—H：(5.3±0.3)mm
半坡口宽度—W：3.5~4.7mm　内坡口高度(h)：(1.7±0.3)mm
错边：≤2.0mm，大于2.0mm且不大于2.5mm的局部长度不大于50mm
余高：0~2.0mm，超过2.0mm且不大于3.0mm的局部长度不超过50mm
盖面焊缝宽：坡口上口每侧宜增宽1.0~2.0mm

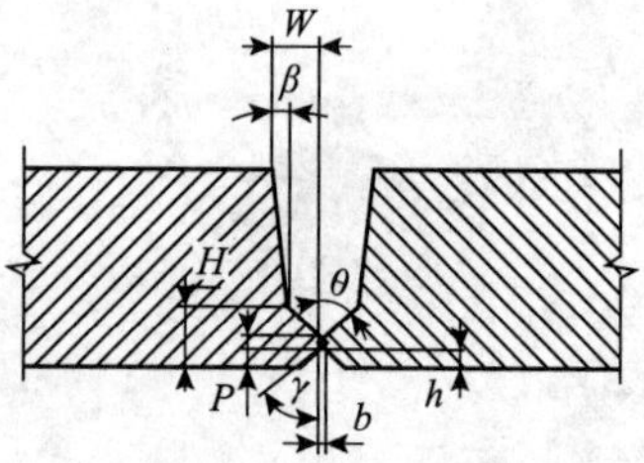

图7-3　焊接接头坡口示意

利用SolidWorks软件进行管道三维建模。由于管道具有对称性，为节约计算资源，提高计算速度，建立1/2模型进行分析，如图7-4所示。

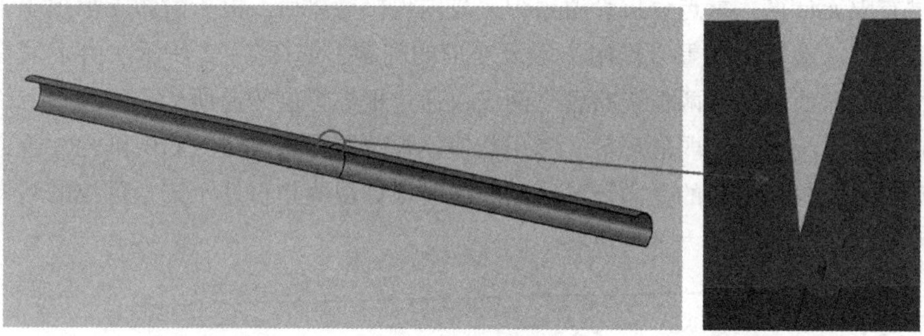

图7-4　几何模型

7.1.2　材料参数

由于不同钢管厂商生产的同一钢级钢管的屈服强度不一致，为保证可对比性，以GB/T 9711规定的钢管最小屈服强度为分析参数，如表7-2所示。

表7-2　材料参数

材料	密度ρ/(kg/m^3)	弹性模量E/MPa	泊松比/μ	屈服强度/MPa
X80	7850	2.1×10^5	0.3	555
X70	7850	2.1×10^5	0.3	485
X65	7850	2.1×10^5	0.3	450

7.1.3　网格划分

由于本系统薄弱点在根焊焊层位置，主要关注的是根焊焊层的应力状态，而焊缝位置相对于整体管系很小，如果对整个管系进行精细的网格划分，在分析过程中将占用大量的计算资源，而远离焊缝位置的钢管的应力情况在本次分析过程中并不是主要关注点，因此为节约计算资源，对坡口位置进行网格细化，在距离焊口较远位置网格尺寸适当放大。

Solid186 是一种高阶 3 维 20 节点固体结构单元，每个节点有沿着 x、y、z 3 个方向平移的自由度。Solid186 可具有任意的空间各向异性，单元支持塑性，超弹性，蠕变，应力钢化，大变形和大应变能力，因此分析采用 Solid186 单元进行网格划分，网格模型如图 7-5 所示。

图 7-5 网格模型

7.1.4 边界条件的设定

由于管道管墩支承不足工况主要载荷来源于钢管自重的影响，因此分析时对整个管系施加重力载荷，在对称面上施加无摩擦约束模拟对称情况，支承点位置施加位移约束进行分析，如图 7-6 所示。

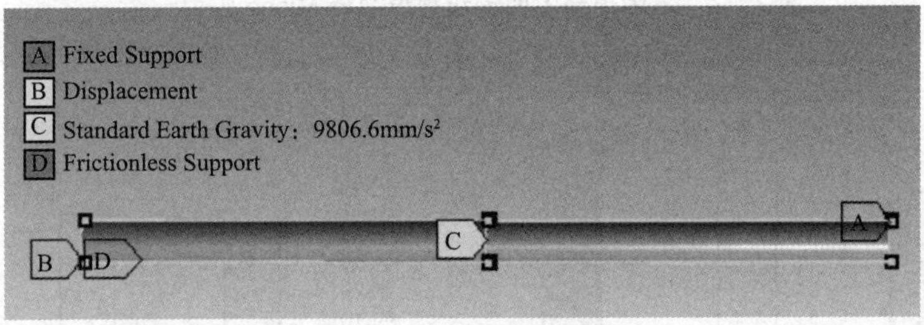

图 7-6 边界条件施加

7.1.5 数值模拟结果分析

1. 不同钢级钢管在支承不足工况下的应力表现

由于管口组对过程中可能出现对口间隙和错边，因此分析过程中分别对无错边无对口间隙焊缝、存在错边焊缝和存在对口间隙焊缝进行建模并区分 X65、X70 和 X80 钢级管道进行分析，根焊焊缝位置的 Mises 应力云图如图 7-7 所示，根焊焊缝位置的 Mises 应力占屈服强度的百分比如图 7-8 ~ 图 7-10 所示。从图 7-7 中可以看出，在此工况下，X65、X70 和 X80 钢级管道在下沉一定位移情况下所表现出的应力趋势相同，在焊缝中间位置受到的应力最大，并向两边扩展。从图 7-8 ~ 图 7-10 中可以看出，在相同的对口情况下，X80 钢管根焊焊缝应力占屈服强度的百分比最小，X70 次之，X65 钢管根焊焊缝应力占屈服强度的百分比最大。主要由于在设计参数相同的情况下，X65 钢管的壁厚相对更大，在支撑不足的情况下所受到的重力更大，造成根焊焊缝应力更大。对于存在错边和对口间隙工况，不同钢级钢管表现出同样规律。在对口过程中如果存在错边和对口间隙情况，根焊焊缝将受到更大的应力作用。综上，在相同的下沉位移情况下，X80 钢管相对于 X70 和 X65 有更大的安全裕量。

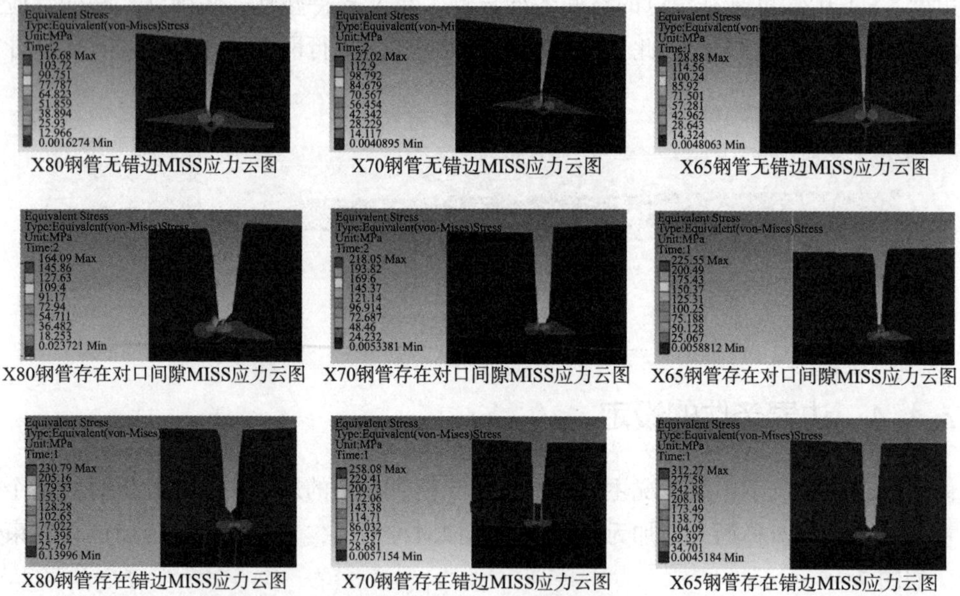

图 7－7　不同焊缝不同钢级根焊焊缝 Mises 应力云图

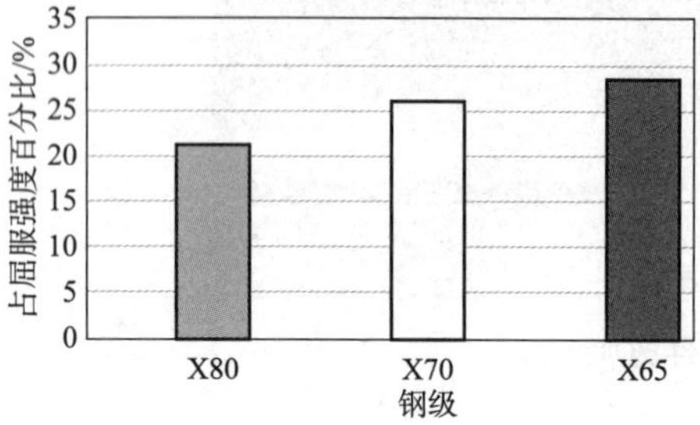

图 7－8　对口无错边无对口间隙工况根焊焊缝 Mises 应力占屈服强度百分比

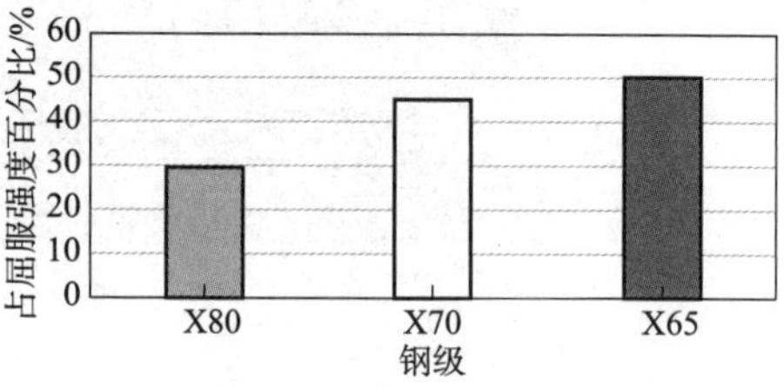

图 7－9　存在错边工况根焊焊缝 Mises 应力占屈服强度百分比

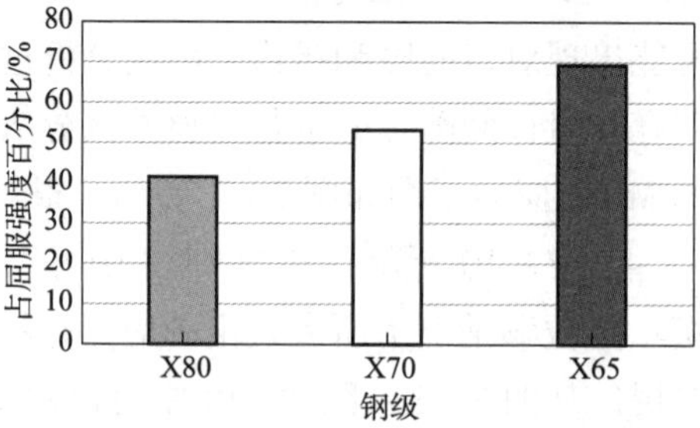

图 7－10　存在对口间隙工况根焊焊缝 Mises 应力占屈服强度百分比

2. 不同钢级钢管在支撑不足工况下根焊焊缝外侧的应力表现

图7－7中表现出根焊焊缝外侧受到的应力较大，为更好地表征根焊焊缝位置的受力情况，以根焊焊缝外侧边为路径，如图7－11所示，提取焊缝外侧半圆周路径上的应力，如图7－12所示，可以看出，沿着圆周方向根焊焊缝所受的应力呈先减小后增大的趋势，在0点和6点位置应力最大。主要是由于下沉位移导致的弯矩和重力载荷的作用下，最上侧位置受到最大拉应力，在最下侧受到最大的压应力，造成0点和6点位置材料的受到的应力最大。

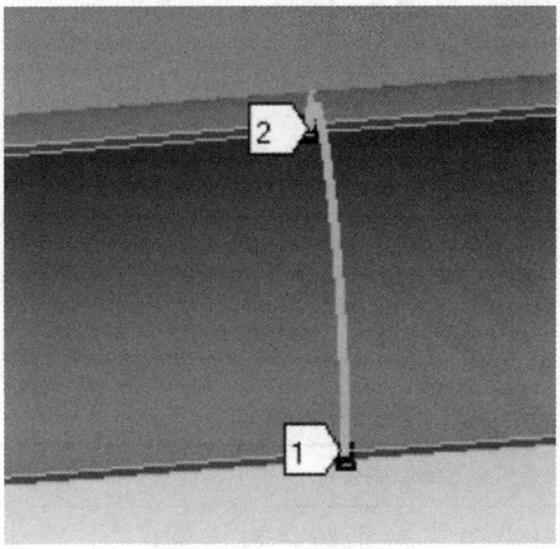

图7－11　路径示意

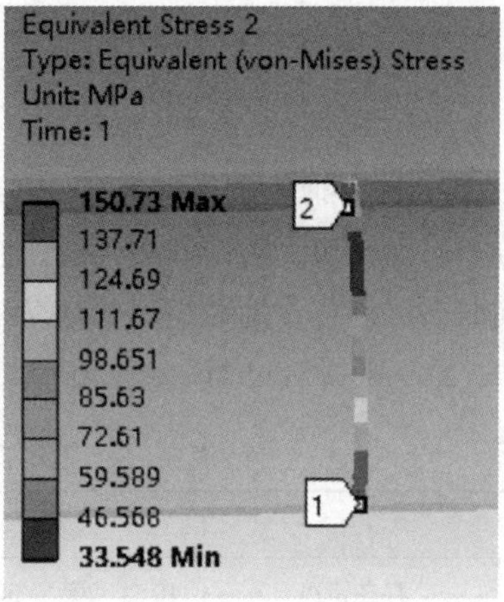

图7－12　根焊焊缝外侧MISES应力云图

分别分析不同钢级根焊焊缝无错边无对口间隙焊缝、存在错边焊缝和存在对口间隙焊缝，将根焊焊缝外侧沿路径应力作归一化处理，如图7－13～图7－15所示。可以看出，不同钢级钢管所表现出的应力趋势相同，均呈先减小后增大的趋势，在0点和6点位置应力最大；X65钢管根焊焊缝所受到的应力占屈服强度百分比最大，X70钢管次之，X80钢管根焊焊缝受到的应力占屈服强度百分比最小。

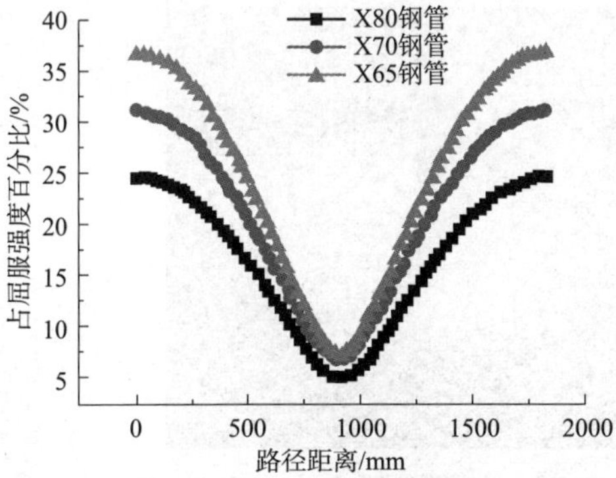

图7－13　无错边无对口间隙焊缝在一定下沉位移下焊缝外侧应力占屈服强度百分比

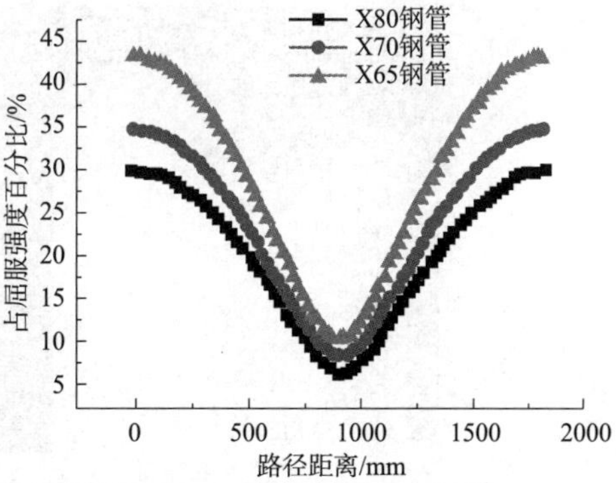

图7－14　存在对口间隙焊缝在一定下沉位移下焊缝外侧应力占屈服强度百分比

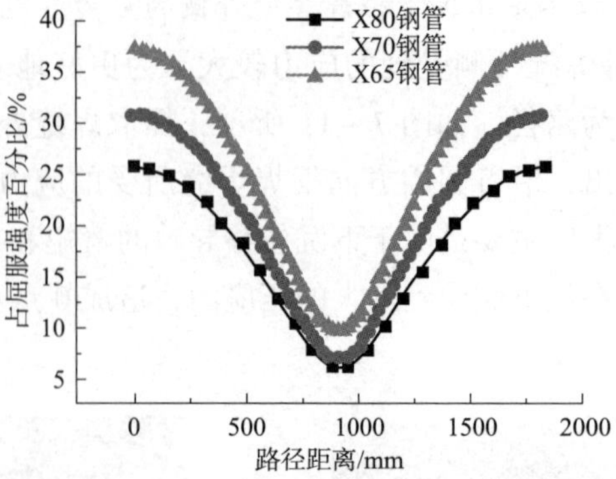

图 7-15　存在错边焊缝在一定下沉位移下焊缝外侧应力占屈服强度百分比

3. 不同钢级钢管在不同下沉位移情况下的应力分布

分别对无错边无对口间隙焊缝、存在错边焊缝和存在对口间隙焊缝的不同钢级钢管施加不同的下沉位移，加载情况如表 7-3 所示。如图 7-16 ~ 图 7-27 所示为不同位移情况下 X70、X80 钢级管道 Mises 应力云图。

表 7-3　不同钢级钢管施加不同的下沉位移明细

		下沉位移/mm											
X80	存在错边	10	20	30	40	50	60	70	80	81	82		
	存在对口间隙	10	20	30	40	50	60	65	66				
	无错边无对口间隙	10	20	30	40	50	60	70	80	90	100	101	102
X70	存在错边	10	20	30	40	50	60	64	65				
	存在对口间隙	10	20	30	40	50	68	59					
	无错边无对口间隙	10	20	30	40	50	60	70	80	88	89		

图 7-16　下沉 10mm 情况下 X80 钢无错边无对口间隙焊缝 MISES 应力云图

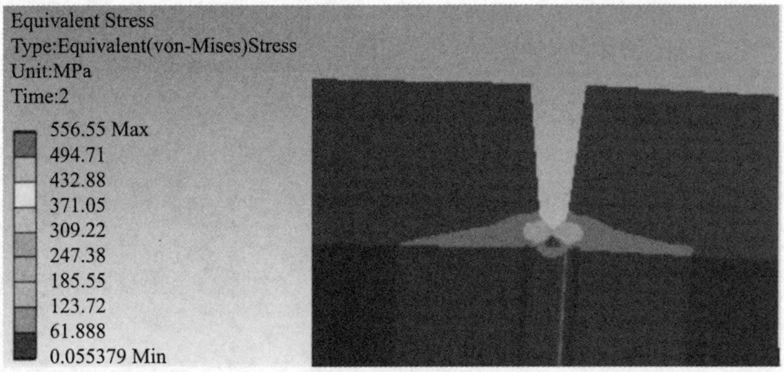

图7－17　下沉102mm情况下X80钢无错边无对口间隙焊缝MISES应力云图

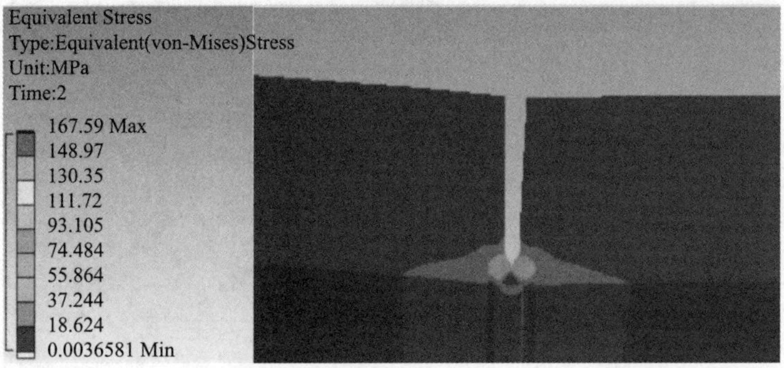

图7－18　下沉10mm情况下X70钢无错边无对口间隙焊缝MISES应力云图

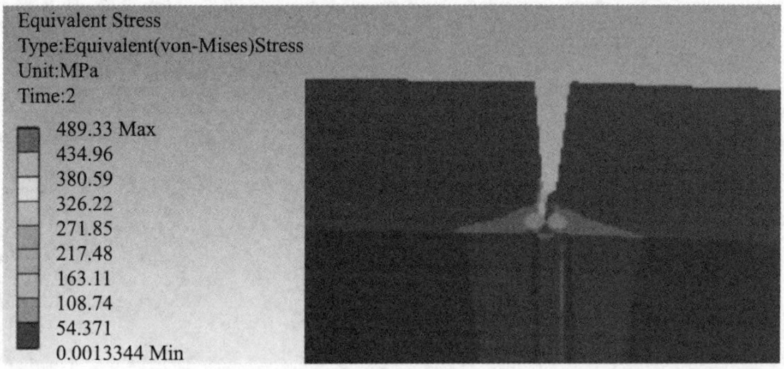

图7－19　下沉89mm情况下X70钢无错边无对口间隙焊缝MISES应力云图

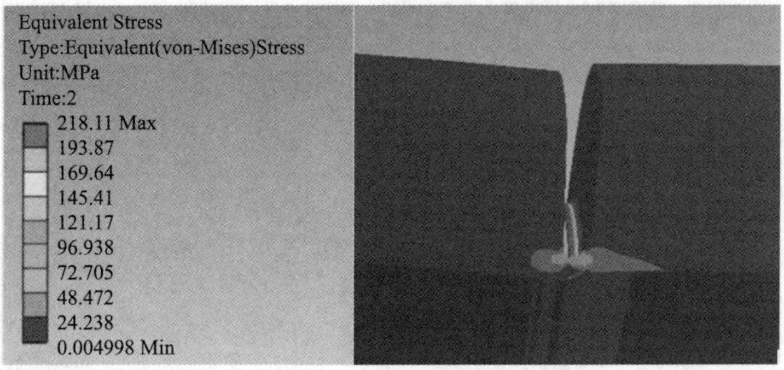

图7－20　下沉10mm情况下X80钢存在错边焊缝MISES应力云图

图 7－21　下沉 82mm 情况下 X80 钢存在错边焊缝 MISES 应力云图

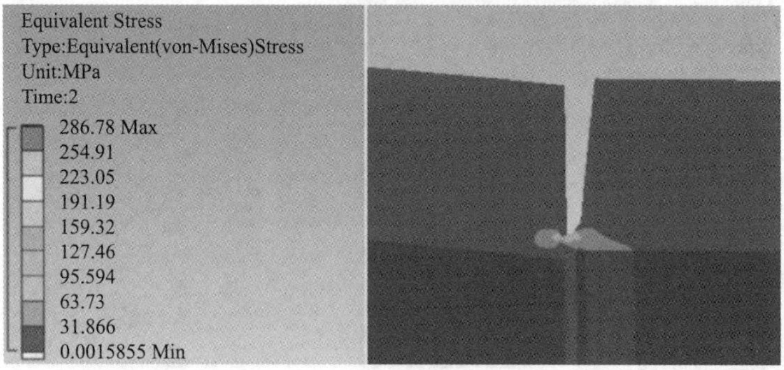

图 7－22　下沉 10mm 情况下 X70 钢存在错边焊缝 MISES 应力云图

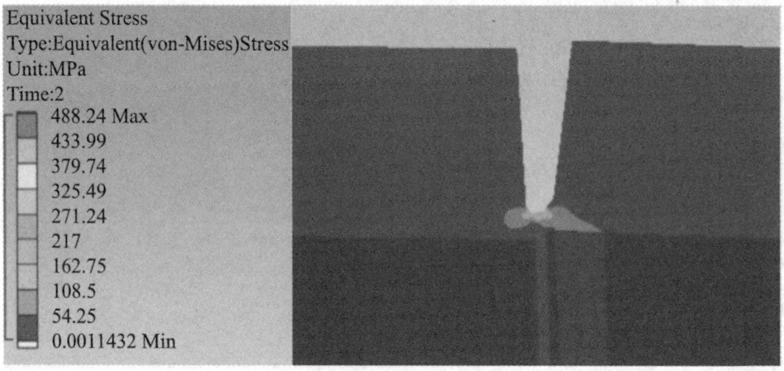

图 7－23　下沉 65mm 情况下 X70 钢存在错边焊缝 MISES 应力云图

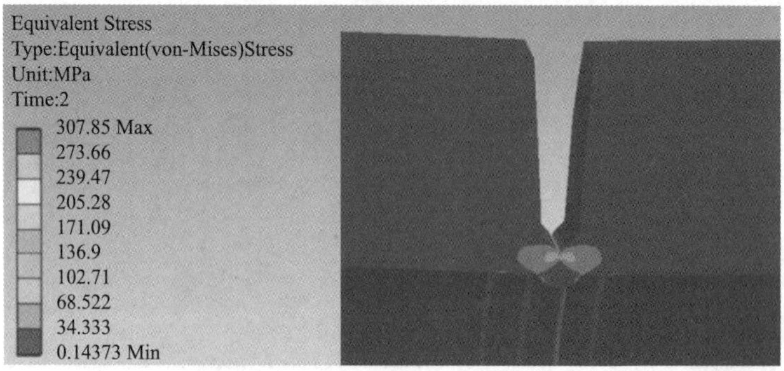

图 7－24　下沉 10mm 情况下 X80 钢存在对口间隙焊缝 MISES 应力云图

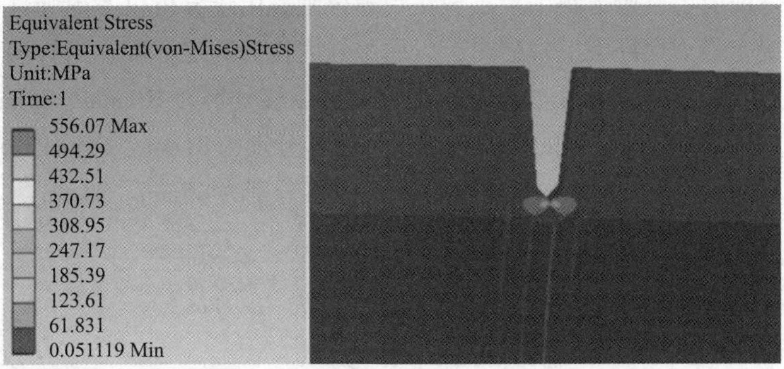

图 7－25　下沉 66mm 情况下 X80 钢存在对口间隙焊缝 MISES 应力云图

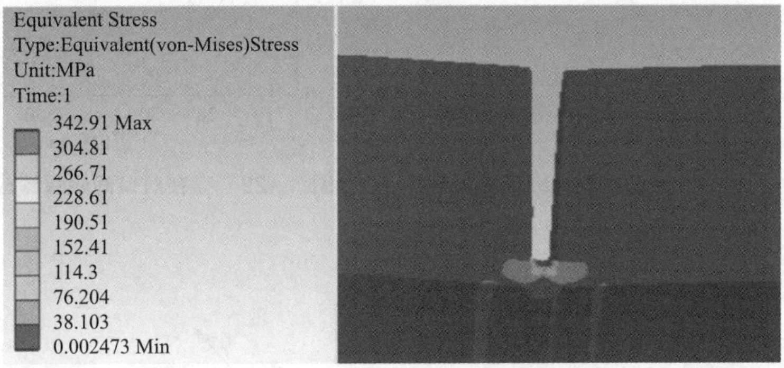

图 7－26　下沉 10mm 情况下 X70 钢存在对口间隙焊缝 MISES 应力云图

图 7－27　下沉 59mm 情况下 X70 钢存在对口间隙焊缝 MISES 应力云图

对应力分析结果进行整理，如图 7－28～图 7－30 所示，绘制了 3 种焊缝 Mises 应力随着下沉位移的关系曲线。可以看出，随着下沉位移的增加，根焊焊缝受到的应力先呈下降趋势，当下沉位移为 30mm 时，根焊焊缝受到的应力最小，随后随着下沉位移的增加根焊焊缝受到的应力逐渐增大。主要是下沉位移较小时导致的弯曲应力较小，并且由于下沉一段位移，整个管道系统的重心发生变化，由重力引起的最大位移不在中心位置（焊缝位置），因此，在一定下沉位移段内，随着下沉位移增加，根焊焊缝位置受到的应力逐渐减小。随着下沉位移继续增加，下沉位移引起的弯曲应力增大，根焊焊缝由于只有一层，此时将受到较大弯曲应力，应力集中点出现在焊缝位置。由于分析仅考虑弹性范围内的应力表现，因此在确定最大允许下沉位移时，以屈服强度作为判定标准。当焊口无错边无对口间隙时，X80、X70、X65 钢级钢管的最大允许下沉位移分别为 101mm、88mm、84mm。当焊口存在错边时，3 种钢级钢管的最大允许下沉位移分别为 81mm、64mm、61mm。当焊口存在对口间隙时，3 种钢级钢管的最大允许下沉位移分别为 65mm、58mm、52mm。

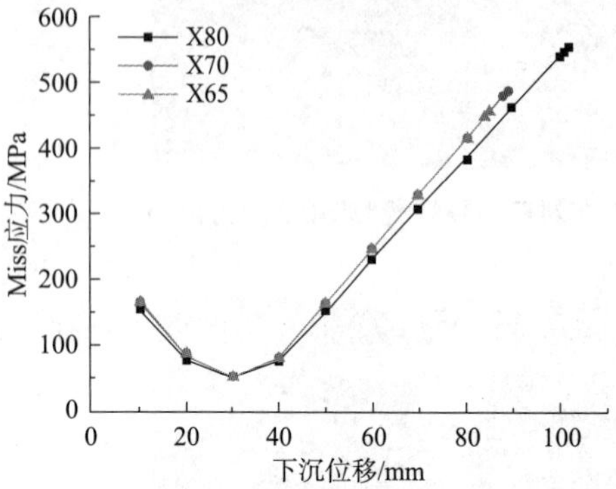

图 7－28　无错边无对口间隙焊缝应力表现

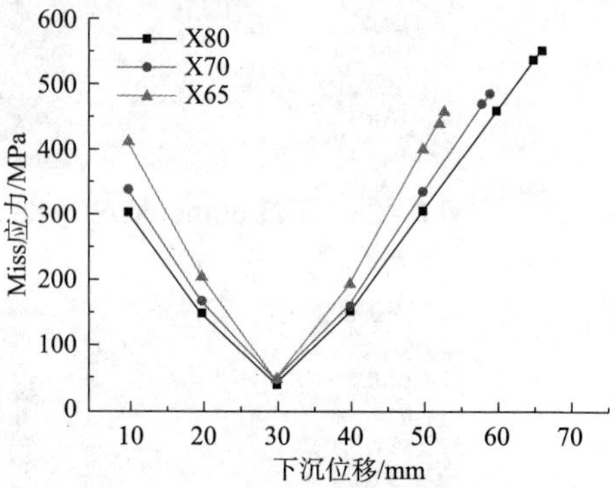

图 7－29　存在对口间隙焊缝应力表现

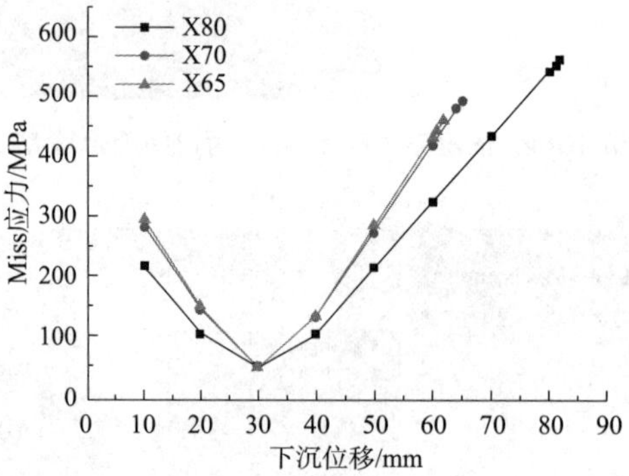

图 7－30　存在错边焊缝应力表现

根据上述对 X65、X70、X80 钢级管道在不同工况下根焊焊缝受力的应力计算结果，可以看出在相同情况下，X65 钢管根焊焊缝所受到的应力最大，X70 钢管次之，X80 钢管根焊焊缝受到的应力最小。对于存在错边和对口间隙工况不同钢级管道表现出相同规律，此时根焊焊缝将受到更大的应力作用。施工过程中，不可避免地出现管系载荷导致的焊口受力，应力分析的结果表明，错边和对口间隙的存在，会导致焊缝应力集中的加剧，从而对管系位移的容许位移减小。

针对相同的设计条件，钢管强度越高，壁厚越小，管道重量越小，重力引起焊缝上的应力也越小；此外，强度越高，承受外载能力越大，如果不考虑焊接本身的质量，相同的设计条件下，选用 X80 钢级较选用 X65 和 X70 钢级有更大的安全空间。

7.2 高钢级管道沉管下沟过程差异性分析

7.2.1 管道沉管下沟分析方法可靠性分析

1. 现场试验测试

(1)现场应力测试方案

①江－如管线水网地区沉管下沟

钢管规格为 $D1016\times26.2$mm，钢级为 X70，测试段长度为 170m，其中包括 2 个冷弯管：一处为水平弯管(角度3°49′)；另一处为叠加弯管(水平角度7°25′，垂直角度4°50′)。根据现场资料初步建立有限元模型，分析长输管道沉管下沟时管道应力的变化规律，以及最大应力可能出现的位置，以此为依据确定现场测试点。

图 7－31 所示为常州水网地区沉管下沟的有限元初步计算结果。从不同开挖进尺时管道的应力分布云图[见图 7－31(a)]可以看出在沉管下沟过程中，随着开挖进尺的增加，管道应力逐渐增加，并且最大应力点位置总是出现在钢管与管沟上土支撑点处；从自由端随着开挖进尺的沉沟位移[见图 7－31(b)]可以看出，当开挖至 45m 时，自由端触底。在自由端触底后，随着开挖进尺的增加，管道下沟逐渐趋于稳定状态[见图 7－31(c)]，管沟支撑点处管道应力最大，在沟底附近悬空弯曲段出现峰值，但小于管沟支撑点处的应力，从这 2 个截面的应力分布图[见图 7－31(d)]可以看出，管道 12 点和 6 点位置的应力最大，且稍微偏离两点位置的应力变化不大；而管道 3 点和 9 点位置的应力最小，但是稍微偏离两点位置应力会出现较大变化。

根据有限元初步分析结果，且考虑冷弯管的影响，在现场测试中选取直管段及冷弯管附近测点进行测试。6 点位于管道底部，无法粘贴应变片，因此选取了测点横截面上 12 点、3 点、9 点的位置进行测试，由于 12 点应力较大，着重对比分析管道 12 点位置的应力。

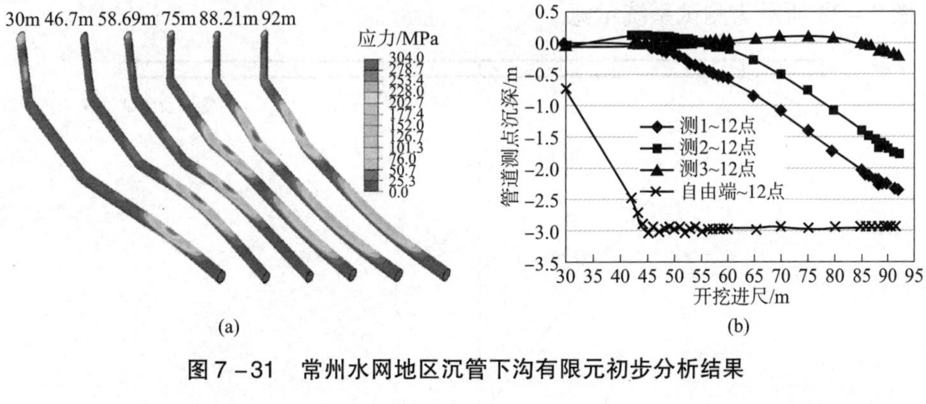

图 7－31 常州水网地区沉管下沟有限元初步分析结果

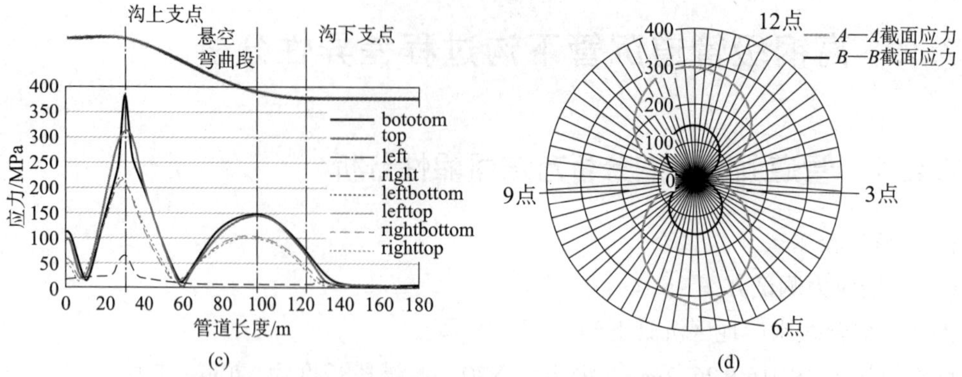

图 7－31 常州水网地区沉管下沟有限元初步分析结果(续)

②新疆克拉二线盐沼地区沉管下沟

管道应力分布云图如图 7－32 所示。可以看出，与常州水网地区沉管下沟管道应力变化规律相同。在现场测试中，同样选取管道横截面上 12 点、3 点、9 点的位置进行测试。

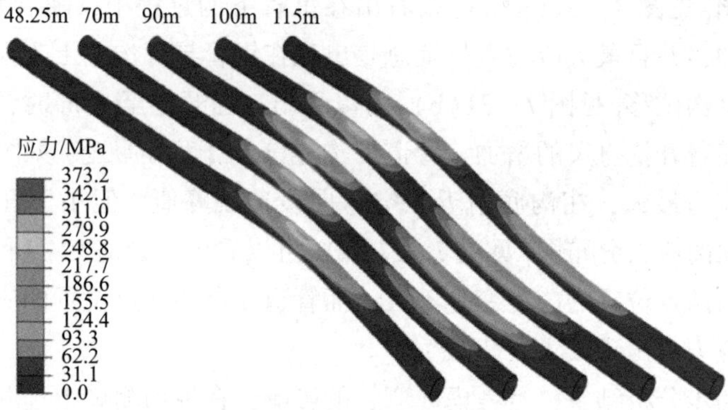

图 7－32 新疆盐沼地区沉管下沟有限元初步分析结果

(2)现场测试方法

采用准静态应变仪和动态应变仪对长输管道沉管下沟施工过程中管道的受力情况进行测试，图 7－33 所示为测试系统示意。

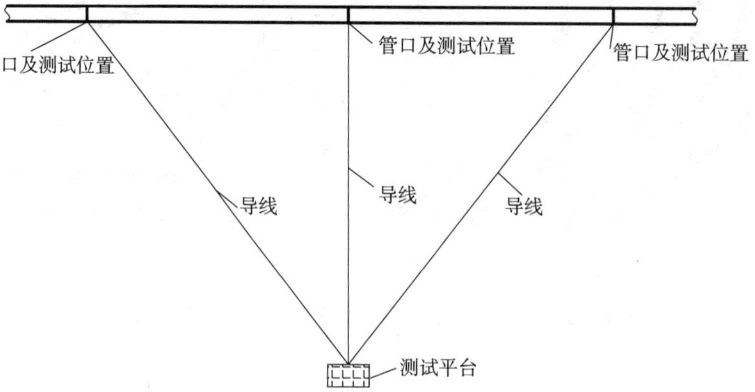

图 7－33 测试系统示意

应力应变测试采用三向应变花(0° -45° -90°)，0°、90°分别定义为管道的轴向及环向，见图7 -34。粘贴应变片前，需要对管体防腐层进行清理，采用磨抛机对管壁进行打磨，至管壁光亮无锈，然后用不同型号的砂纸对管壁进行表面处理。并对处理后的表面用酒精和脱脂棉进行清洗，清洗结束粘贴应变花，连线，由于测试时间较长，在应变片粘贴完毕后，采用硅橡胶及凡士林对其进行防护。整个管段选取3个管口做测试，在同一管口位置设置3个测试点，应变花分别位于3点，9点和12点位置。

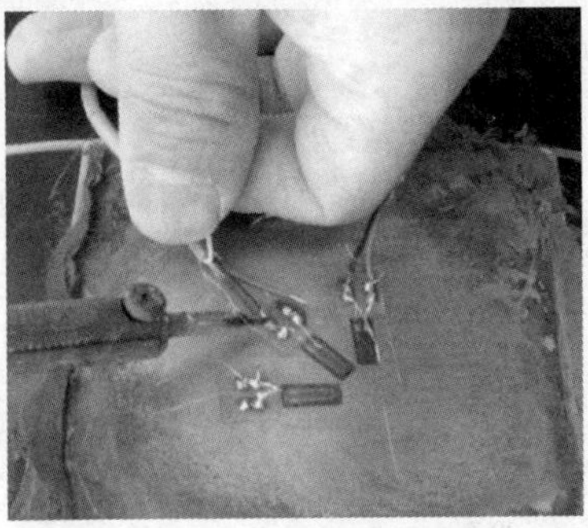

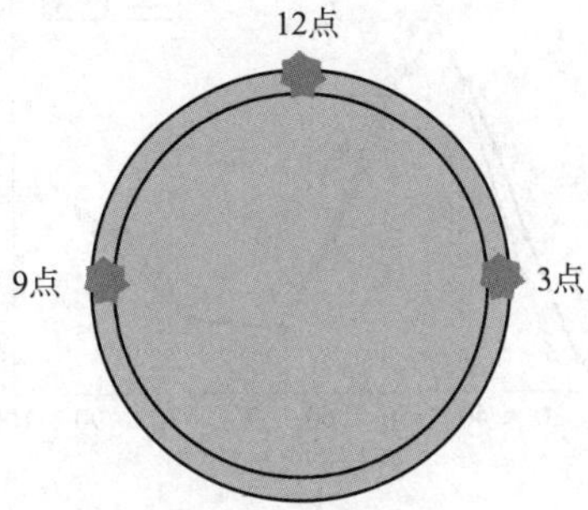

图7 -34　三向应变花及粘贴位置

在测试过程中，随着沉管下沟的进行开始测试，当测试点沉入沟底结束该测点测试，并记录测试中管道的悬空长度，以及测试点的高程和距地面接触点的距离等参数。

2. 现场测试结果

(1)水网地区沉管下沟

常州水网地区沉管下沟测试段管道规格为 D1016mm × 26.2mm，模型总长度约为170m，沟深为2.9m，叠加弯管段约束，见图7 -35。水网土弹性模量为22MPa，泊松比为0.25，测试段管道材料为X70管线钢，屈服强度为485MPa，杨氏弹性模量为2.1E5MPa，泊松比为0.3。根据上述资料建立有限元模型，管道剖面12点为平铺管道顶部，6点为管道与土接触部分，3点为弯管道内侧，9点为弯管道外侧。计算下沟过程中管道受力情况。

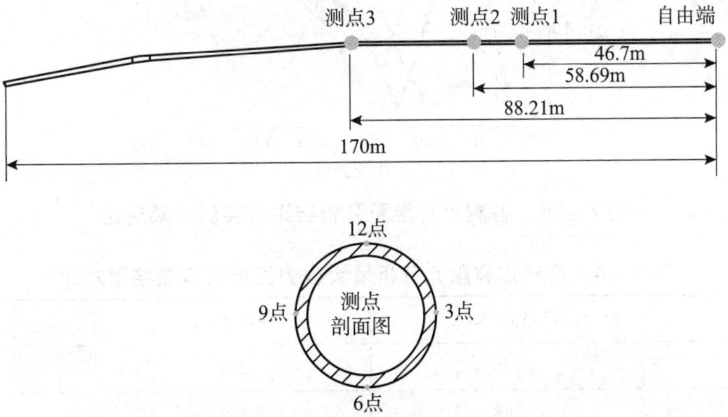

图7 -35　常州水网地区沉管下沟测试段示意

图 7－36 对比各测点有限元分析结果与实测结果。可以看出二者基本一致，随着开挖进尺的增加，等效应力在沟上支撑点处最大，在沟底附近等效应力出现第二个峰值；而且当管沟开挖至测点 1，开挖进尺为 46m 时，管道所受最大应力比其他时刻管道所受的最大应力大，此时管道自由端刚好接触地面。从表 7－4 可以看出最大应力值相差较小，误差在 10% 以内。对比结果说明，该有限元模型适用于分析水网地区沉管下沟管道受力情况。

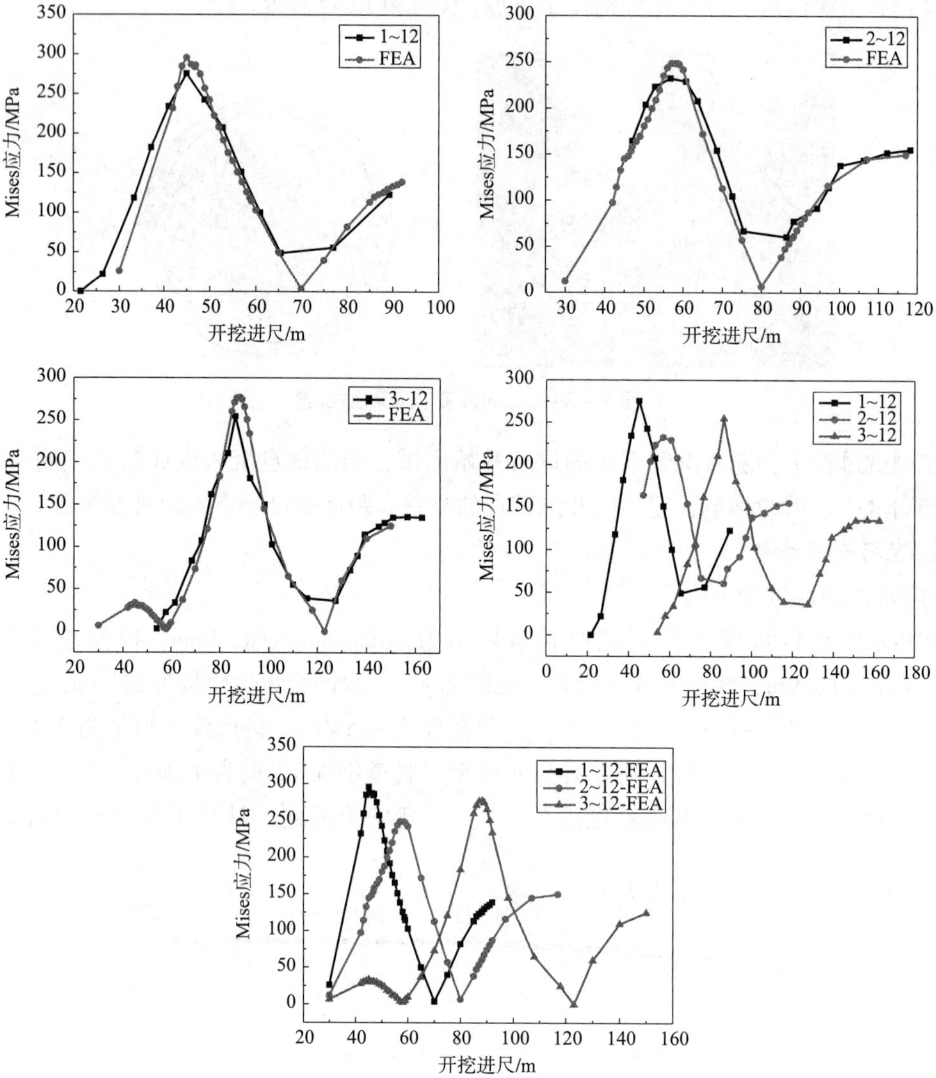

图 7－36　各测点有限元分析结果与实测结果对比

表 7－4　各测点有限元分析最大应力结果与实测结果对比

测点	有限元/MPa	现场/MPa	差值/%
1	295	275	7.3
2	248	232	6.9
3	277	254	9.1

利用有限元模型对管道受力进行进一步分析。取出管道12点方向在不同开挖进尺时间的沉沟深度曲线，如图7-37所示。可以看出，管道12点竖直位移随着开挖进尺地增加非线性变化；在自由端触底后，随着进尺增加而支撑悬空段管道重量，管道发生弯曲。

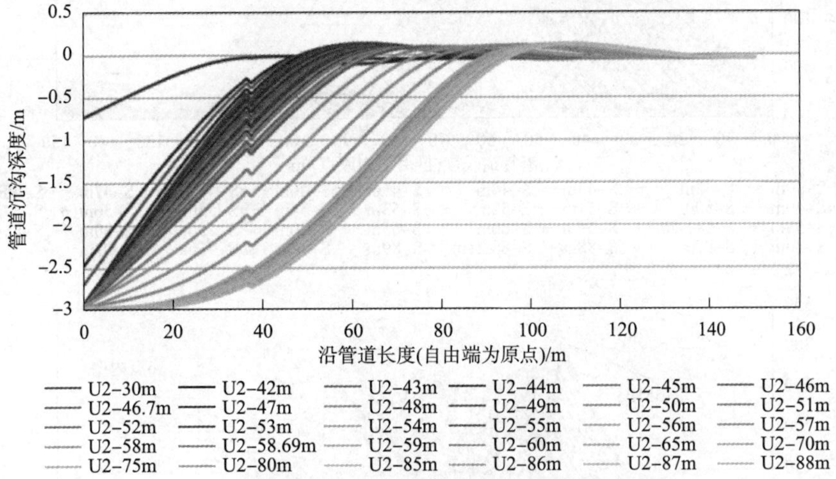

图7-37　不同开挖进尺时刻12点方向管道的沉沟深度

图7-38所示为常州水网地区沉管下沟有限元分析结果。可以看出，最大应力横截面上12点和6点位置的应力随着开挖进尺增加而增加，在自由端接触沟底瞬间达到最大，随着自由端与沟底接触应力降低，随后应力基本保持不变；而且最大应力横截面上6点管道内壁应力最大，其次是6点管道外壁，最后是12点管道外壁。

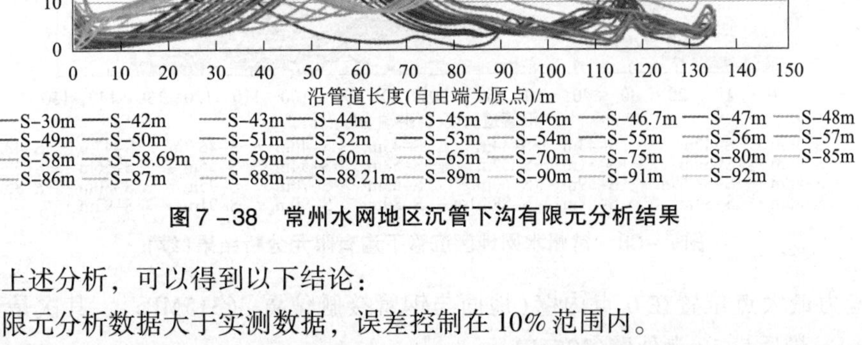

图7-38　常州水网地区沉管下沟有限元分析结果

经过上述分析，可以得到以下结论：

①有限元分析数据大于实测数据，误差控制在10%范围内。

②有限元分析数据与实测数据都表明，管道自由端钢接触地面的时刻，管道承受的应力最大，随着挖进距离稳定后管道应力小于自由端触底时刻的应力。

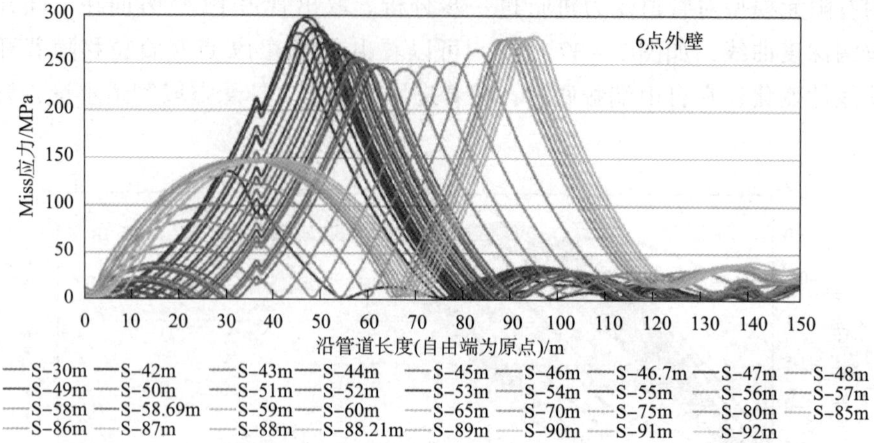

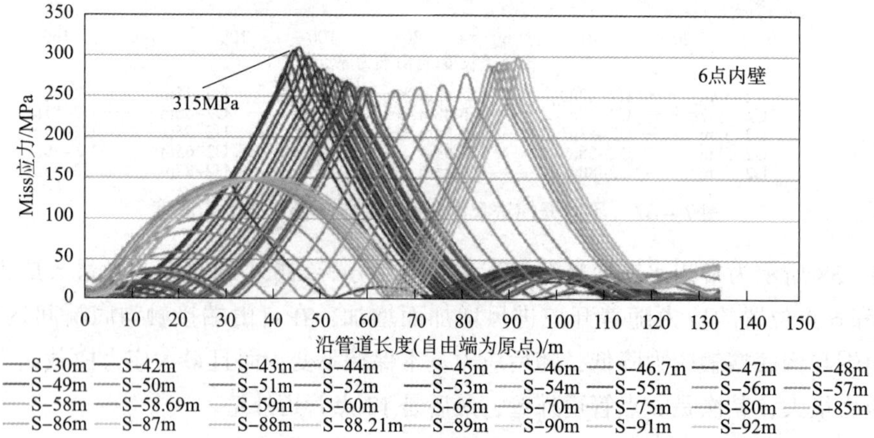

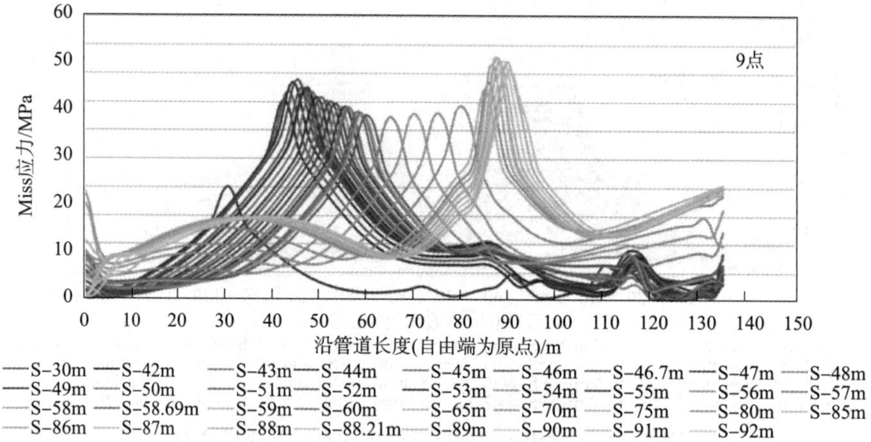

图 7－38　常州水网地区沉管下沟有限元分析结果(续)

③应力最大点位置在 6 点内壁(地面与钢管接触位置)(315MPa)，其次是 6 点外壁(300MPa)，最后是 12 点外壁(295MPa)。

(2)新疆盐沼地区沉管下沟

新疆库车盐沼地区双侧开挖下沟测试段管道规格 D1219mm × 16mm，模型管道总长

180m，见图7－39。测试段管道材料为X80管线钢，屈服强度为551MPa，杨氏弹性模量为2.1×10^5MPa，泊松比为0.25。假设盐沼地区土弹性模量为22MPa，泊松比为0.3，沟深为2.9m。测点1和测点2位置与实测位置相同，管道剖面12点为平铺管道顶面，6点为管道与土接触部分，3点和9点相对。

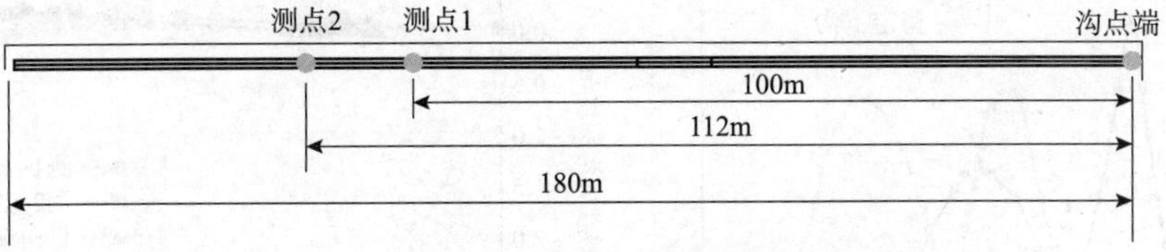

图7－39 新疆盐沼地区沉管下沟试验段示意

由于新疆地区温差较大，在有限元模型分析中考虑了温度应力的影响。图7－40对比了有限元分析结果和现场测试结果。可以看出，随着开挖进尺增加，测点等效应力增加，在开挖至测点附近时等效应力出现峰值，在测点位于悬空弯曲段时，12点方向由拉应力变为压应力，等效应力出现第二个峰值，且两次峰值应力较为接近，说明有限元与现场测试应力变化规律及数值基本一致，偏差在10%以内(见表7－5)。

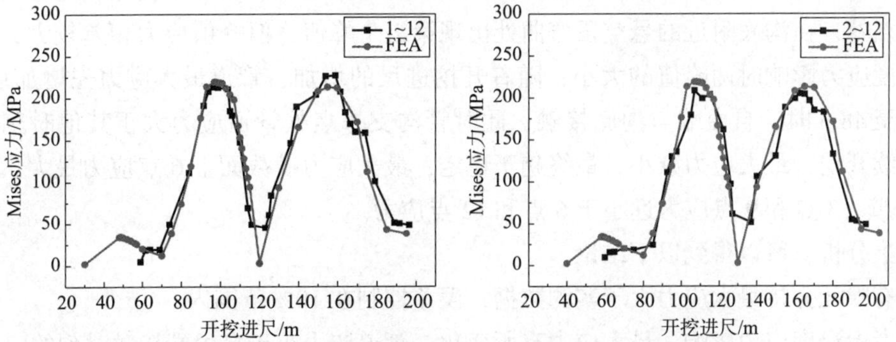

图7－40 新疆盐沼地区有限元与现场测试结果对比

表7－5 新疆盐沼地区有限元与现场测试结果对比

测点		有限元/MPa	现场/MPa	差值/%
测点1	第一个峰值	219	212	3.3
	第二个峰值	213	226	－5.8
测点2	第一个峰值	219	208	3.4
	第二个峰值	213	204	4.4

通过有限元分析了管沟开挖至不同状态时管道的受力情况。在温差较大的地域，若管沟一端为自由端，在下沟过程中不受温度应力影响，直至自由端沉至沟底后，由于两端均受土壤约束，存在较大温差时会使管道承受温度应力。对比自由端即将接触地面及一端有较长距离管道沉至沟底即稳定下沟两种状态下管道的受力情况(见图7－41)，可以看出，受温度应力影响，稳定下沟时第一个峰值应力减小，而第二个峰值应力有所增加，但两个峰值应力均小于自由端触地时管道的最大应力。

在不考虑温度影响的情况下，进行有限元分析。图 7－42 所示为测点 1 和测点 2 及自由端随着开挖进尺变化的沉沟深度变化曲线如所示，当开挖至 48m 时，管道自由端触地，继续开挖至测点前一段距离时，测点 1 和测点 2 出现向上翘起现象。

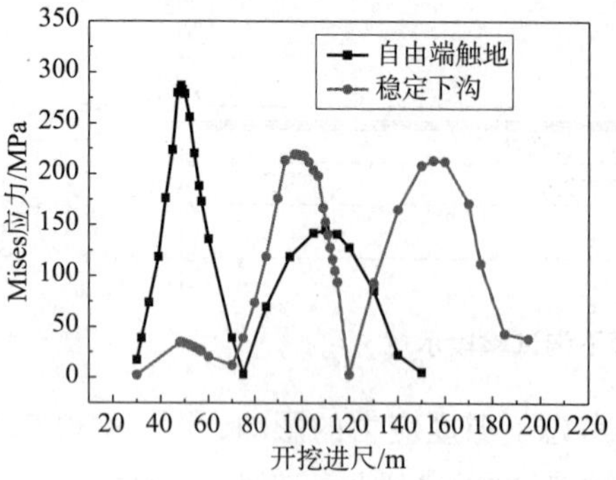

图 7－41　自由段触地及稳定下沟状态下管沟受力情况对比

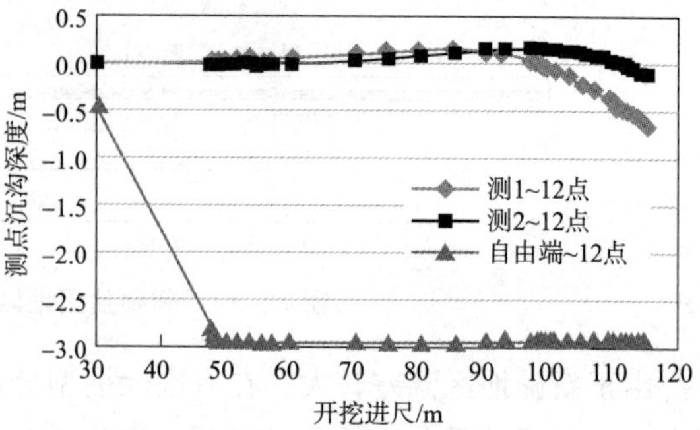

图 7－42　管道测点 12 点沉沟深度随开挖进尺的变化曲线

图 7－43 所示为不考虑温度影响时管道沿长度方向上的应力分布。结果表明：与水网地区管道受力规律相似，管道最大应力横截面随着开挖进尺增加不断变化，但总出现在管沟支撑点处，在沟底附近的悬空段弯曲处出现第二个峰值，但峰值应力相差较大，这不同于受温度应力影响时两峰值的大小；随着开挖进尺的增加，管道最大应力先增加后减小，当开挖至 48m 时，自由端与沟底接触，此时管沟支撑点处管道应力大于其他时刻管道应力，继续开挖，最大应力减小，最终趋于稳定；最大应力横截面上 6 点应力最大，再次为 12 点外壁，3 点和 9 点应力远小于 6 点和 12 点应力。

综上分析，可以得到以下结论：

①有限元分析最大应力大于实测数据，误差控制在 10% 范围内。

②考虑温度应力影响，最大应力有所变化，管道应力小于自由端接触时刻的应力。

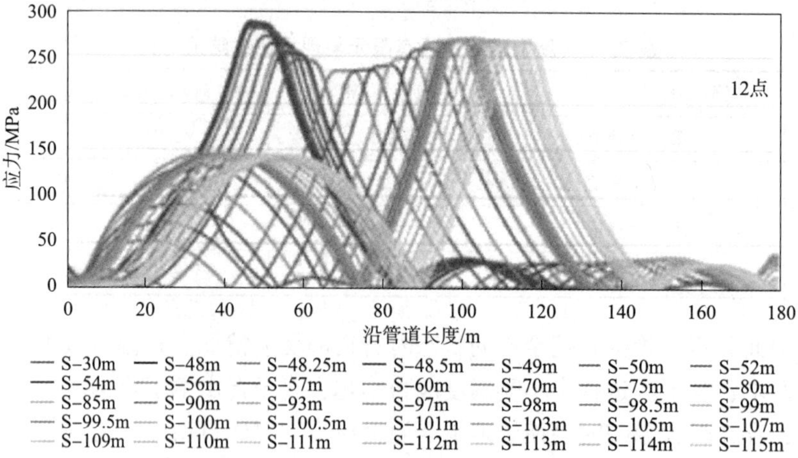

图 7－43　不受温度应力影响时管道受力分析

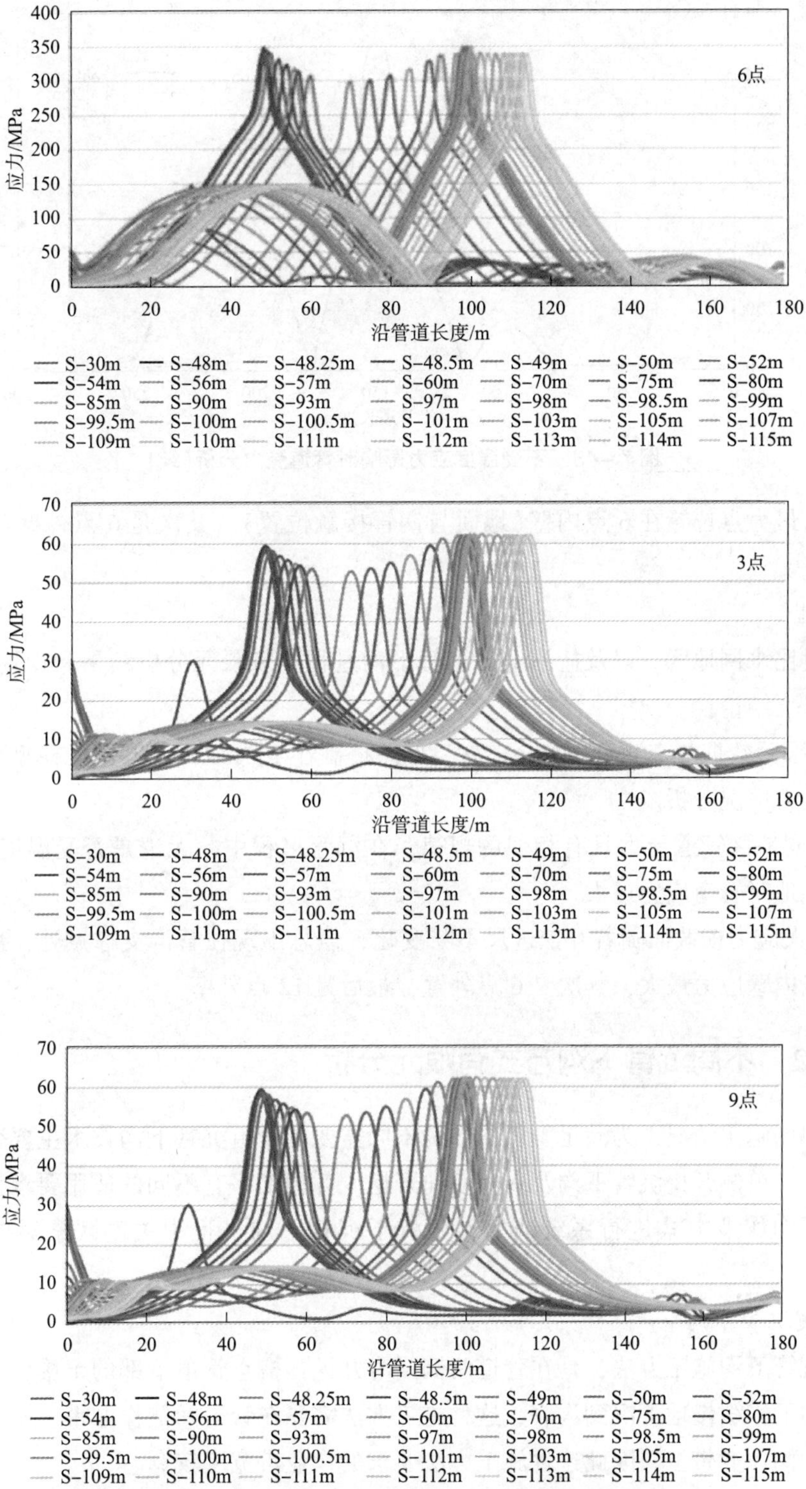

图7-43　不受温度应力影响时管道受力分析(续)

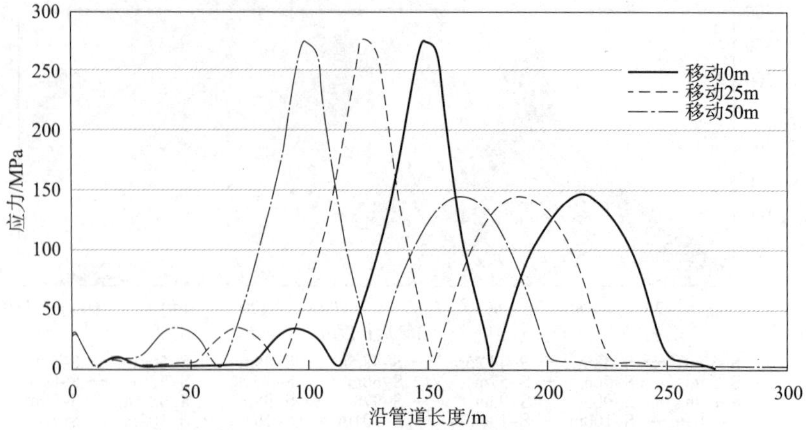

图7-43　不受温度应力影响时管道受力分析(续)

③应力最大点位置在6点内壁(地面与钢管接触位置)，其次是6点外壁，最后是12点外壁。

3. 小结

通过对比水网地区，以及盐沼地区沉管下沟过程中有限元分析结果和现场测试结果，可以得到以下结论：

(1)有限元数据与实测数据吻合较好，偏差控制在10%以内，有限元模型可用于沉管下沟管道受力情况分析。

(2)不同地区管道受力具有相似的规律，在沉管过程中，无论是否受温度应力影响，在自由端触地时管道应力最大。

(3)最大应力横截面随着开挖进尺不断变化，但总出现在管沟支撑点处，最大应力横截面上6点内壁应力最大，其次是6点外壁，最后是12点外壁。

7.2.2　不同沉管下沟方式有限元分析

根据现场施工情况，为满足工程作业的不同需要，管道沉管下沟技术主要分为双侧开挖沉管下沟、单侧开挖沉管下沟及双侧双向开挖。各种工序有不同的适用要求，本节针对不同沉管下沟作业方式进行系统研究，分析了沉管下沟过程中关键因素对施工应力的影响。

1. 双侧沉管下沟

双侧沉管下沟施工方法，是在管道两侧同时开挖，掏空管道下部的土壤，使得管道在重力的作用下，缓慢地下沉到沟底，这种施工方法需要在管道两侧作业带上施工，土壤堆放在管道两侧作业带上，因此这种施工方法要求的作业带宽度较宽。

为分析沉管下沟过程中管道受力特点，简化建模长度。沉管下沟过程中管道受施工影响的长度仅为几十米或数百米，对整个长输管道为局部效应。根据前两节的分析，建立180m长的管道沉管下沟模型，模型管道左侧采用位移约束，表示无穷远管道对该局部长度管道的约束。管道在下沟过程中将发生变形，使得管道的横截面圆周产生应力，为更好地描述管道下沟产生的变形特性，以及与现场测试数据对应，制定如图 7－44(b)所示管道横截面示意，在该截面上以土基接触的点 bottom，并以此点为基准，45°角划分截面圆周，得到 8 个数据点，分别命名为 bottom，rightbottom，right，righttop，top，lefttop，left，leftbottom。在此模型基础上计算出沉管下沟过程中管道的变形特性。

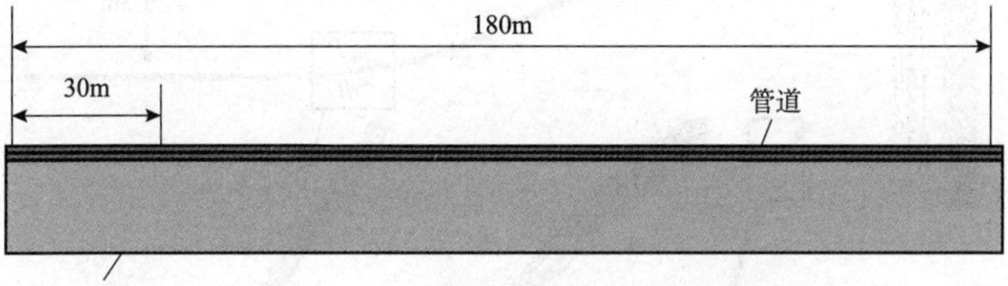

(a)管道沉沟模型

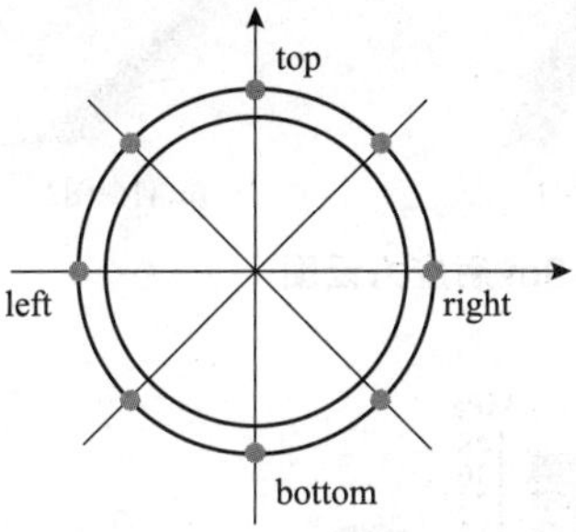

(b)管道示意

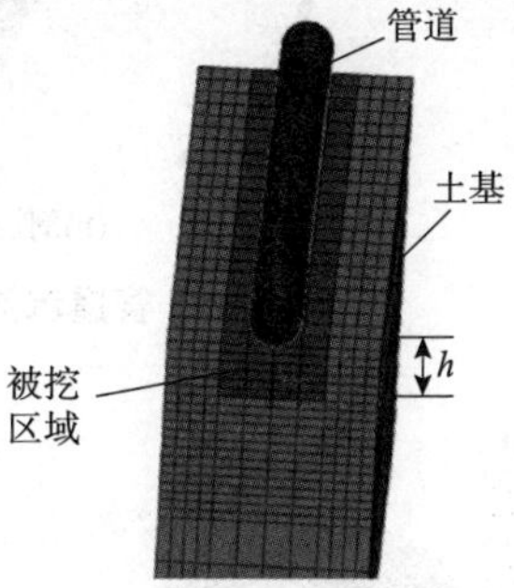

(c)网格图

图 7－44　双侧开挖沉管下沟有限元模型

(1)土壤对沉管下沟管道应力的影响

沉管下沟施工方法主要应用在水网和沙丘两类地质条件地段，由于地质条件在整个管道受力过程来说，主要起到弹簧的作用，因此计算过程中主要考察土壤的弹性模量对管道受力的影响。采用相同管道规格，分析不同土壤对管道受力的敏感性。管道外径为 *D*1422mm，壁厚为 25.7mm。土壤采用水网地区常见的粉土土壤，粉土土基弹性模量为 11MPa，泊松比为 0.25；沙丘地区土壤是常见的沙土，其土基弹性模量为 22MPa。通过这两种土壤参数对管道受力影响敏感性，来确定土壤对管道受力的影响。

1)水网地区

在水网地区进行沉管下沟，以沟深 3m 为例，分析沉管下沟过程中管道的变形规律。当管道右侧沉至沟底时，管道左侧 30m 留在厚土基面上，约 99m 长管道悬于沟上土基支点和沟下土基支点间，如图 7－45 所示。由于管道自身重力作用，在沟上支点悬空段和沟下支点的管道发生较大变形，最大的 Mises 应力达到 378MPa，位于沟上支点附近管道底部内壁，低于管道 555MPa 的屈服强度。在沟上支点和沟下支点附近管道由于起到支撑作用，管道发生明显变曲，局部放大应力分布云图见图 7－46，在变曲管道的内侧和外侧外壁出现明显应力集中现象，为更加直观地分析弯曲段管道截面的应力分布，在图 7－45 中选择

A—A 剖面和 *B—B* 剖面，并取 *A—A*、*B—B* 剖面管道外壁周围应力值，得到如图 7－47 所示圆周应力等高线图，可看出，管道沉沟造成管道横截面外壁应力呈“8”字分布，且底部应力大于顶部。

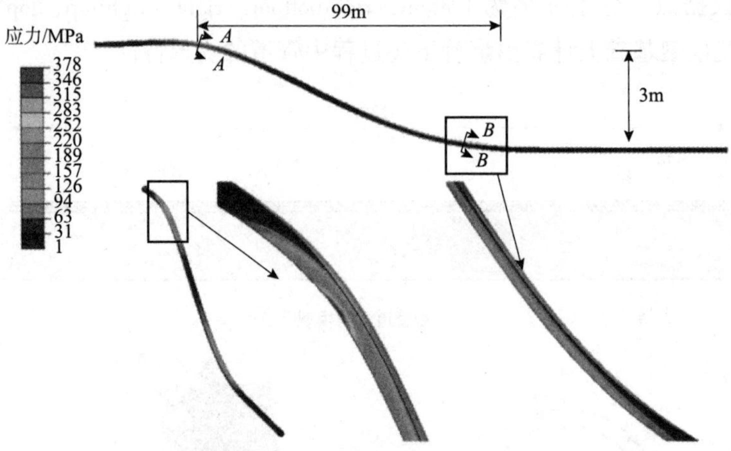

(a)视图1　(b)剖视图1　(c)剖视图2

图 7－45　管道沉沟 3m 后应力云图

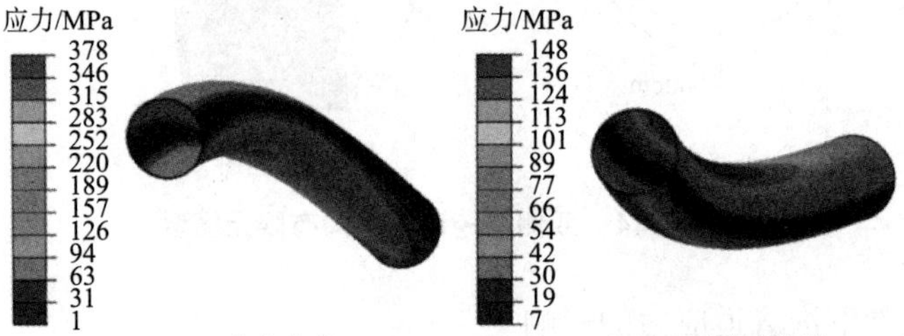

(a)沟上支点　(b)沟下支点弯曲段

图 7－46　管沟支承点处管道应力云图

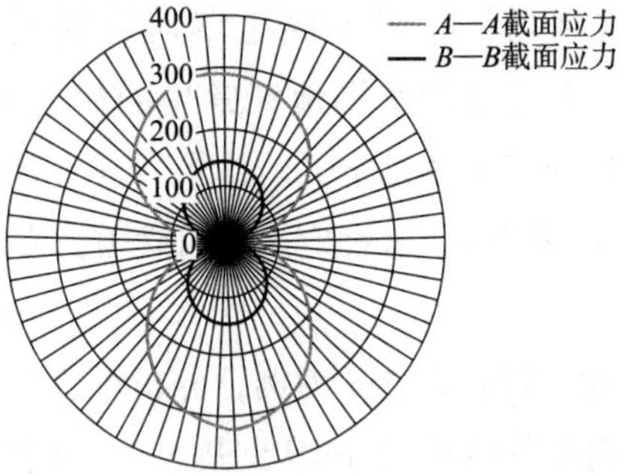

图 7－47　*A—A*、*B—B* 截面处管道外壁圆周应力分布

为进一步弄清楚深沟管道整体的应力分布，以图 7－44(b) 的 8 个数据点，建立沟管道长度方向的路径，得到如图 7－48 所示管道外壁 8 条路径上应力分布曲线，可以看出，管道整体上在沟上支点附近出现最大应力峰值，悬空变曲段出现第二峰值，沟下支点之后的管道应力基本归于无应力状态，而且在沟上支点处管道横截面上 bottom 点(6 点)位置应力大于 top 点(12 点)位置，且 3 点和 9 点位置远小于 6 点和 12 点位置应力。说明施工过程应特别注意沟上支点和沟下支点前的管道弯曲变形。

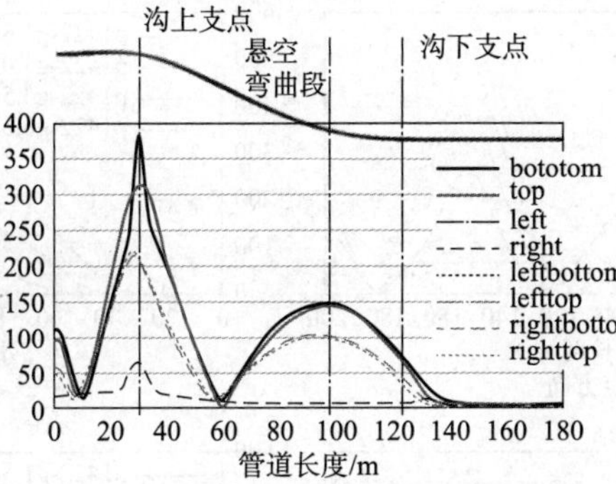

图 7-48 管道外壁应力沿管道长度的分布

前面分析得到沟深 3m 时管道应力出现 2 个峰值，在最大应力截面处 6 点应力大于 12 点，且均大于其他位置。为验证该规律是否适用于其他沟深时，进而对沟深 1.5m、4.5m 和 6m 时管道的受力情况进行分析。图 7-49 所示为管道 12 点、6 点、9 点位置应力分布，可以看出，与沟深 3m 时具有相同的规律，管道应力出现两个峰值，在最大应力截面处 6 点位置应力大于 12 点，均远大于 9 点。

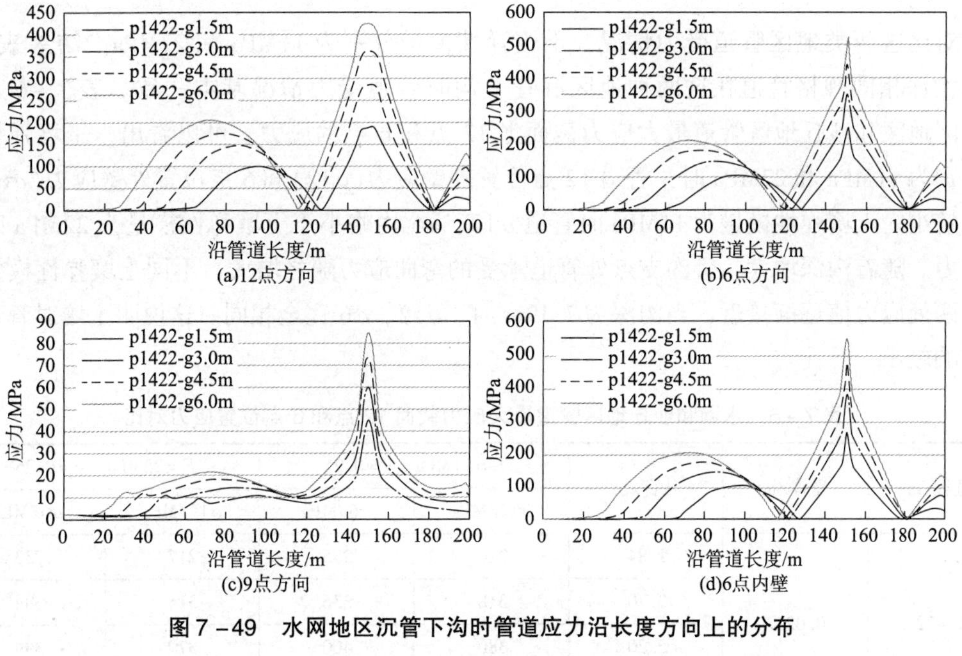

图 7-49 水网地区沉管下沟时管道应力沿长度方向上的分布

2)沙丘地区

沙丘和水网地段施工作业上存在地质参数变化，经过大量调研获得沙丘岩石参数，采用与前面水网建模相似的方法建立沙丘地段沉管下沟模型。对起伏沙丘地段建立 D1422mm 管道沟深分别为 1.5m、3m、4.5m 和 6m 的双侧开挖沉管下沟模型，计算得到不同管道位置的应力变化曲线如图 7-50 所示。可以看出，沙丘地区沉管下沟时沿长度方向管道同样存在两个应力峰值，在最大应力管道横截面上 6 点应力大于 12 点应力，均远大于 9 点应力。

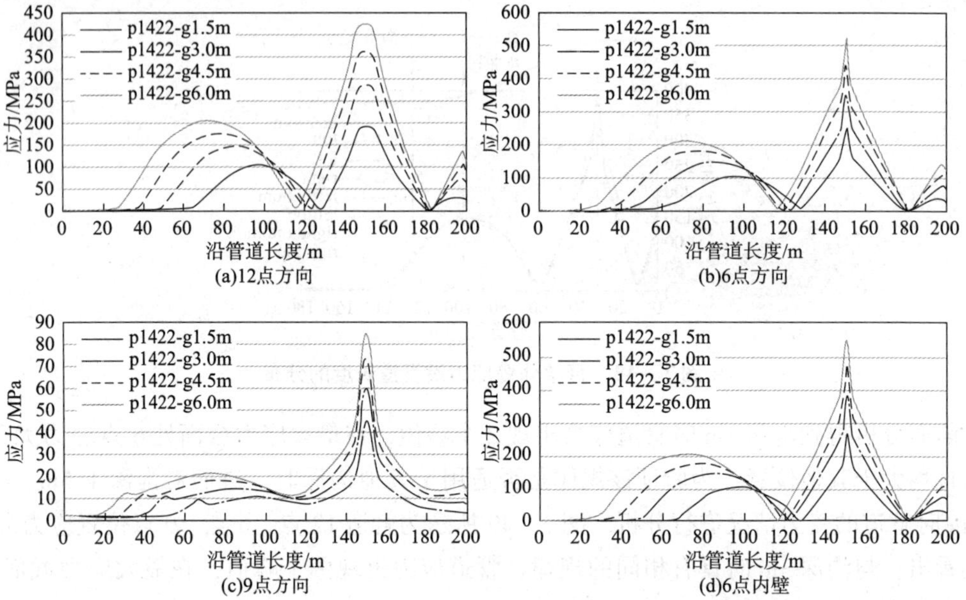

图 7－50　沙丘地区沉管下沟时管道应力沿长度方向上的分布

对比这两类地区管道受力情况，土壤弹性模量分别为 11MPa 和 22MPa，结果表明，相同沟深相同规格管道在这两种地区沉管下沟时管道受力情况基本一致。表 7－6 对比了水网地区和沙丘地区管道最大应力截面上 12 点和 6 点的应力。可以看出，土壤弹性模量分别为 11MPa 和 22MPa 时，管道 12 点位置外壁应力($\sigma12$)和 6 点位置外壁应力($\sigma6$)均差距较小。土壤弹性模量为 11MPa 时管道 $\sigma12$、$\sigma6$ 均略小于土壤弹性模量为 22MPa 时管道应力。随着沟深增大，管沟支点处管道承受的弯曲应力随之增大，不同土壤弹性模量情况下两处应力值逐渐接近，当沟深为 7.19m 时，$\sigma12$、$\sigma6$ 完全相同。这说明土壤对管道受力影响较小。

表 7－6　水网和沙丘地区管道最大应力截面 12 点和 6 点位置应力对比

直径/m	壁厚/m	沟深/m	E = 11MPa，γ = 0.25		E = 22MPa，γ = 0.25	
			$\sigma12$/MPa	$\sigma6$/MPa	$\sigma12$/MPa	$\sigma6$/MPa
1.422	0.0257	1.84	220	235	217	233
		3.70	318	336	315	334
		5.20	380	400	379	399
		7.19	449	471	449	471

从表 7－6 中对比结果可以看到，管道最大应力截面处 6 点位置的应力大于 12 点位置的应力。理论上，受弯矩作用，管道 6 点位置和 12 点位置应该是相等的。因此，我们对管道与土壤支撑点的接触面进行分析，发现在沉管下沟过程中，土壤起到支承作用，与管

道作用形成接触应力，沟上支点管道翘起使得沟上支点处管道与土壤接触面积较小，在水网粉土土基上接触力达到589kN，接触应力约为1.3MPa，见图7－51。相比与水网地区，沙丘地区应力略微减小，这是由于土壤刚度越小，压缩量越大，与管道的接触面积越大，降低接触应力，使管道受力减小，但影响较小。

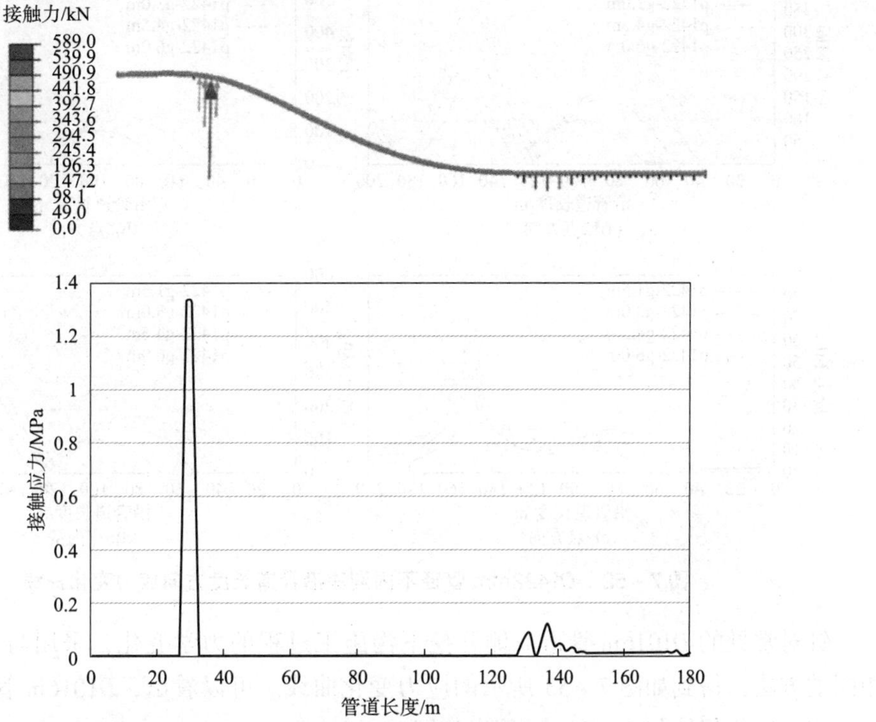

图7－51 管道底部接触应力沿管道长度的分布

通过以上分析可以得出，土壤刚度越大，管道受力略有增大，但土壤参数对管道受力影响非常有限，土壤弹性模量变化1倍，管道受力仅变化3MPa，说明土壤参数对管道受力不敏感，因此可以忽略土壤参数对管道受力的影响，在后续的分析过程中，为保证分析的安全性，主要采用土壤刚度较大的土壤进行分析。

(2)沟深对沉管下沟管道应力的影响

沟深对沉管下沟过程中管道受力的影响较大，针对*D*1422mm，壁厚25.7mm及D1016mm，壁厚26.2mm两种规格管道在沉管下沟时的管道受力情况进行分析，调整沟深为1.5m、3m、4.5m、6m，分析沟深对管道受力的影响。课题采用校正后的管道模型进行计算。

图7－52所示为外径*D*1422mm，壁厚25.7mm管道沉管下沟时管道12点方向，9点方向和6点方向内外壁路径上取出应力沿管道长度上的变化曲线。可以看出，*D*1422mm管道在4个方向的应力曲线都有明显的2个峰值，最大峰值出现在沟上支点处，第二个峰值出现在沟底附近的管道悬跨弯曲段。对比4个位置的应力变化曲线可以看出，6点方向内壁应力大于6点外壁应力，且均大于管道12点方向应力，即与沟上支点土壤接触的部位应力大于管道顶部，主要原因是土壤的支撑反作用力和管道摩擦效应共同作用产生。另

外，随着沟深的增加，管道最大应力增加，沟深为 1m 时，6 点内壁应力为 280MPa，当沟深增加至 6m 时，管道的 6 点方向应力已超过 555MPa，处于不安全的应力范围。因此，*D*1422mm 管径管道的下沉深度不能超过 6m。

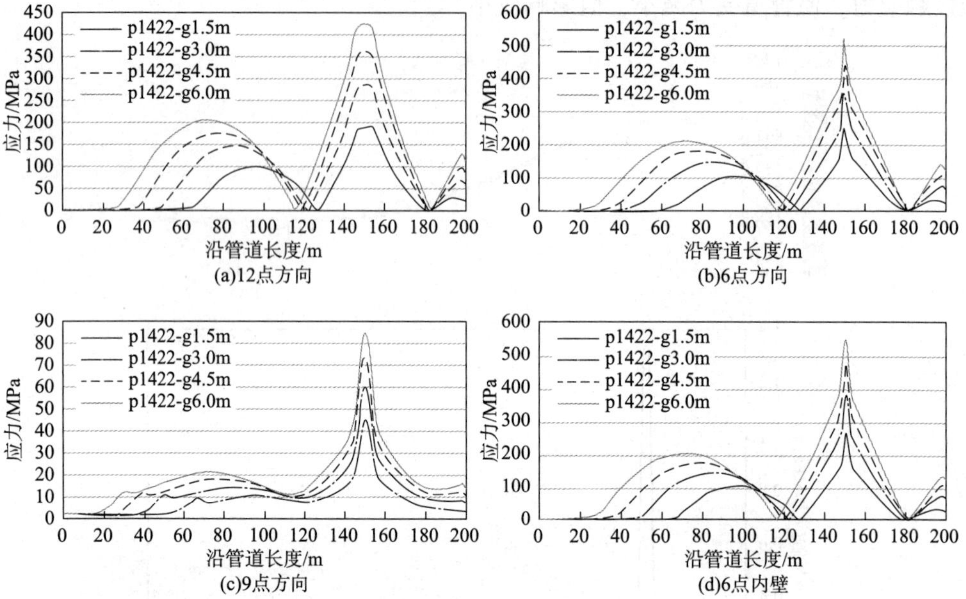

图 7-52　*D*1422mm 管径不同沟深沿管道长度方向应力变化曲线

针对常见的 *D*1016m 管道双侧开挖下沟施工过程的力学变化，采用与 *D*1422mm 管道相同的方法，得到如图 7-53 所示的应力变化曲线。可以看出，*D*1016m 管道沿长度方向上的应力变化规律与 *D*1422mm 管道相同。

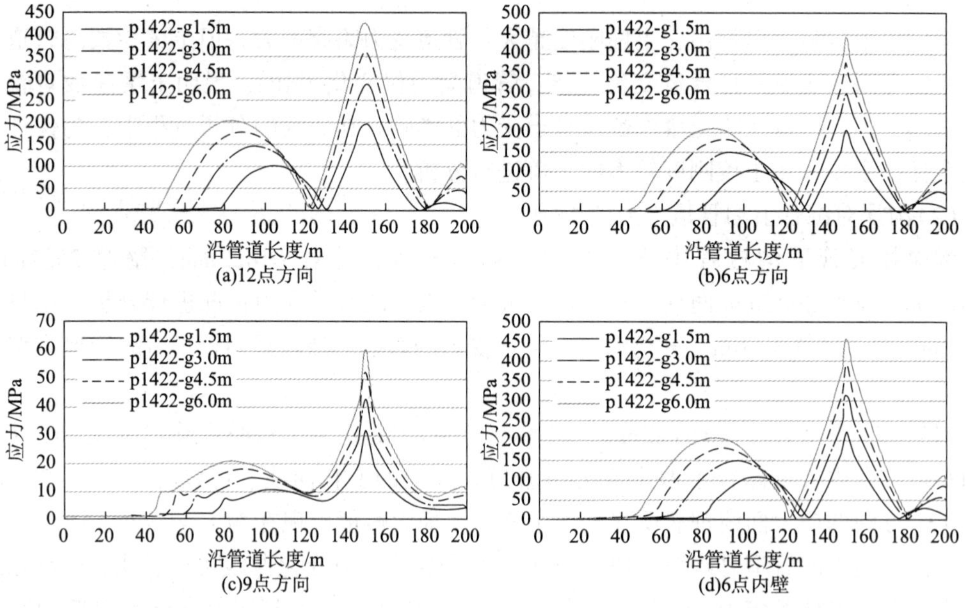

图 7-53　*D*1016mm 管径不同沟深沿管道长度方向应力变化曲线

对比两种规格的管道在沉管下沟过程中管道最大应力随着沟深变化的曲线(见图7-54)，可以看出，虽然不同规格的管道最大应力数值上存在差异，但是具有相同的规律，管道横截面上最大应力为6点内壁，其次是6点外壁，最后是12点外壁，9点应力很小。且随着沟深增加，最大应力增加。可以看出，沟深是影响管道受力的关键参数之一。

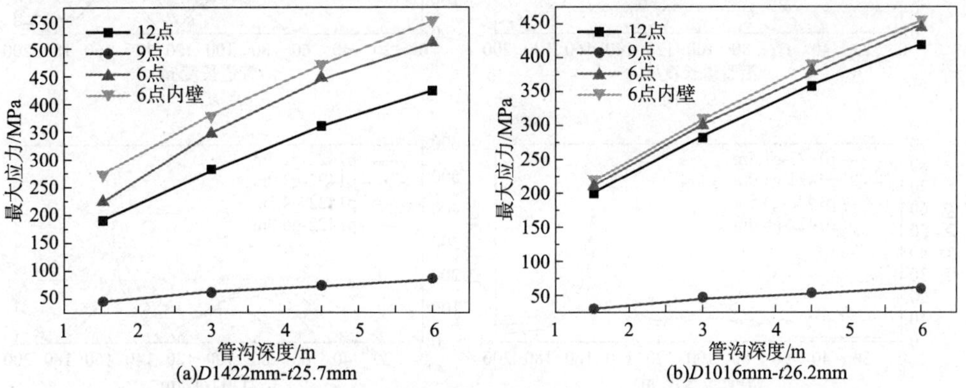

图7-54　不同规格管道沉管下沟时管道最大应力随沟深变化曲线

(3)地形坡度对沉管下沟管道应力的影响

通过现场调研发现，使用沉管下沟施工方法的区域主要分为水网和沙漠地区，在水网地区不存在较大的坡度，因此坡度对沉管下沟的影响主要考虑沙漠地区。

采用外径为 D1422mm，壁厚25.7mm及外径为 D1016mm，壁厚26.2mm两种规格管道沉管下沟时管道受力进行分析，沟深为1.5m、3.0m、4.5m、6.0m，地形坡度为0°、5°、10°。

图7-55和图7-56分别为不同地形坡度 D1422mm 和 D1016mm 管道沿长度方向的

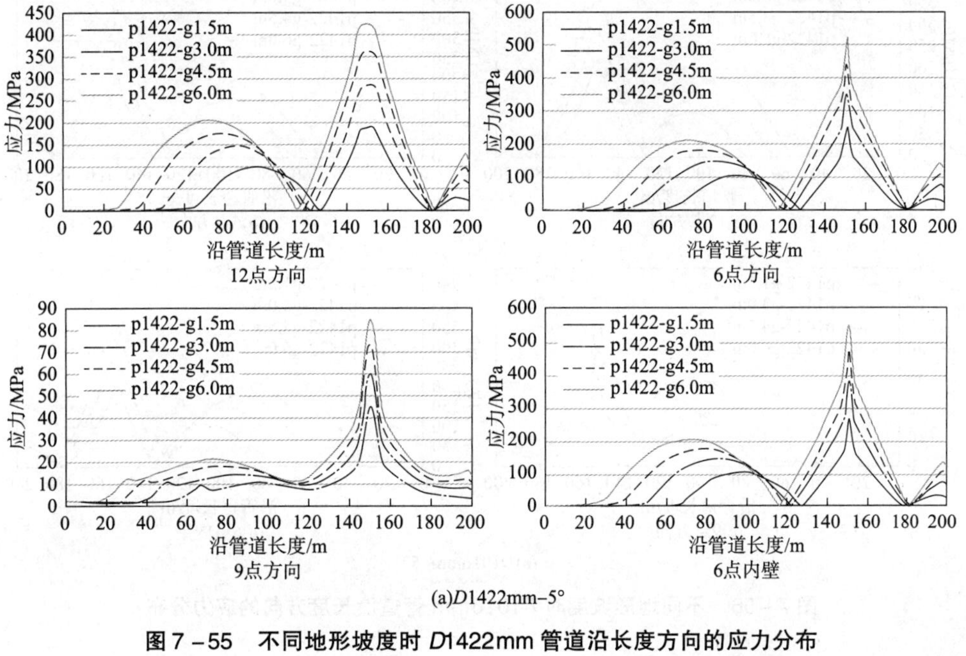

(a)D1422mm-5°

图7-55　不同地形坡度时 D1422mm 管道沿长度方向的应力分布

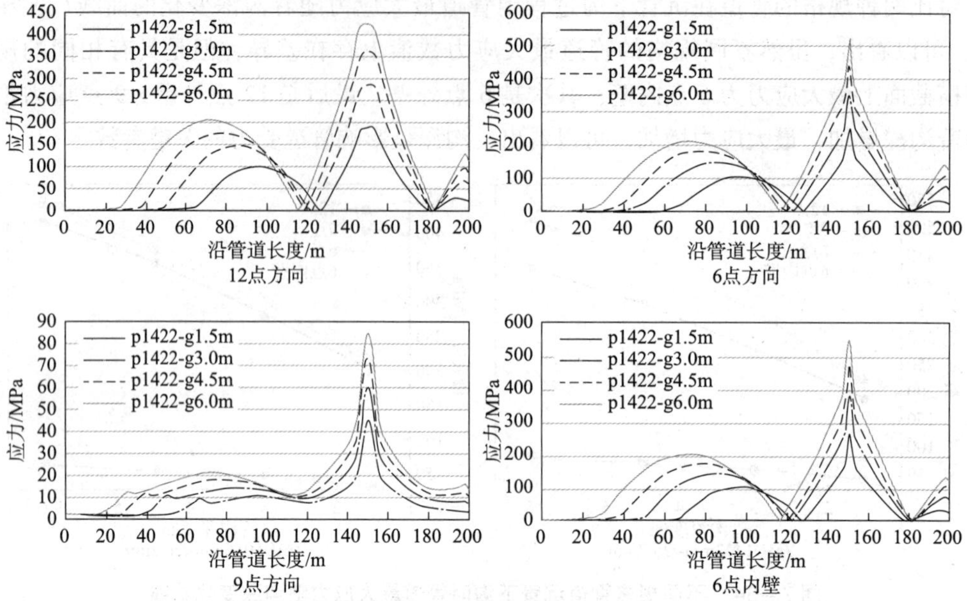

(b)D1422mm-10°

图 7-55　不同地形坡度时 D1422mm 管道沿长度方向的应力分布(续)

应力分布。可以看出，沿长度方向管道应力变化规律与无坡度时相同，管道最大应力出现在沟上支撑点处，横截面上 6 点内壁应力大于 6 点外壁，且均大于 12 点。对比不同地形坡度时管道最大应力(见图 7-57)，可以看出，不同坡度时管道最大应力基本保持不变。

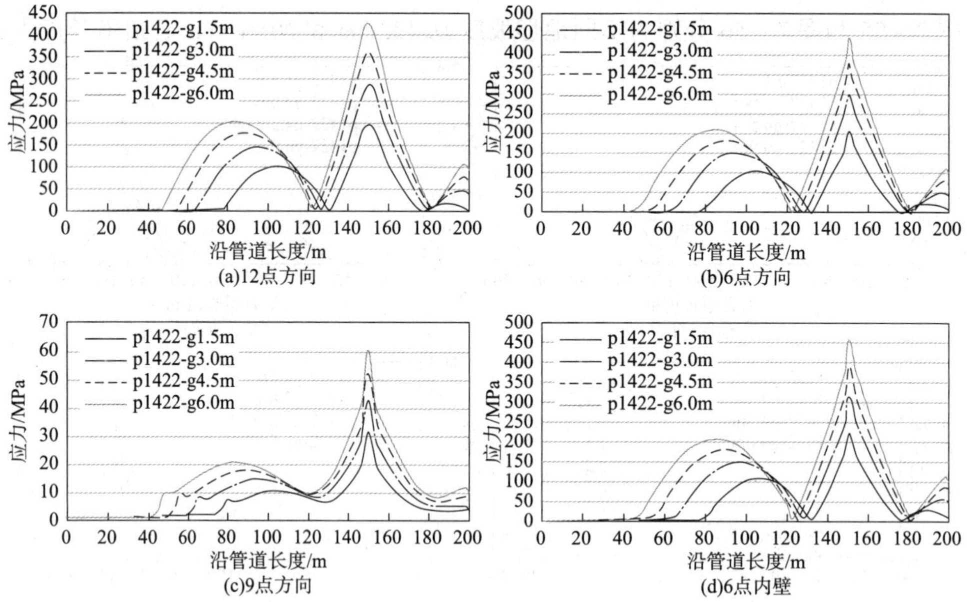

(a)D1016mm-5°

图 7-56　不同地形坡度时 D1016mm 管道沿长度方向的应力分布

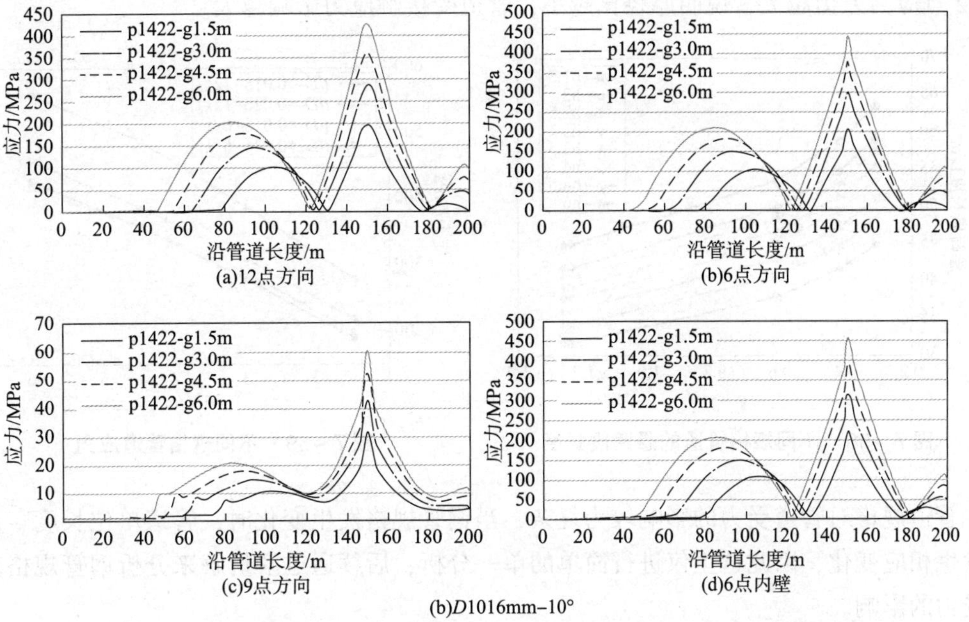

图7-56　不同地形坡度时 D1016mm 管道沿长度方向的应力分布(续)

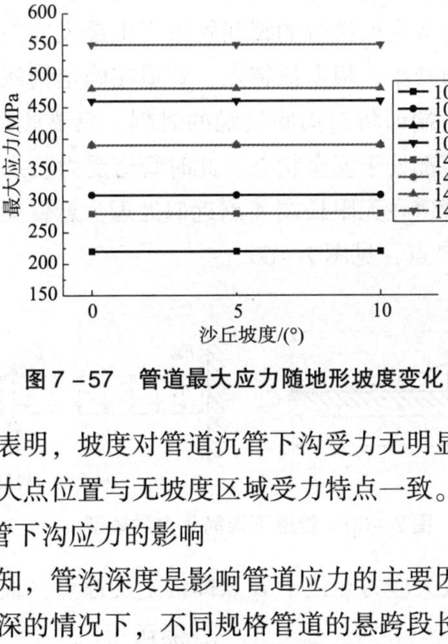

图7-57　管道最大应力随地形坡度变化曲线

通过以上分析可以表明，坡度对管道沉管下沟受力无明显影响，在存在坡度的区域施工，管道受力特点及最大点位置与无坡度区域受力特点一致。

(4)管道规格对沉管下沟应力的影响

通过前面的分析可知，管沟深度是影响管道应力的主要因素，随着沟深增加，管道最大应力增加。但同样沟深的情况下，不同规格管道的悬跨段长度，以及最大应力仍存在差异，说明管道规格对管道受力有一定影响。本节通过对比不同规格管道的悬跨段长度，以及受力情况，确定影响受力的管道规格因素。

图7-58和图7-59所示为不同规格管道的悬跨段长度和应力情况。可以看出，随着管道 q/I 的增加，悬跨段长度减小。在不考虑土壤与管道接触应力影响的情况下，随着厚径比 t/D 变化，管道最大应力即12点方向的应力值变化不大；当考虑接触应力影响时，随厚径比 t/D 变化，管道最大应力即6点内壁应力值发生较大变化，t/D 越小，6点内壁

和 12 点应力差值越大，说明厚径比越小，管道受接触应力影响越大。

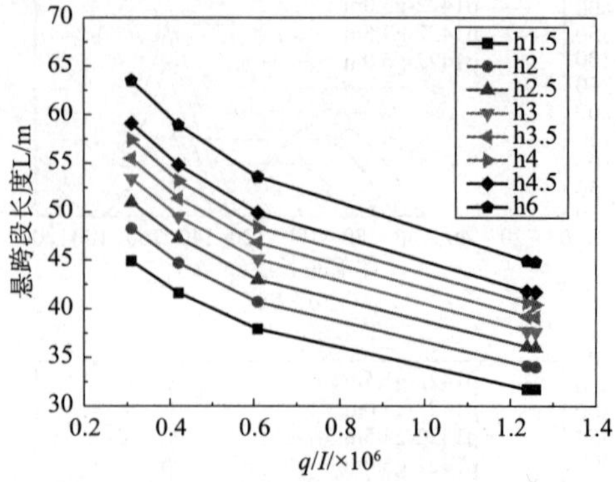

图 7－58　不同规格管道的悬跨段长度

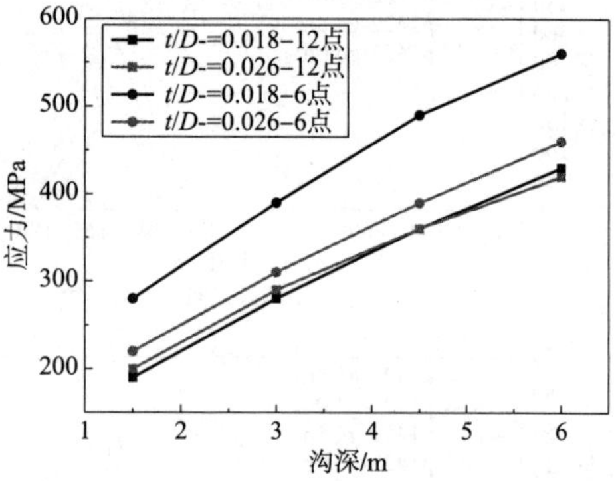

图 7－59　不同规格管道应力

管道规格对管道受力的影响较为复杂，当钢管规格发生变化时，管道单位长度、重量均发生相应变化，因此这里仅进行简单的单一分析，后续通过解析解来分析钢管规格对管道受力的影响。

(5) 双侧开挖最大应力计算公式

根据前面长输管道双侧开挖下沟工艺及其有限元力学分析，得知管道在一定的深度下沟过程中，自由端即将入沟与沟底面接触的瞬间管道产生最大应力，一旦与沟底接触，立即产生支撑作用而使管道应力减小。根据该特点，管道在确定沟深情况下，整个下沟过程中钢管受力最大时刻即管道一端即将与沟底接触的时刻，只要此时管道应力处于安全值，则可以认为整个下沟过程管道都处于安全状态。此时管道受力状态可认为是管道在重力作用下为纯弯曲变形梁构件，管道在无限长端 A 点近似处理为悬臂梁端部约束，存在一个沟上支点 B 点，管道自由端为 C 点，见图 7－60。

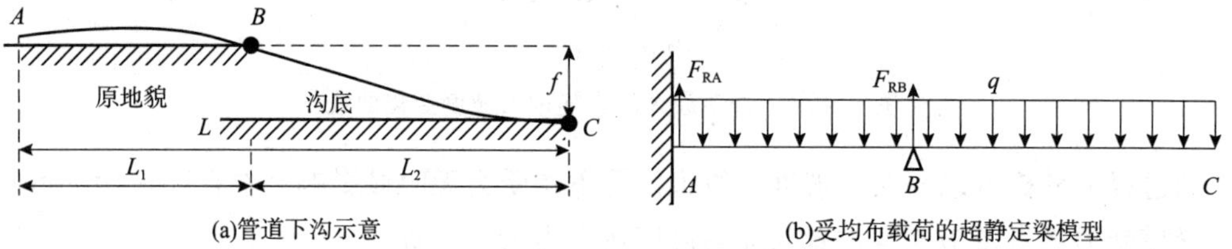

(a)管道下沟示意　(b)受均布载荷的超静定梁模型

图 7－60　管道下沟简化力学模型

由简化模型可计算管道最大应力点位于 B 点即沟上支撑点，最大应力计算公式如下：

$$\sigma_m = 0.5073D\sqrt{\frac{qhE}{I}} \tag{7-1}$$

式中：D 为管道外径，mm；q 为单位长度的管道自重，N/m；E 为钢管的弹性模量；I 为管道横截面的惯性距。

有限元分析方法虽然能准确地模拟管道受力分布及大小，但很难形成准确的计算模型。而采用解析解的方法，对沉管下沟进行分析，能建立管道沉管下沟模型，但无法考虑接触应力等因素对管道受力的影响。为得到较为精确的计算模型，对比有限元分析结果与解析解计算结果，可以看出二者存在一定差异，这是由于管道与土壤接触产生的应力集中，而在简化模型计算中未考虑这一点；另外，应力集中程度与管道的厚径比 t/D 有关，t/D 越小，应力集中越严重，当 $t/D>0.02$ 时 $K=1.05$，当 $t/D<0.02$ 时 $K=1.2$ 见图7－61。

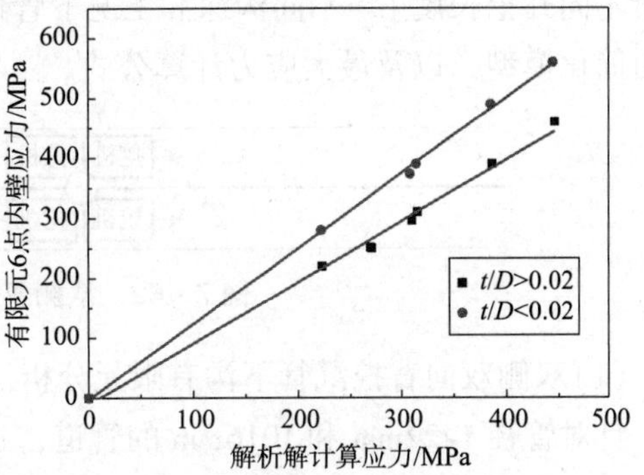

图7－61　有限元分析结果与解析解计算结果对比

考虑管道底部与管沟沟上支承点接触位置存在的应力集中现象，管道所受的最大应力为：

$$\sigma_{max}=0.5073KD\sqrt{\frac{qhE}{I}} \tag{7-2}$$

令管道最大弯曲应力等于许用应力即 $\sigma_{max}=[\sigma]$，可计算得到双侧沉管下沟的最大允许沟深：

$$h_{max}=3.886\frac{I}{K^2D^2qE}[\sigma]^2 \tag{7-3}$$

其中，K 为由接触应力产生的应力集中系数，取值范围见表7－7。

表7－7　K 的取值范围

t/D	K
<0.02	1.2
>0.02	1.05

(6)小结

对于双侧沉管下沟方式，通过有限元分析，得到以下结论：

①在双侧沉管下沟过程中，管道自由端刚触地时管道所受的应力最大，此时若管道处于安全状态，则整个下沟过程中管道都处于安全状态；

②在沉管下沟过程中，应力最大截面随着开挖进尺的增加不断变化，但是总出现在管沟沟上支撑点位置，在管道横截面上6点内壁应力最大，其次为6点外壁，最后是12点位置，而管道的3点和9点位置应力最小；

③地形坡度、弯管及土壤刚度对管道受力影响较小；

④管沟沟深是影响管道受力的主要因素，随着沟深增加，管道的最大应力增加；

⑤管道规格对管道受力有一定影响，同样沟深时，管道的悬跨段长度随着 q/I 的增加而减小，而且厚径比越小，管道与沟上土壤支撑点的接触产生的应力集中越明显；

⑥对比有限元分析，提出了双侧沉管下沟简化模型及最大应力计算公式。

2. 双侧双向背挖沉管下沟管道应力分析

在施工过程中，为提高施工效率，多台挖掘机同时开挖会出现背挖沉管下沟的情况，见图7－62。本节针对管径为1422mm和1016mm的管道，建立背挖沉管下沟有限元模型，分析不同开挖长度 L，不同沟深 h 工况下管道的受力情况。并提出双侧背挖沉管下沟管道受力简化模型，以及最大应力计算公式。

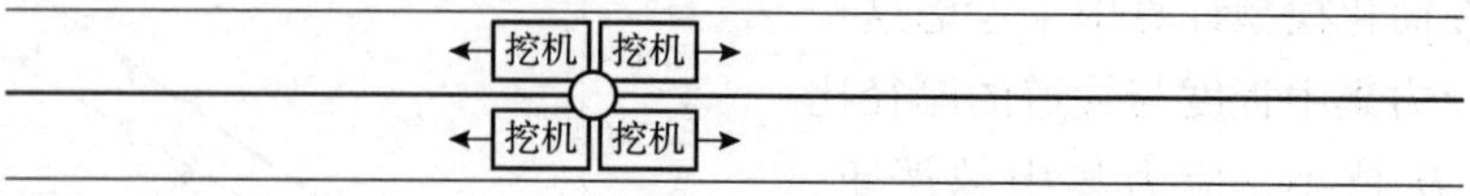

图 7-62　双侧双向背挖沉管下沟示意

(1) 双侧双向背挖沉管下沟有限元分析

针对管径 1422mm 和 1016mm 的管道，建立长 400m 的背挖沉管下沟有限元模型(见图 7-63)，分析开挖长度 L 为 50m、100m、150m、200m、250m，沟深 h 为 3m、4.5m 和 6m 工况下管道的受力情况。

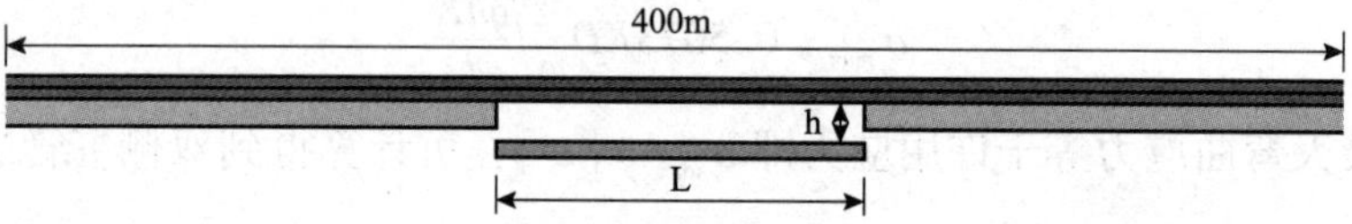

图 7-63　双侧双向背挖沉管下沟有限元模型

图 7-64 所示为不同沟深时 D1422mm 管道 12 点方向轴向力分布。可以看出，不同沟深下管道轴向力分布具有相同的规律。悬跨段中心管道 12 点方向为压应力，同样沟深时，随着开挖长度的增加，压应力先增大，当开挖长度增加到一定值时，悬跨段中心管道达到沟底后，压应力逐渐减小，最后至 0；最大拉应力始终出现在沟上支撑点处，随着开挖长

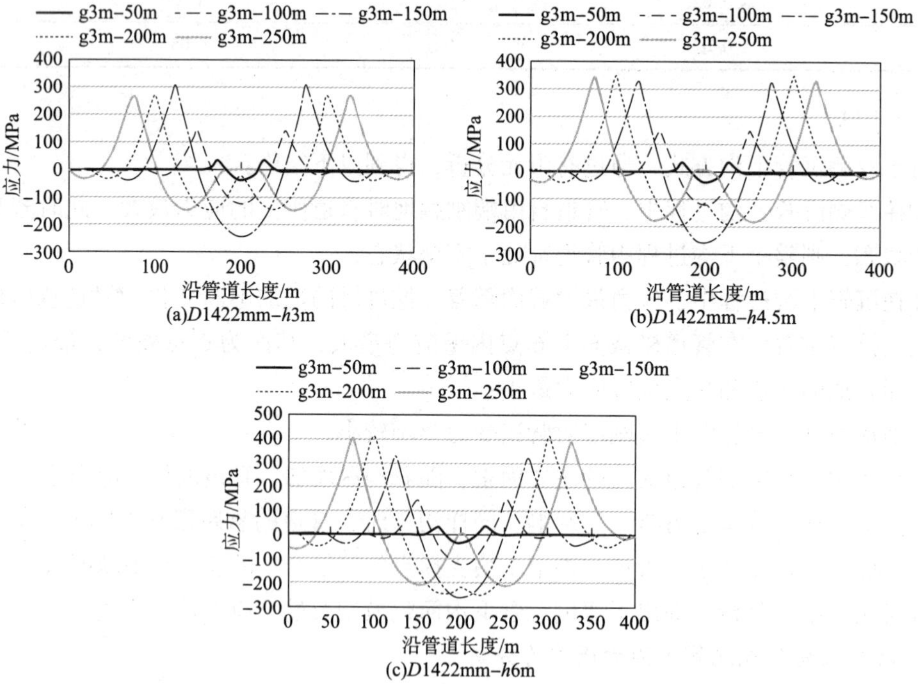

图 7-64　不同沟深时 D1422mm 管道 12 点方向轴向力分布

度增加，最大拉应力逐渐增加后趋于稳定。同样开挖长度时，沟上支撑点的最大拉应力随着沟深增加而增加，沟深 3m 时最大拉应力为 300MPa，当沟深增加至 6m 时，最大拉应力增加至 400MPa。

图 7－65 所示为不同沟深时 D1422mm 管道 12 点和 6 点方向等效应力分布。可以看出，不同沟深时管道 12 点和 6 点方向受力具有相同的规律，且两点应力数值相差不大。同样沟深开挖至一定长度时，最大应力总出现在沟上支撑点处，随着开挖长度增加，沟上支撑点应力先增加后趋于稳定，在悬跨段中心管道刚触地时沟上支撑点应力最大。

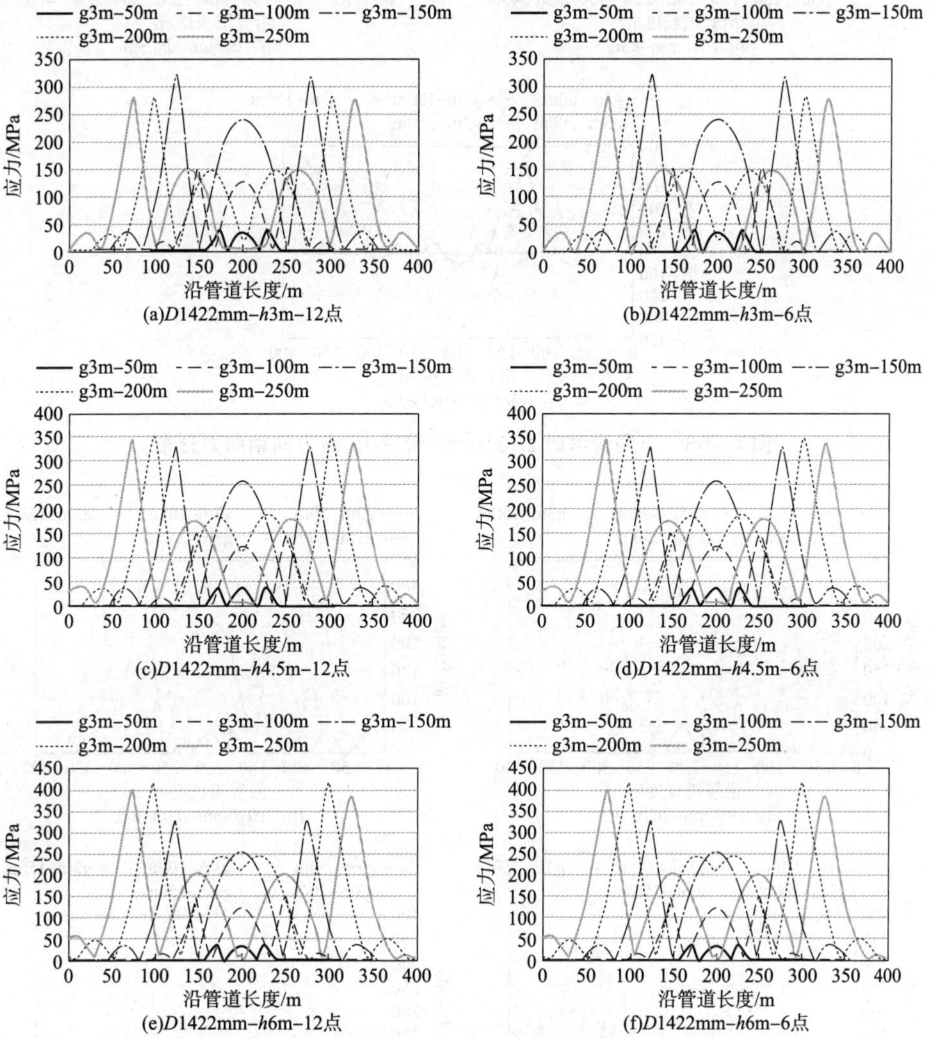

图 7－65　不同沟深时 D1422mm 管道 12 点方向等效应力分布

图 7－66 和图 7－67 所示为不同沟深时 D1016mm 管道沿长度方向分布图轴向应力和等效应力分布。可以看出，在背挖沉管下沟过程中 D1016mm 管道受力情况和 D1422mm 管道相同。

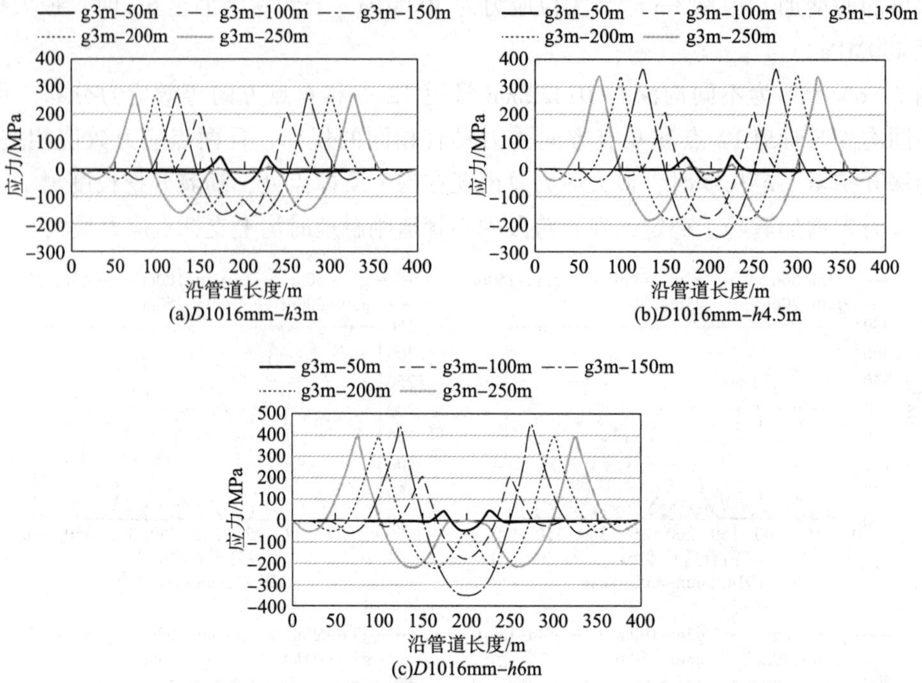

图 7－66　不同沟深时 D1016mm 管道 12 点方向轴向力分布

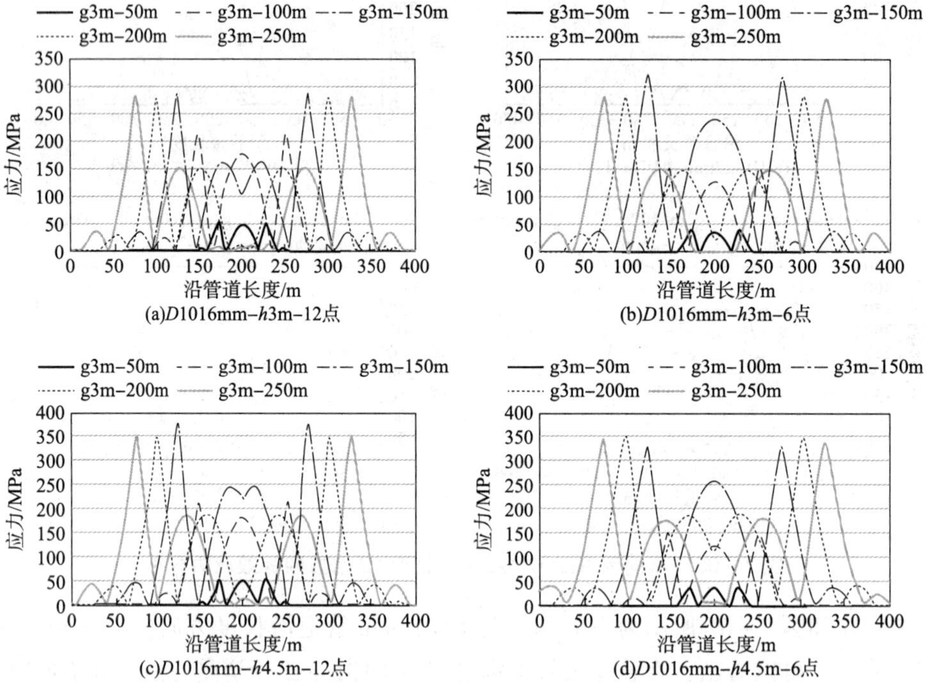

图 7－67　不同沟深时 D1016mm 管道 12 点方向等效应力分布

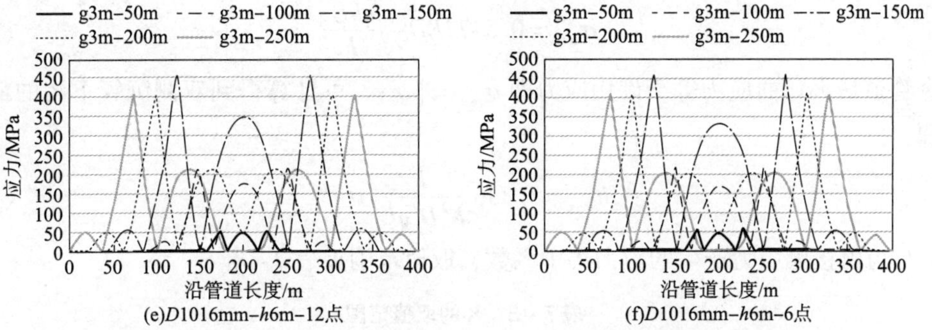

图7-67 不同沟深时 D1016mm 管道 12 点方向等效应力分布(续)

综上分析，可得到：

①双侧双向背挖沉沟相同深度时，随着开挖长度增加，悬跨段中心管道轴向压应力先受压增加，沉入沟底后压力释放为零，管道在沟上两支点拉应力先增加后趋于稳定；悬跨段中心管道应力先增加后减小(沉入沟底)，管道在沟上两支点应力先增加后趋于稳定。

②相同开挖长度情况下，随着沟深增加，沟上支点拉应力增加，沟上支点应力增加。

③管道背挖沉沟 6 点方向内壁应力与 12 点应力变化趋势相同，数值大小相差不大。

(2)双侧双向背挖沉管下沟最大应力计算公式

根据前面长输管道双侧开挖下沟工艺及其有限元力学分析，管道在一定的深度下沟过程中当悬跨段中心管道刚与沟底接触时管道应力最大。根据该特点，管道在确定沟深情况下，整个下沟过程中最危险的时刻即悬跨段中心管道刚与沟底接触时刻，只要此时管道应力处于安全状态，则可认为整个下沟过程管道都处于安全状态。此时，管道受力状态可认为是管道在重力作用下为纯弯曲变形梁构件，管道无限长两端 A 点近似处理为悬臂梁端部约束，存在两个沟上支点 B 点，悬跨段中心管道 C 点与地面刚好接触，但地面对管道无支撑作用，见图 7-68。

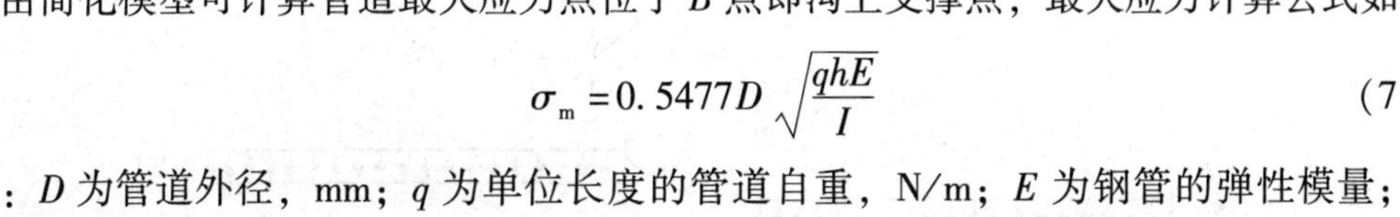

图7-68 背挖沉管下沟示意

由简化模型可计算管道最大应力点位于 B 点即沟上支撑点，最大应力计算公式如下：

$$\sigma_m = 0.5477D\sqrt{\frac{qhE}{I}} \tag{7-4}$$

式中：D 为管道外径，mm；q 为单位长度的管道自重，N/m；E 为钢管的弹性模量；I 为管道横截面的惯性距。

考虑管道底部与管沟沟上支撑点接触位置存在的应力集中现象，管道所受的最大应力为：

$$\sigma_{\max} = 0.5477KD\sqrt{\frac{qhE}{I}} \tag{7-5}$$

令管道最大弯曲应力等于许用应力即 $\sigma_{\max} = [\sigma]$，可计算得到双侧沉管下沟的最大允许沟深：

$$h_{\max} = 3.336\frac{I}{K^2D^2qE}[\sigma]^2 \tag{7-6}$$

式中：K 为由接触应力产生的应力集中系数，取值范围见表 7-8。

表 7-8 K 的取值范围

t/D	K
<0.02	1.2
>0.02	1.05

(3) 小结

通过对长输管道沉管下沟项目大量研究，建立了水网和沙漠地段的不同规格管道双侧开挖、单侧开挖、双侧双向开挖和背挖沉管下沟力学模型，得到以下结论：

①双侧开挖沉管下沟过程中，恒定沟深开挖管道应力水平稳定，管道应力最大值出现在自由端接触沟底瞬间的沟上支点管道 6 点方向内壁。

②双侧双向背挖沉管下沟管道最大应力出现在沟上土支点，随着沟深增加而增加，随着开挖进尺增大而应力数值大小趋于稳定。

③推导了适用于单侧开挖和双侧开挖施工过程不同规格管道最大应力计算公式。

7.2.3 双侧沉管下沟钢管应力计算公式

开挖沉管下沟中，由弯曲产生的管道弯曲应力公式以悬臂梁均布载荷梁模型推导出。当梁的最大弯曲应力($\sigma_{\max}$)等于许用弯曲应力($[\sigma]$)时，就可计算简支梁端点处挠度，即最大允许沟深(h)。将模型简化为分别受均布载荷 q、支反力 F_B 作用的悬臂梁，示意见图 7-69。

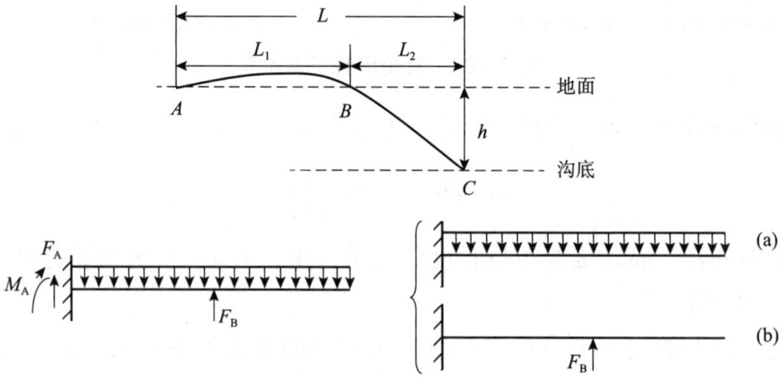

图 7-69 管道自由端沉管下沟受力

由 B 点挠度 $\omega_B=0$ 可知：

$$-\frac{qL_1^2}{24EI}(L_1^2-4LL_1+6L^2)+\frac{F_BL_1^3}{3EI}=0 \tag{7-7}$$

由式(7－7)可得：

$$F_B=\frac{q}{8L_1}(L_1^2-4LL_1+6L^2) \tag{7-8}$$

由整个系统力平衡可知：

$$F_A+F_B-qL=0 \tag{7-9}$$

由式(7－8)和式(7－9)可得：

$$F_A=\frac{q}{8L_1}(-L_1^2+12LL_1-6L^2) \tag{7-10}$$

由 $\sum M_A=0$，$M_A=0$，

$$-\frac{1}{2}qL^2+F_BL_1=0 \tag{7-11}$$

由式(7－8)和式(7－11)可得：

$$\begin{aligned}L_1&=\sqrt{2}L_2\\ L&=(\sqrt{2}+1)L_2\end{aligned} \tag{7-12}$$

由 C 点挠度 $\omega_C=-h$ 可知

$$-\frac{qL^4}{8EI}+\frac{F_BL_1^2}{6EI}(3L-L_1)=-h \tag{7-13}$$

由式(7－8)、式(7－12)和式(7－13)可得：

$$L_2=\sqrt[4]{\frac{24EIh}{(3+2\sqrt{2})q}} \tag{7-14}$$

$$M_{max}=-M_B=\frac{1}{2}qL_2^2=\sqrt{6(3-2\sqrt{2})qhEI} \tag{7-15}$$

$$\sigma_{max}=\frac{M_{max}D}{2I}=D\sqrt{\frac{3(3-2\sqrt{2})Eqh}{2}\frac{}{I}}\approx0.5073D\sqrt{\frac{qhE}{I}} \tag{7-16}$$

考虑管道底部与管沟支点接触位置存在的应力集中现象，

$$\sigma_{max}=0.5073KD\sqrt{\frac{qhE}{I}} \tag{7-17}$$

式中：K 为由接触应力产生的应力集中系数；L 为变形段总长度，m；L_1 为地面上变形段长度，m；L_2 为悬空段长度，m；h 为挖沟深度，m；h_{max} 为最大允许沟深，m；ω_B 为支点 B 的挠度，mm；ω_C 为支点 C 的挠度，mm；F_B 为由支点 B 提供的支反力，N；F_A 为嵌固端 A 处提供的作用力，N；M_A 为嵌固端 A 处提供的力矩，Nm；$\sum M_A$ 为以 A 点为支点时，整个系统的力矩之和，N·m；σ_{max} 为管道下沟过程中的最大应力，MPa；M_{max} 为最大弯矩，N·m；D 为管道外径，mm；d 为管道内径，$d=D-2t$，mm；E 为管道材料的弹性

模量，MPa；c 为管道材料密度，kg/m^3（钢铁密度为 7850kg/m^3）；g 为重力加速度，取 9.8，N/kg。

令管道最大弯曲应力 $\sigma_{max}=[\sigma]$，可计算得到双侧沉管下沟的最大允许沟深：

$$h_{max}=3.886\frac{I}{K^2D^2qE}[\sigma]^2 \tag{7-18}$$

7.2.4 双侧背挖沉管下沟钢管应力计算公式

双侧背挖沉管下沟中，管道受力、变形沿 $C-C$ 轴对称，故取 1/2 模型进行分析，将其简化为悬臂梁模型。当梁的最大弯曲应力(σ_{max})等于许用弯曲应力([σ])时，就可计算悬臂梁端点挠度，即最大允许沟深(h)。

图 7-70(b)中，地面上管道存在凸起，A 为地面管道即将离地点，B 为管沟前端管道支撑点，C 为悬空管道跨距中心位置。将模型简化为分别受均布载荷 q、支反力 F_B、弯矩 M_C 作用的悬臂梁。

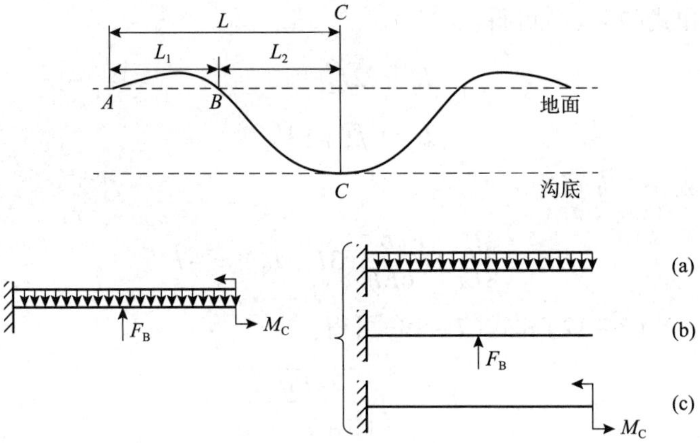

图 7-70 管道背挖沉管下沟受力

由 $\sum M_A=0$，$M_A=0$ 可知

$$F_BL_1+M_C-\frac{1}{2}qL^2=0 \tag{7-19}$$

由式(7-19)可得：

$$M_C=\frac{1}{2}qL^2-F_BL_1 \tag{7-20}$$

由 $\theta_C=0$ 可知

$$-\frac{qL^3}{6EI}+\frac{F_BL_1{}^2}{2EI}+\frac{M_CL}{EI}=0 \tag{7-21}$$

由式(7-20)和式(7-21)可得：

$$F_B=\frac{2qL^3}{3L_1(2L-L_1)} \tag{7-22}$$

由 $\omega_B=0$ 可知

$$-\frac{qL_1^{\ 2}}{24EI}(L_1^{\ 2}-4L_1L+6L^2)+\frac{F_BL_1^{\ 3}}{3EI}+\frac{M_CL_1^{\ 2}}{2EI}=0 \tag{7-23}$$

由式(7-20)、式(7-22)和式(7-23)可得：

$$L=2.064L_2,\ L_1=1.064L_2 \tag{7-24}$$

由 $\omega_C=-h$ 可知

$$-\frac{qL_1^{\ 2}}{24EI}(L_1^{\ 2}-4LL_1+6L^2)+\frac{F_BL_1^{\ 3}}{3EI}+\frac{M_CL_1^{\ 2}}{2EI}=0 \tag{7-25}$$

由式(7-20)、式(7-22)、式(7-24)和式(7-25)可得：

$$L_2=1.967\sqrt[4]{\frac{EIh}{q}} \tag{7-26}$$

$$M_{max}=-M_B=\frac{1}{2}qL_2^{\ 2}-M_C=1.095\sqrt{qhEI} \tag{7-27}$$

$$\sigma_{max}=\frac{M_{max}D}{2I}=0.5477D\sqrt{\frac{qhE}{I}} \tag{7-28}$$

考虑管道底部与管沟支点接触位置存在的应力集中现象，

$$\sigma_{max}=0.5477KD\sqrt{\frac{qhE}{I}} \tag{7-29}$$

令管道最大弯曲应力 $\sigma_{max}=[\sigma]$，可计算得到双侧沉管下沟的最大允许沟深：

$$h_{max}=3.3336\frac{I}{K^2D^2qE}[\sigma]^2 \tag{7-30}$$

式中：K 为由接触应力产生的应力集中系数；L 为管道即将离地点到悬跨段中心位置的水平距离，m；L_1 为管道即将离地点到管道沟上支撑点的水平距离，m；L_2 为管道沟上支承点到悬跨段中心位置的水平距离，m；h 为挖沟深度，m；h_{max} 为最大允许沟深，m；ω_B 为支点 B 的挠度，mm；ω_C 为支点 C 的挠度，mm；θ_C 为支点 C 的转角，弧度；F_B 为由支点 B 提供的支反力，N；F_A 为嵌固端 A 处提供的作用力，N；M_A 为嵌固端 A 处提供的力矩，Nm；M_C 为由对称模型在 C 点提供的力矩，Nm；$\sum M_A$ 为以 A 点为支点时，整个系统的力矩之和，N·m；σ_{max}为管道下沟过程中的最大应力，MPa；M_{max}为最大弯矩，N·m；D 为管道外径，mm；d 为管道内径，$d=D-2t$，mm；E 为管道材料的弹性模量，MPa；c 为管道材料密度，kg/m³；（钢铁密度为 7850kg/m³）；g 为重力加速度，取 9.8，N/kg。

7.2.5　不同钢级沉管下沟施工可靠性对比分析

根据建立的双侧沉管下沟应力计算公式对不同规格、钢级的管道下沟过程应力进行计算，确定其沉管下沟可靠性。结算结果如表 7-9 所示。

表 7－9 应力计算表

钢级	外径 D/mm	壁厚 T/mm	管沟深度 h/m	σ/MPa
X80	1219	18. 4	1	220. 59
	1219	18. 4	2	311. 96
	1219	18. 4	3	382. 07
	1219	18. 4	4	441. 17
	1219	22	1	221. 24
	1219	22	2	312. 88
	1219	22	3	383. 20
	1219	22	4	442. 48
	1219	26. 4	1	194. 28
	1219	26. 4	2	274. 76
	1219	26. 4	3	336. 51
	1219	26. 4	4	388. 57
	1219	33	1	195. 34
	1219	33	2	276. 25
	1219	33	3	338. 33
	1219	33	4	390. 67
X70	1219	21	1	221. 06
	1219	21	2	312. 62
	1219	21	3	382. 88
	1219	21	4	442. 11
	1219	25. 4	1	194. 12
	1219	25. 4	2	274. 53
	1219	25. 4	3	336. 23
	1219	25. 4	4	388. 25
	1219	30. 2	1	194. 89
	1219	30. 2	2	275. 61
	1219	30. 2	3	337. 56
	1219	30. 2	4	389. 78
	1219	37. 8	1	196. 11
	1219	37. 8	2	277. 34
	1219	37. 8	3	339. 67
	1219	37. 8	4	392. 21
	1219	32. 6	4	390. 54
	1219	40. 7	1	196. 57
	1219	40. 7	2	277. 99
	1219	40. 7	3	340. 47
	1219	40. 7	4	393. 14

续表

钢级	外径 D/mm	壁厚 T/mm	管沟深度 h/m	σ/MPa
X80	1016	12.8	1	220.04
	1016	12.8	2	311.18
	1016	12.8	3	381.11
	1016	12.8	4	440.07
	1016	15.3	1	220.58
	1016	15.3	2	311.95
	1016	15.3	3	382.05
	1016	15.3	4	441.16
	1016	18.4	1	221.25
	1016	18.4	2	312.90
	1016	18.4	3	383.22
	1016	18.4	4	442.50
	1016	23	1	194.47
	1016	23	2	275.03
	1016	23	3	336.84
	1016	23	4	388.95
X70	1016	14.6	1	220.43
	1016	14.6	2	311.73
	1016	14.6	3	381.79
	1016	14.6	4	440.85
	1016	17.5	1	221.06
	1016	17.5	2	312.62
	1016	17.5	3	382.88
	1016	17.5	4	442.11
	1016	21	1	194.09
	1016	21	2	274.49
	1016	21	3	336.18
	1016	21	4	388.18
	1016	26.2	1	195.09
	1016	26.2	2	275.89
	1016	26.2	3	337.90
	1016	26.2	4	390.17
	1016	28.3	3	338.60
	1016	28.3	4	390.98

通过对比可以看出，对于同样的设计系数，不同钢级在相同的下沟工艺参数条件下，管道自身的受力几乎相同。但考虑到钢级的区别，不同钢级所能承受的应力大小不同。取名义屈服强度的0.8倍作为最大可接受应力临界值，得到相同设计系数条件下，不同钢级的临界下沟尺寸，如表7-10所示。

表7-10 临界沟深计算

钢级	外径 D/mm	壁厚 T/mm	管沟深度 h/m	σ/MPa
X80	1219	18.4	4	441.17
		22	4	442.48
		26.4	5.2	443.03
		33	5.1	441.13
X70		21	3.1	382.88
		25.2	4	388.25
		30.2	4	389.78
		37.8	3.9	392.21
X80	1016	12.8	4	440.07
		15.3	4	441.16
		18.4	4	442.50
		22.9	5.2	447.71
X70		14.6	3.1	381.79
		17.5	3.1	382.88
		21	4	388.18
		16.2	3.9	385.26

可以看出，在相同管道压力和设计系数条件下，钢级越高所容许的临界沟深越大，管道施工安全越高。

7.3 高钢级管道吊装下沟过程差异性分析

1. 管道吊装工艺有限元模型

(1)吊装前提：

1)吊管机额定载荷采用动载荷(85%的倾覆载荷)；

2)起吊重量中包括吊钩重量650kg；

3)最后一台吊管机水平距离偏移量为±0.3m；

4)吊管机履带边缘到沟边距离不小于1m。

(2)管道长度与材料特性

管道选取计算长度为402m，前端短节长度为2m，余下每段为12m。管道的弹性模量和泊松比及密度如表7－11所示。

表7－11 管道的弹性模量和泊松比及密度

弹性模量/GPa	泊松比	密度/(kg/m^3)
210	0.3	7580～7750

(3)吊点位置及间距

吊点4处于管道中间位置，其余吊点分别沿管道轴向均匀分布，间隔20m。具体位置信息如表7－12所示。

表7－12 管道吊点位置信息

吊点编号	1	2	3	4	5	6
轴向位置/m	141	161	181	201	221	241
节点编号	142	162	182	202	222	242

2. 管道吊装工艺分析

X80－1219－18.4mm规格情况：

安装6个吊点的功能，参考等壁厚、埋深1.5m收敛参数，分别设置各个吊点的吊点力的水平和垂直分量。设置吊点力的分量如表7－13所示。

表7－13 设置吊点力分量

	吊点1	吊点2	吊点3	吊点4	吊点5	吊点6
水平力/t	－0.6	－0.7	－1.0	1.0	0.7	0.6
垂直力/t	17	16	15	13	11	9

第1次试算结果，各吊点力满足吊管机能力要求。吊点1完全起吊，但起吊高度略高，调整各吊点水平、竖直方向起吊力。设置吊点力的分量如表7－14所示。

表7－14 第1次试算后调整设置吊点力分量

	吊点1	吊点2	吊点3	吊点4	吊点5	吊点6
水平力/t	－0.6	－0.7	－0.9	0.9	0.7	0.6
垂直力/t	16	15.5	15	13	11	9

第2次试算结果，吊点力满足吊管机能力要求。吊点1完全起吊，后续分析对水平位移进行调试，使其满足管沟结构要求。省略多次调试过程，最终得到全部吊点多能通过的解，如表7－15所示。

表 7 – 15　第 2 次试算后调整设置吊点力分量

	吊点 1	吊点 2	吊点 3	吊点 4	吊点 5	吊点 6
水平力/t	-0.5	-0.7	-0.8	0.8	0.7	0.5
垂直力/t	16	15.5	15	13	11	9

每个吊点对应吊管机的选择范围如图 7 – 71 ~ 图 7 – 77 所示。

```
#=--------------------------------------【 1 】号吊点吊机优选表------------------------------------------------------=#
#=================================================================================
=====================================#
吊点 吊 机 是否可行 最大起 吊幅角 偏斜角 偏斜因子 偏斜最大 吊点合力 极限起升 实际起升 机-沟安 机-沟距
ID号 幅值(m)          重85%   (°)    (°)         起重(t)   (t)  高度(m) 高度(m) 全距离(m) 离(m)
 1   1.22  可行    61.20   8.16   1.67   .83   50.88   17.16   7.00   .50   1.00   1.99
 1   1.50  可行    50.96  10.04   1.67   .86   43.78   17.16   6.90   .50   1.00   2.27
 1   2.00  可行    38.08  13.45   1.67   .89   33.96   17.16   6.80   .50   1.00   2.76
 1   2.50  可行    29.92  16.90   1.67   .91   27.31   17.16   6.70   .50   1.00   3.26
 1   3.00  可行    24.48  20.42   1.67   .93   22.71   17.16   6.60   .50   1.00   3.76
 1   3.50  可行    20.40  24.02   1.67   .94   19.16   17.16   6.20   .50   1.00   4.25
 1   4.00  不可行  17.68  27.72   1.67   .95   16.76   17.16   6.40   .50   1.00    .00
 1   4.50  不可行  16.32  31.55   1.67   .96   15.59   17.16   6.00   .50   1.00    .00
 1   5.00  不可行  14.24  35.55   1.67   .96   13.69   17.16   5.70   .50   1.00    .00
 1   5.50  不可行  12.24  39.76   1.67   .97   11.83   17.16   5.30   .50   1.00    .00
 1   6.00  不可行  10.88  44.24   1.67   .97   10.57   17.16   5.00   .50   1.00    .00
 1   6.50  不可行   9.52  49.10   1.67   .98    9.29   17.16   4.50   .50   1.00    .00
 1   7.00  不可行   8.80  54.48   1.67   .98    8.62   17.16   4.00   .50   1.00    .00
#-----------------------------------------------------------------------------------------
```

图 7 – 71　吊点 1 通过性计算结果截图

```
#=--------------------------------------【 2 】号吊点吊机优选表------------------------------------------------------=#
#=================================================================================
=====================================#
吊点 吊 机 是否可行 最大起 吊幅角 偏斜角 偏斜因子 偏斜最大 吊点合力 极限起升 实际起升 机-沟安 机-沟距
ID号 幅值(m)          重85%   (°)    (°)         起重(t)   (t)  高度(m) 高度(m) 全距离(m) 离(m)
 2   1.22  可行    61.20   8.16   2.48   .77   47.03   16.17   7.00   .65   1.00   1.72
 2   1.50  可行    50.96  10.04   2.48   .80   40.98   16.17   6.90   .65   1.00   2.00
 2   2.00  可行    38.08  13.45   2.48   .85   32.27   16.17   6.80   .65   1.00   2.50
 2   2.50  可行    29.92  16.90   2.48   .88   26.21   16.17   6.70   .65   1.00   2.99
 2   3.00  可行    24.48  20.42   2.48   .90   21.95   16.17   6.60   .65   1.00   3.48
 2   3.50  可行    20.40  24.02   2.48   .91   18.61   16.17   6.20   .65   1.00   3.97
 2   4.00  可行    17.68  27.72   2.48   .92   16.35   16.17   6.40   .65   1.00   4.46
 2   4.50  不可行  16.32  31.55   2.48   .93   15.26   16.17   6.00   .65   1.00    .00
 2   5.00  不可行  14.24  35.55   2.48   .94   13.44   16.17   5.70   .65   1.00    .00
 2   5.50  不可行  12.24  39.76   2.48   .95   11.64   16.17   5.30   .65   1.00    .00
 2   6.00  不可行  10.88  44.24   2.48   .96   10.43   16.17   5.00   .65   1.00    .00
 2   6.50  不可行   9.52  49.10   2.48   .96    9.18   16.17   4.50   .65   1.00    .00
 2   7.00  不可行   8.80  54.48   2.48   .97    8.54   16.17   4.00   .65   1.00    .00
```

图 7 – 72　吊点 2 通过性计算结果截图

```
#=--------------------------------------【 3 】号吊点吊机优选表------------------------------------------------------=#
#=================================================================================
=====================================#
吊点 吊 机 是否可行 最大起 吊幅角 偏斜角 偏斜因子 偏斜最大 吊点合力 极限起升 实际起升 机-沟安 机-沟距
ID号 幅值(m)          重85%   (°)    (°)         起重(t)   (t)  高度(m) 高度(m) 全距离(m) 离(m)
 3   1.22  可行    61.20   8.16   2.93   .74   45.17   15.67   7.00   .47   1.00   1.37
 3   1.50  可行    50.96  10.04   2.93   .78   39.60   15.67   6.90   .47   1.00   1.64
 3   2.00  可行    38.08  13.45   2.93   .82   31.41   15.67   6.80   .47   1.00   2.14
 3   2.50  可行    29.92  16.90   2.93   .86   25.64   15.67   6.70   .47   1.00   2.63
 3   3.00  可行    24.48  20.42   2.93   .88   21.55   15.67   6.60   .47   1.00   3.12
 3   3.50  可行    20.40  24.02   2.93   .90   18.32   15.67   6.20   .47   1.00   3.61
 3   4.00  可行    17.68  27.72   2.93   .91   16.13   15.67   6.40   .47   1.00   4.10
 3   4.50  不可行  16.32  31.55   2.93   .92   15.09   15.67   6.00   .47   1.00    .00
 3   5.00  不可行  14.24  35.55   2.93   .93   13.31   15.67   5.70   .47   1.00    .00
 3   5.50  不可行  12.24  39.76   2.93   .94   11.55   15.67   5.30   .47   1.00    .00
 3   6.00  不可行  10.88  44.24   2.93   .95   10.35   15.67   5.00   .47   1.00    .00
 3   6.50  不可行   9.52  49.10   2.93   .96    9.13   15.67   4.50   .47   1.00    .00
 3   7.00  不可行   8.80  54.48   2.93   .97    8.50   15.67   4.00   .47   1.00    .00
```

图 7 – 73　吊点 3 通过性计算结果截图

#=--------------------------------------【 4 】号吊点吊机优选表--------------------------------------=#
#===#

吊点ID号	吊机幅值(m)	是否可行	最大起重85%	吊幅角(°)	偏斜角(°)	偏斜因子	偏斜最大起重(t)	吊点合力(t)	极限起升高度(m)	实际起升高度(m)	机-沟安全距离(m)	机-沟距离(m)
4	1.22	不可行	61.20	4.05	-3.35	1.69	103.72	13.67	4.22	-.06	1.00	.01
4	1.50	不可行	50.96	5.93	-3.35	1.50	76.29	13.67	4.97	-.06	1.00	.30
4	2.00	不可行	38.08	9.32	-3.35	1.33	50.53	13.67	5.74	-.06	1.00	.80
4	2.50	可行	29.92	12.75	-3.35	1.24	37.13	13.67	6.13	-.06	1.00	1.31
4	3.00	可行	24.48	16.25	-3.35	1.19	29.10	13.67	6.31	-.06	1.00	1.82
4	3.50	可行	20.40	19.82	-3.35	1.15	23.53	13.67	6.20	-.06	1.00	2.33
4	4.00	可行	17.68	23.50	-3.35	1.13	19.93	13.67	6.30	-.06	1.00	2.85
4	4.50	可行	16.32	27.31	-3.35	1.11	18.07	13.67	6.00	-.06	1.00	3.36
4	5.00	可行	14.24	31.27	-3.35	1.09	15.54	13.67	5.70	-.06	1.00	3.88
4	5.50	不可行	12.24	35.44	-3.35	1.08	13.19	13.67	5.30	-.06	1.00	-99.99
4	6.00	不可行	10.88	39.88	-3.35	1.07	11.60	13.67	5.00	-.06	1.00	-99.99
4	6.50	不可行	9.52	44.67	-3.35	1.06	10.05	13.67	4.50	-.06	1.00	-99.99
4	7.00	不可行	8.80	49.98	-3.35	1.05	9.20	13.67	4.00	-.06	1.00	-99.99

图7－74　吊点4通过性计算结果截图

#=--------------------------------------【 5 】号吊点吊机优选表--------------------------------------=#
#===#

吊点ID号	吊机幅值(m)	是否可行	最大起重85%	吊幅角(°)	偏斜角(°)	偏斜因子	偏斜最大起重(t)	吊点合力(t)	极限起升高度(m)	实际起升高度(m)	机-沟安全距离(m)	机-沟距离(m)
5	1.22	不可行	61.20	4.05	-3.44	1.73	105.57	11.67	4.22	-.81	1.00	-.47
5	1.50	不可行	50.96	5.93	-3.44	1.52	77.26	11.67	4.97	-.81	1.00	-.19
5	2.00	不可行	38.08	9.32	-3.44	1.34	50.95	11.67	5.74	-.81	1.00	.32
5	2.50	不可行	29.92	12.75	-3.44	1.25	37.36	11.67	6.13	-.81	1.00	.83
5	3.00	可行	24.48	16.25	-3.44	1.19	29.24	11.67	6.31	-.81	1.00	1.34
5	3.50	可行	20.40	19.82	-3.44	1.16	23.62	11.67	6.20	-.81	1.00	1.85
5	4.00	可行	17.68	23.50	-3.44	1.13	20.00	11.67	6.30	-.81	1.00	2.36
5	4.50	可行	16.32	27.31	-3.44	1.11	18.12	11.67	6.00	-.81	1.00	2.88
5	5.00	可行	14.24	31.27	-3.44	1.09	15.58	11.67	5.70	-.81	1.00	3.40
5	5.50	可行	12.24	35.44	-3.44	1.08	13.22	11.67	5.30	-.81	1.00	3.92
5	6.00	不可行	10.88	39.88	-3.44	1.07	11.62	11.67	5.00	-.81	1.00	-99.99
5	6.50	不可行	9.52	44.67	-3.44	1.06	10.06	11.67	4.50	-.81	1.00	-99.99
5	7.00	不可行	8.80	49.98	-3.44	1.05	9.21	11.67	4.00	-.81	1.00	-99.99

图7－75　吊点5通过性计算结果截图

#=--------------------------------------【 6 】号吊点吊机优选表--------------------------------------=#
#===#

吊点ID号	吊机幅值(m)	是否可行	最大起重85%	吊幅角(°)	偏斜角(°)	偏斜因子	偏斜最大起重(t)	吊点合力(t)	极限起升高度(m)	实际起升高度(m)	机-沟安全距离(m)	机-沟距离(m)
6	1.22	不可行	61.20	4.05	-2.97	1.57	95.98	9.66	4.22	-1.59	1.00	-.81
6	1.50	不可行	50.96	5.93	-2.97	1.42	72.12	9.66	4.97	-1.59	1.00	-.52
6	2.00	不可行	38.08	9.32	-2.97	1.28	48.68	9.66	5.74	-1.59	1.00	-.02
6	2.50	不可行	29.92	12.75	-2.97	1.21	36.12	9.66	6.13	-1.59	1.00	.49
6	3.00	不可行	24.48	16.25	-2.97	1.16	28.48	9.66	6.31	-1.59	1.00	1.00
6	3.50	可行	20.40	19.82	-2.97	1.13	23.12	9.66	6.20	-1.59	1.00	1.51
6	4.00	可行	17.68	23.50	-2.97	1.11	19.64	9.66	6.30	-1.59	1.00	2.02
6	4.50	可行	16.32	27.31	-2.97	1.09	17.85	9.66	6.00	-1.59	1.00	2.53
6	5.00	可行	14.24	31.27	-2.97	1.08	15.37	9.66	5.70	-1.59	1.00	3.05
6	5.50	可行	12.24	35.44	-2.97	1.07	13.07	9.66	5.30	-1.59	1.00	3.57
6	6.00	可行	10.88	39.88	-2.97	1.06	11.51	9.66	5.00	-1.59	1.00	4.09
6	6.50	可行	9.52	44.67	-2.97	1.05	9.98	9.66	4.50	-1.59	1.00	4.62
6	7.00	不可行	8.80	49.98	-2.97	1.04	9.15	9.66	4.00	-1.59	1.00	-99.99

图7－76　吊点6通过性计算结果截图

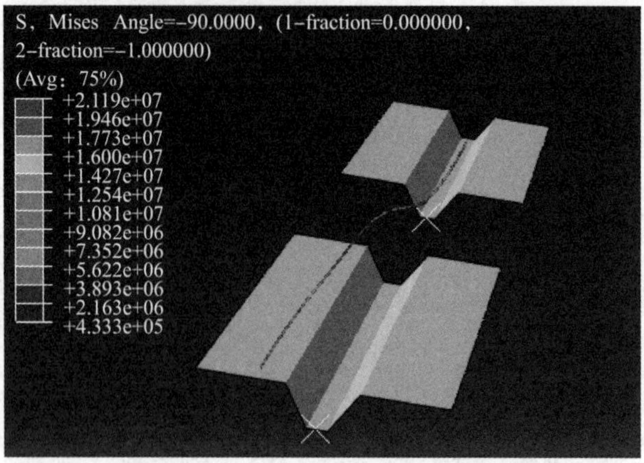

图 7-77　最终管道轴线位置

7.4　现场无损检测技术工艺及适用性分析

7.4.1　无损检测应用现状

(1)应用现状

目前大口径长输管道一般选用 X65、X70 和 X80 等高钢级管材，根据材质的不同，X65、X70 和 X80 的可焊性越来越差，尤其是 X80，裂纹敏感度高，检测方式重点要强化对裂纹类缺陷的检出率。结合近几年的管道事故，X80 钢的检测时机还需考虑延迟裂纹的影响。目前全自动焊一般选用 100% AUT 检测，不低于 20% RT 复检，对于高风险、高后果段采用 100% RT + 100% AUT 检测。半自动焊或手工焊选用 100% RT 检测，连头、返修和穿跨越焊口采用 100% RT 和 100% UT 检测，部分工程选用 PAUT 代替 UT 检测。

现有检测技术中，每种检测技术都有其自身的优越性和局限性。RT 对体积型缺欠如气孔、夹渣比较敏感，检出率非常高，对面积型缺欠受透照角度影响，有一定的局限性，当射线束角度与缺欠平面平行时检出率较高，与缺欠平面垂直或倾斜时检出率较低。

AUT 采用 A 扫描、B 扫描和 TOFD 3 种方法检测，对于体积型缺欠和面积型缺欠均较敏感，但对于体积型缺欠不容易定量，容易导致过度评判。同时对坡口型式要求比较严格，因此适合于机加工坡口的自动焊焊口检测。

PAUT 检测由于采用多声束、多角度检测，对体积和面积型缺欠均较敏感，检出率较高，但由于过于灵敏，对点状夹渣、夹层未熔合返修率较高，容易造成过度返修。

对于裂纹检出率，RT(DR)、AUT、PAUT 检测焊接接头内部缺陷的主要检测方式均对缺陷的方向敏感。对于 X70 和 X80 焊口，除执行 GB 50369—2014 第 10.3.5 条的规定外，必要时还需提高不同检测方法的复验比例。自动焊焊口建议采用 100% 的 AUT 加一定比例 RT 检测，对于半自动焊、手工焊及连头焊口采用 100% RT 和 100% PAUT 检测。

目前 DR 只在部分管道工程中有应用，且检测比例比较低，如西二线闽粤支干线实施

10%的DR检测，在中俄东线黑河—长岭段进行约为1000道口的试验性检测；其次DR检测多用于在役管道的换管、动火检测，由于检测周期短，现场能出具检测结果，可以大大缩短换管的时间，非常具有优势。

DR检测具有检测速度快，DR与传统RT检测相比具有对环境污染小，无底片存储，可实现网络互评互审，对检测结果评定可做到智能化、远程化、有利于检测结果分析，提高工作效率；但成本较高，建议在试验段实施后验证并总结，从长远及前景来看，DR比较有发展前途。同时，随着长输管道DR检测技术不断研发，生产厂商不断增多，成像质量不断提高，检测工装越来越成熟，DR装备成本会不断下降，为DR的应用创造了条件。

(2)存在的问题及改进建议

从长输管道无损检测发展趋势看，目前的RT检测由于仍采用胶片成像，不可避免地存在划伤、压痕等问题，补片量大幅度增加，导致胶片和人力大量浪费，同时底片也不易保存，不利于管道全生命周期管理。建议采用DR检测代替RT检测，改善这种局面。

PAUT检测一方面存在缺欠放大的情况，同时又利用回波来评判缺欠，造成非危害缺欠的过度返修，开展全聚焦方式(TFM)与全矩阵捕获(FMC)研究，提高缺欠尺寸的测量精度，同时研究制定新的基于缺欠高度的评判标准，减少不必要的返修。

PAUT检测设备型号较多，各厂家设备的图像格式不同，软件不通用，扫查图像只能用厂商自己的软件阅读和评判，给数据的远程评判和复审等带来很大障碍，同时各厂商软件的功能和显示模式差别较大，给评判和复审造成不便。建议对PAUT检测图像格式进行研究，制定统一的数据格式标准，强化数据的通用性。

为提高检测效率，建议在PAUT设备数据处理速度、全自动装置扫查工效、三维成像、数据辅助评判等方向开展技术研究。

为提高业内的检测水平，建议建立国家管网无损检测结论技术争议仲裁平台，以及时解决项目建设期存在的各种结论争端和技术争端，统一思想，减少分歧。

7.4.2　不同无损检测方式对不同缺陷类型及不同焊接工艺的适用性

RT检测对缺陷定性和长度测量比较准确，对体积型缺欠的检出率很高，对面积型缺欠的检出受多种原因影响，检出率偏低，所以RT类检测更适用于对体积型缺欠的定量和评判。AUT和PAUT对缺欠的定深，测高较为准确，对于面积型的缺欠检出率较高，但由于超声的原理，对体积型缺欠的回波幅值较低，易造成漏检，对缺欠的长度测量精度不够，且显示不直观，对于缺欠的定性有一定难度，所以AUT和PAUT更适合检测面积型缺欠。

自动焊缺陷类型较为单一，当参数调整不正确，设备不稳定时多会产生未熔合类缺欠，因此选用AUT检测更为合适。以RT检测作为体积型缺欠的检测方式，基本上不会造成危害性缺欠的漏检。组合自动焊或手工焊由于坡口工艺的原因，AUT不再适用，这时选用PAUT比AUT更合适。总的来说，在选用检测方式时应根据不同的焊接工艺，不同的目标缺欠去选择严谨合理的检测方式，当具有多种检测方式共同检测时，应选用更准确，更接近于真实尺寸的方式去定量评估焊口。

7.4.3 自动焊无损检测工艺方案

1. 自动焊焊缝的无损检测

管道自动焊接采用流水作业，施工速度快，要求有匹配的高效检测方法。由于其容易出现批量缺陷，需要能及时出具检测结果的检测方法。AUT 检测具有能够现场出具检测结果、检测速度快等特点，提高检测工作效率，可实现对全自动焊接质量的过程控制。在检测现场就可评定焊缝焊接质量，监理工程师和焊接机组能够及时得到焊接质量信息，根据焊缝中的缺欠性质和位置及时调整全自动焊接工艺参数，有利于焊接机组提高焊接质量，成为与自动焊配套的首选检测技术。

AUT 检测系统不仅能够确定缺陷沿焊缝长度方向的位置，还可以通过区域分割的方式得出缺欠在垂直方向的位置和缺陷自身高度。由于采用聚焦声束和 TOFD 辅助检测的方式，其对缺陷的定位、定量更加精确，能更加准确地评估缺欠的危害性。

AUT 检测对线形缺欠尤其是未熔合缺欠的检测率很高。由于自动焊人工调整的范围较小，焊接质量主要取决于坡口加工精度和焊接参数的预设，受方法所限，未熔合为自动焊最主要的缺陷，而夹层未熔合缺欠在射线底片上一般无显示或显示不明显，但超声波对这一类缺欠非常敏感，AUT 检测可以很容易发现此类缺欠。

综上不难看出，国内油气管道实施全自动焊接与全自动超声检测技术在未来管道建设现场施工中势必会得到越来越多的应用。其中 AUT 技术是检测全自动焊接质量的关键环节，直接关系到全自动焊接技术在工程施工中的推广应用。但由于 AUT 技术比一般的检测技术相对复杂，其自身的检测质量需要经验丰富的人员和可靠的检测工艺来保证。检测工艺在 AUT 检测中至关重要，也是检测过程中出现问题较多的因素。

2. 管道环焊缝 AUT 实施方案

本研究以直径 1219mm 焊缝为例，制作一个自动焊焊口 AUT 检测的工艺方案，为今后 AUT 检测工作提供指导(见表 7－16)。

表 7－16 管道焊口参数

工件名称	规格/mm	材质	破口形式	焊接方法
管道焊缝	D1219mm × 22mm	X80	CRC	全自动焊接

(1)方案概述

对管道环焊缝采用 100% 的 AUT 检测，以探测缺陷的特征、尺寸。焊口返修后焊缝修补区域应使用与之前相同的无损检验和检测方法。

全自动相控阵超声波检测系统，有足够的检测通道保证周向扫查 1 周便可完成整个焊缝厚度的检测，此仪器可以将每道焊缝的扫描数据进行储存。审核人员可以调出数据与现场评定结果进行复核，以保证检测结果的可靠性。

(2)范围

本工艺根据 GB/T 50818《石油天然气管道工程全自动超声波检测技术规范》、CDP－G－OGP－OP－088－2016－1《油气管道工程环焊缝全自动超声检测技术规定》等规范标准编制。

(3)人员

AUT 检测人员应具有国家市场监督管理总局颁发的 UTⅡ及以上级别资格证书，同时还要经过专业的 AUT 检测培训，并拥有 AUT 检测经验。

(4)设备

采用 AUT－STAR V3 设备。软件：AUT－STAR；硬件：计算机、数据采集单元、马达驱动单元、水泵系统、电缆、探头、扫查器等。仪器应经过校准，在检测前应对其性能进行核查。

(5)试块

依据 SY/T 4112《石油天然气钢质管道对接环焊缝全自动超声检测试块》和 GB/T 50818《石油天然气管道工程全自动超声波检测技术规范》的要求加工制作 AUT 对比试块。根据焊接及 AUT 检测采用的分区原理，对每种管径的试块坡口进行分区设计，并通过 Esbemtool 软件对每个分区内的缺陷特点进行模拟实验，确定不同缺陷在不同分区内的回波情况，确定 AUT 对比试块各个反射体的分布，建立 AUT 检测对比试块三维数学模型。

(6)系统调试

1)分区调试

·将扫查器放在校准试块上，然后确定探头距试块上模拟焊缝中心线的位置，最后将探头位置锁紧，将其位置固定；

·移动扫查器从根部开始对每个分区人工反射体(根部槽和 $\varphi 2$ 平底孔)分别调试，直到最后 1 个填充区为止；每个分区的灵敏度确定为人工反射体的最大波幅达到满屏的 80%；闸门起点在坡口前至少 5mm，闸门的终点至少超过焊缝中心线 1mm；

·移动扫查器，用试块上根部槽和 $\varphi 1.5\times 45°$ 的底孔来调节根部 B 扫和体积通道(B 扫描的调试)，B 扫描灵敏度确定为在人工反射体基准波高(幅度)的基础上提高 8dB；B 扫描的范围要能满足该通道所负责的区域；

·将扫查器移动到试块上完好部位来调节 TOFD，将 TOFD 水平横向纵波的幅度调节到满幅度的 50%，即为该通道灵敏度；

·将扫查器移动到试块上完好部位(也可在管道上调试)，采用一收一发模式进行调节；将最大波调节到满幅度 80%，再提高 6dB，即为耦合通道的灵敏度；

·耦合通道的范围要足够大，能满足该通道所负责的区域；

·按仪器规定的顺序在管子的整个圆周上校准编码器；

·按一定顺序确定通道生成视图。

2)总体调试

①将扫查器移到零点，开始扫查校准试块，分析扫查记录的试块校准图；

②主反射体波幅应在 70%～99%，相邻反射体之间覆盖应在 5%～40%；否则应针对

具体通道重新调试，直到满足要求为止。

(7)现场校准

检测前，将扫查器放在试块上校准，看试块校准图是否满足标准要求，若满足要求，则进行检测；若不满足要求，则针对某通道进行调试，直到满足要求为止。

(8)受检表面状态

焊缝表面状态是否满足标准要求，若满足要求，则进行检测；若不满足要求，则处理完后进行检测。如果发现有无法现场迅速解决的情况，应将详情记录。

(9)参考线及标识

焊接之前，在距焊缝坡口中心线不小于 40mm 处画一个参考基准线，作为准确安装轨道的基准。在平焊位置画出标识原点和扫查方向，注意扫查起点必须与标识原点重合。

(10)现场检测

1)AUT Ⅱ级人员在操作间负责操作系统兼分析扫查数据及评定结果。

2)评定人员发现有判废缺陷的焊缝应在现场扫查完后及时标识并记录结果。

3)打印出的报告在信息栏中的各项信息必须完整、准确，特别是壁厚、坡口和操作者等信息必须与实际情况一致。

4)一旦发现存储数据丢失，除及时上报项目部外，还必须重新扫查该焊缝，直到采集的数据完整为止。

5)检测过程每隔 1h 或 5 道焊口，以及检测工作结束后，应利用试块进行校准，每个主反射体的波幅应在满幅度的 70% ~99%，相邻反射体间的覆盖应在 5% ~40%。若满足，则符合要求；主反射体的波幅若低于满幅度的 70%，应对上次校准扫查后检查的焊缝重新检测；主反射体的波幅若高于满幅度的 99%，应对其检测结果重新评定。

(11)缺陷评定

1)A 扫通道低于评定闸门的缺欠信号，应按照以下要求进行评定：

①判定为裂纹的缺欠信号应评定为缺陷；

②体积通道仅按照 15.6 评定体积型缺欠。

2)符合下列条件之一的相关显示应为缺陷：

①判定为裂纹的相关显示；

②周向位置相同的多个相关显示，其自身高度之和大于壁厚的 1/2。

3)符合下列条件之一的表面非裂纹线型缺欠，应评定为缺陷：

①当分区高度不大于 2.5mm 时，缺欠自身高度大于 2.5mm；当分区高度大于 2.5mm 时，缺欠自身高度大于分区高度；

②在任何连续 300mm 的焊接接头长度中，其累计长度超过 25mm；

③外表面未熔合；

④表面非裂纹线型缺欠的累计长度超过焊缝长度的 8%。

4)符合下列条件之一的焊接接头内部线型缺欠，应评定为缺陷：

①当分区高度不大于 2.5mm 时，缺欠自身高度大于 2.5mm；当分区高度大于 2.5mm 时，缺欠自身高度大于分区高度；

②单个缺欠长度超过25mm或在任何连续300mm的焊接接头长度中，缺欠显示的累计长度超过50mm；

③内部线型缺欠的累计长度超过焊缝长度的8%。

5）当某一缺欠跨两个分区时，缺欠自身高度的测定方法应首先使用端点衍射法来精确测量，当TOFD通道无法测量时，可按照下述方法进行判定：

①当分区高度不大于2.5mm时，若2个分区幅度之和不小于160%（回波幅度小于40%的通道不计算在内），则表明该缺欠自身高度大于2.5mm，即判为不合格；若两个分区幅度之和小于160%，则按长度判定；

②当分区高度大于2.5mm且不大于3mm时，若2个分区幅度之和不小于180%（回波幅度小于40%的通道不计算在内），则表明该缺欠自身高度大于分区高度，即判为不合格；若2个分区幅度之和小于180%，则按长度判定；

③若同一个缺欠连续横跨3个分区，则说明该缺欠自身高度大于分区高度，即判为不合格。

6）符合下列条件之一的体积型缺欠，应评定为缺陷：

①单个体积型相关显示的最大尺寸大于6mm或超过较薄侧母材厚度的1/3；

②密集体积型缺欠显示区的最大尺寸大于13mm；

③单个根部体积型开口相关显示的最大尺寸大于6mm，在任何连续300mm的焊接接头长度中，其累计长度大于13mm。

7）缺欠的累计长度符合下列条件之一时，应评定为缺陷：

①在任何连续300mm的焊接接头长度中，缺欠显示的累计长度超过50mm；

②相关显示的累计长度超过焊缝长度的8%。

（12）焊缝检测报告

永久记录的检验数据应当包括完整的带状图备份，图中应当显示参考点、扫查方向、检验时间、日期和检验员的姓名。每个通道扫查的区域也应当记录。显示器选用的颜色和打印灰度值应当能够向检验员提供有用的信息。除硬拷贝之外，应当以适当形式进行电子备份（如CD），并作为报告的一部分承交给客户。关于焊缝检验合格、不合格、返修情况的记录表应当每天上交给第三方。

参考文献

[1]黄维和，郑洪龙，王婷．我国油气管道建设运行管理技术及发展展望[J]．油气储运，2014，33(12)：1259－1262.

[2]文虎伟，孙芳萍．长输油气管道工程施工技术管理的探讨[J]．中小企业管理与科技，2015(9)：26－27.

[3]毛涛．长输油气管道工程施工技术管理的探讨[J]．工业B，2015(22)：296－297.

[4]陈启伟．长输油气管道工程中定向钻穿越施工技术研究[J]．精品，2020(1)：1.

[5]中国石油天然气管道局．管道施工技术现状和发展趋势[J]．中国石油管道技术与管理专题报告

会，2007.
[6]蔡文虎．中缅输油气管道工程山区段施工安全技术管理工作[J]．石油天然气学报，2018，40(3)：132－136.
[7]李帅．油气长输管道施工过程中的焊接质量控制[J]．文摘版：工程技术，2016(2)：197.
[8]何鹏程．天然气长输管线施工技术及运行管理[J]．油气田地面工程，2013(9)：110－111.
[9]田晨．浅谈天然气长输管道山区陡坡地段施工技术[C]// 第二届油气田地面工程技术交流大会，2015.
[10]王腾飞．油田长输管道施工中存在的问题及措施探讨[J]．文摘版：工程技术，2015(7)：271－271.
[11]陆文清，张扬军，蒋云峰．简谈天然气管道安装焊接技术的应用[J]．民营科技，2008(4)：35－36.